ICODOC 2017: Les Resources Mobilisees en Interaction

SHS Web of Conferences Volume 52 (2018)

Lyon, France
15 – 16 June 2017

Editors:

J. Thiburce
B. Ursi

ISBN: 978-1-5108-7305-6

Printed from e-media with permission by:

Curran Associates, Inc.
57 Morehouse Lane
Red Hook, NY 12571

Some format issues inherent in the e-media version may also appear in this print version.

Printed by Curran Associates, Inc. (2018)

For additional information, please contact EDP Sciences – Web of Conferences
at the address below.

EDP Sciences – Web of Conferences
17, Avenue du Hoggar
Parc d'Activité de Courtabœuf
BP 112
F-91944 Les Ulis Cedex A
France

Phone: +33 (0) 1 69 18 75 75
Fax: +33 (0) 1 69 28 84 91

contact-edps@webofconferences.org

Additional copies of this publication are available from:

Curran Associates, Inc.
57 Morehouse Lane
Red Hook, NY 12571 USA
Phone: 845-758-0400
Fax: 845-758-2633
Email: curran@proceedings.com
Web: www.proceedings.com

TABLE OF CONTENTS

Comité d'organisation du colloque

Agnès BAILLY
Domitille CAILLAT
Elizaveta CHERNYSHOVA
Isabel COLON DE CARVAJAL
Morgane DOMANCHIN
Benjamin HOLT
Samira IBNELKAID
Jean-Philippe MAITRE
Marine PELE-PEYCELON
Vanessa PICCOLI
Clément THIBERT
Julien THIBURCE
Biagio URSI
Yiru XU

Comité scientifique de l'ouvrage

Mathieu AVANZI
Brahim AZAOUI
Zeynab BADREDDINE
Heike BALDAUF-QUILLIATRE
Olivier BAUDE
Anne BEYAERT-GESLIN
Nathalie BLANC
Isabel COLON DE CARVAJAL
Elwys DE STEFANI
Eugénie DUTHOIT
Laurent FILLIETTAZ
Nicolas GUICHON
Michael HUCHETTE
Patricia LAMBERT
Kristine LUND
Jean-Philippe MAITRE
Jean-François METRAL
Magali OLLAGNIER-BELDAME
Chantal PARPETTE
Cécile PETITJEAN
Vanessa REMERY
Véronique RIVIERE
Nathalie ROSSI-GENSANE

Anna Claudia TICCA
Véronique TRAVERSO
Biagio URSI
Laurent VEILLARD

Comité scientifique du colloque

Nadja ACIOLY-REGNIER, Université Lyon 1, Santé, Individu, Société
Karmele ALBERDI URKIZU, Université de Grenade, Dép. Philologie française
Mathieu AVANZI, Université catholique de Louvain, Centre VALIBEL
Brahim AZAOUI, Université d'Aix-Marseille - ESPE, LPL
Zeynab BADREDDINE, Université de Lyon, ICAR
Heike BALDAUF-QUILLIATRE, Université Lumière Lyon 2, ICAR
Pierluigi BASSO FOSSALI, Université Lumière Lyon 2, ICAR
Olivier BAUDE, Université Paris Nanterre, MoDyCo
Anne BEYAERT-GESLIN, Université Bordeaux-Montaigne, ISIC
Nathalie BLANC, ESPE-Université Lyon 1, ICAR
Isabel COLÓN DE CARVAJAL, ENS de Lyon, ICAR
David CROSS, Université Montpellier 2, LIRDEF
Elwys DE STEFANI, KU Leuven, Multimodality, Interaction & Discourse
Barbara DUC, Université de Lausanne, IFFP
Eugénie DUTHOIT, Dalian University of Foreign Languages, French Department
Laurent FILLIETTAZ, Université de Genève, Interaction & Formation (FPSE)
Renata GALATOLO, Université de Bologne, Dép. Philosophie et Communication
Nicolas GUICHON, Université Lumière Lyon 2, ICAR
Michaël HUCHETTE, Université Paris Est, ESPE Créteil
Samira IBNELKAÏD, Université de Franche-Comté, ELLIADD / ICAR
Patricia LAMBERT, ENS de Lyon, ICAR
Kristine LUND, CNRS, ICAR
Jean-Philippe MAITRE, ENS de Lyon, Laboratoire ICAR
Vasiliki MARKAKI-LOTHE, Université Grenoble Alpes, LSE
Martine MARQUILLÓ LARRUY, Université Lumière Lyon 2, ICAR
Jean-François METRAL, Eduter-Recherche Dijon
Michèle MONTE, Université du Sud Toulon-Var, BABEL
Magali OLLAGNIER-BELDAME, CNRS, ICAR
Chantal PARPETTE, Université Lumière Lyon 2, ICAR
Cécile PETITJEAN, Université de Neuchâtel, Centre de linguistique appliquée

Alain RABATEL, ESPE-Université Lyon 1, ICAR
Elisa RAVAZZOLO, Université de Trente, Dép. Lettres et philosophie
Vanessa REMERY, Université de Genève, Interaction & Formation (FPSE)
Véronique RIVIERE, Université Lumière Lyon 2, ICAR
Nathalie ROSSI-GENSANE, Université Lumière Lyon 2, ICAR
Anna Claudia TICCA, ENS de Lyon, ICAR
Véronique TRAVERSO, CNRS, ICAR / IFPO
Biagio URSI, ENS de Lyon, ICAR

Les partenaires financiers

CNRS
ENS de Lyon
Université Lumière Lyon 2

École Doctorale 3LA
École Doctorale EPIC
LabEx ASLAN

Les partenaires locaux

ENS de Lyon

edp sciences

SHS Web of Conferences

Statement of Peer review

In submitting conference proceedings to SHS Web of Conferences, I certify to the Publisher that I adhere to the **Policy on Publishing Integrity** of the journal in order to safeguard good scientific practice in publishing.

1. All articles have been subjected to peer review administered by the proceedings editors.
2. Reviews have been conducted by expert referees, who have been requested to provide unbiased and constructive comments aimed, whenever possible, at improving the work.
3. Proceedings editors have taken all reasonable steps to ensure the quality of the materials they publish and their decision to accept or reject a paper for publication has been based only on the merits of the work and the relevance to the journal.

Title, date and place of the conference ICODOC 2017 : Les ressources mobilisées en interaction

(Conference Proceedings of the International Conference ICODOC 2017, June 15-16 2017, ENS de Lyon, Lyon)

Proceedings editor(s): Julien THIBURCE & Biagio URSI

Date and editor's signature Lyon, September 24 2018

Quelles *ressources* mobilisées en interaction ? Réflexions transversales sur une notion ubiquitaire

Which *resources* mobilized in interaction? Transversal questioning on a ubiquitous notion

Julien Thiburce[1], Biagio Ursi[2 a]

[1]*Université Lumière Lyon 2, Laboratoire ICAR (UMR 5191)*
[2]*École Normale Supérieure de Lyon, Laboratoire ICAR (UMR 5191)*

Après une première édition consacrée aux défis méthodologiques posés par les corpus complexes, le laboratoire ICAR a organisé en juin 2017 son deuxième colloque international pluridisciplinaire de jeunes chercheur.e.s (doctorant.e.s et docteur.e.s). Les travaux présentés s'inscrivent en continuité avec les deux champs représentatifs des activités du laboratoire : les sciences du langage et les sciences de l'éducation.

Le laboratoire ICAR (Interactions, Corpus, Apprentissages, Représentations, UMR 5191) est spécialisé dans l'analyse multidimensionnelle des usages de la langue parlée dans l'interaction et dans le texte, ainsi que dans l'étude des manifestations langagières à travers une pluralité de pratiques sémiotiques. Les approches analytiques mises en œuvre au laboratoire se déploient non seulement à partir d'une diversité de corpus de données orales et écrites, mais aussi pour le développement d'une réflexion sur la constitution et l'exploitation des données. Une attention accordée à la dimension située des pratiques langagières est partie intégrante d'une épistémologie située des sciences humaines et sociales, telle qu'elle est envisagée à ICAR.

Ainsi, ce laboratoire réunit plusieurs équipes de recherche se focalisant sur des domaines scientifiques variés comme la linguistique interactionnelle, la linguistique de corpus, l'étude de l'acquisition et de l'apprentissage, la didactique des langues et des sciences, la linguistique française et la sémiotique.

L'ambition de cette deuxième édition du colloque ICODOC était de proposer un cadre de réflexion autour de la notion de ressources depuis les points de vue des sciences du langage et des sciences de l'éducation. Les participants ont été invités à questionner, problématiser et développer cette notion dans leurs perspectives de recherche respectives. Mais de quelles ressources parle-t-on, au juste ? À partir des propositions des actes du colloque ici réunis, trois versants de cette notion se profilent.

[a] Auteurs de correspondance : julien.thiburce@gmail.com ; bfursi@gmail.com

1.1 Les ressources et leur diversité

Un premier axe de travail permet d'opérer une focalisation sur la diversité des types de ressources mobilisées par des locuteurs et la mesure dans laquelle celles-ci participent de la co-construction des situations. En portant un intérêt aux modalités par lesquelles ces ressources sont mises en jeu, dans des situations ordinaires et professionnelles, une série de questions émergent quant aux activités élaborées dans des espaces physiques, sociaux et langagiers hétérogènes.

À travers la co-construction d'un espace interactionnel (Mondada, 2005), dans les conversations en face-à-face, en chair et en os, ou dans les conversations (a)synchrones médiées par écran (Develotte *et al.*, 2011 ; Guichon, 2012), la parole en interaction se structure dans un enchaînement de tours dont les rouages ont été formalisés à l'aide d'une machinerie bien rodée et toujours mise en œuvre (Sacks *et al.*, 1974), en relation aux différents contextes, cours d'actions et acteurs sociaux.

Si les énonciations sont contextuellement contraintes (grammaire et pragmatique), elles ne se résument pas à des pratiques purement et simplement routinières, automatisées et cristallisées : en procédant par détournement et renouvellement des formes, des matières et des substances langagières, les locuteurs gèrent le hiatus entre une grammaire introjectée et une grammaire émergente par une créativité des réalisations de la parole en interaction.

On voit ainsi la nécessité de prendre en compte, dans l'analyse, le caractère local de la perception, de l'introduction et de la négociation des ressources en interaction. Un regard sur la *séquentialité des tours* favoriserait une problématisation et une systématisation des dynamiques qui sous-tendent la gestion d'une interaction et l'évolution des rôles des interactants. Ces dynamiques concernent également les statuts des objets co-présents et environnants (on peut bien se servir de la chaise à côté de soi pour caler une porte) ou absents et remédiés par des locuteurs/apprenants (on illustre un château fort, alors qu'on se trouve dans une salle de classe, à l'aide de sa parole, de ses gestes et d'images).

Cela nous permettrait notamment d'appréhender les fluctuations du cadre participatif (*participation framework* goffmanien)[1] et du positionnement physique des participants[2], ainsi que de la transformation de l'environnement en contexte numérique par la prise en compte de différentes formes de (re)médiation de la présence (par chat, par visioconférence, par l'enregistrement d'une conversation, etc.). On pourrait s'appuyer sur la réflexion du philosophe Gilbert Simondon (1989) en reprenant sa distinction entre l'*objet* qui permet d'intervenir sur le monde selon une fonction d'usage et l'*instrument* qui affine la perception que les sujets se font du monde.

---

[1] « Le cadre de participation est l'ensemble des personnes qui ont un accès perceptuel à l'interaction à un moment donné de son déroulement. Cette notion est plus large que celle, classique, de "récepteur et émetteur". Au cours du déroulement d'une interaction, l'organisation de la participation ne cesse de se modifier, par la mise en place de *"configurations séquentielles multimodales"* en continuelle transformation. » (Traverso, 2016 : 189)

[2] On retrouve une réflexion sur l'agencement spatial et la reconfiguration de l'espace de l'interaction selon une diversité de types de formations entre des participants à une interaction, selon les objets et les acteurs alentour : Kendon (1990) a élaboré une typologie des configurations « spatiales » et « orientationnelles » des corps dans l'interaction selon le nombre de participants, l'activité à laquelle ils prennent part et l'environnement dans lequel ils se trouvent.

1.2 Les ressources en situation

Un deuxième axe de travail porte de manière spécifique sur les notions d'intentionnalité (Eco, 1979) et d'agentivité[3]. On s'intéresse ici à la mobilisation de ressources dans des situations diverses et à la manière dont elles permettent (ou non) d'orienter le cours d'une activité conjointe et d'une interprétation publiquement partagée. Un regard sur la dimension située des interactions devrait aussi s'accompagner d'un regard sur leur dimension *situante* : en tant que nominalisation déverbale, la *situation* exprime à la fois le fait d'être situé (*setting*) et le processus d'élaboration et de co-construction de la situation (voir la notion de *footing* chez Goffman, 1991).

Les ressources (morpho)syntaxiques, sémantiques, prosodiques et (pluri)sémiotiques sont dépendantes d'une introjection d'expériences passées qui ont permis (ou non) l'acquisition de compétences, au niveau perceptif (on reconnaît et on sait faire face), épistémique (on sait et on mobilise ce savoir comme appui) et social (on tente de gérer sa *position* dans un espace social complexe où les lisières du *cadre* sont floues).

Si l'on prend le cas d'activités en contexte d'apprentissage, on peut se demander comment les enseignants/maîtres d'apprentissage gèrent le passage d'un *scénario pédagogique*, où les ressources sont programmées et distribuées, à une *situation in situ et in vivo*, où ils doivent faire face à la contingence (des enseignants fatigués, des apprenants n'ayant pas le niveau estimé par les enseignants ou qui s'ennuient). Pour ce type d'interaction, il est non seulement pertinent de s'attarder sur les différentes ressources mobilisées pour l'enseignement et l'apprentissage, mais il est surtout fondamental de caractériser la place qu'elles tiennent dans le développement des échanges entre enseignants et apprenants. Ceci permettrait notamment d'appréhender à partir de quand et jusqu'à quel point les participants projettent des attentes et des intentions, des pouvoirs et des savoirs.

Dans les situations didactiques et au-delà, une grande part du faire interactionnel procède à la gestion des asymétries participationnelles et des instabilités du sens (Traverso, 2014). Et les notions d'agentivité et d'intentionnalité sont alors centrales pour caractériser les tensions qui structurent et traversent les tours de parole de chacun des participants, auto-sélectionnés ou hétéro-sélectionnés. Pour ne pas faire dévier la trajectoire de son *énoncé*, on doit avoir recours à une multiplicité de ressources telles que (i) les propositions anaphoriques, qui permettent de ne pas se répéter, (ii) les (re)formulations, pour

[3] Il faut mentionner ici que, dans le champ des sciences humaines et sociales, la notion d'agentivité (ou *agency*) revêt une multiplicité d'acceptions pour lesquelles il y a un fond commun, celui de l'*agir*.
En philosophie (Anscombe, 1957 ; Frankfurt, 1971), la notion d'agentivité est à appréhender comme une capacité d'agir dans le monde par des agents humains et non humains : elle est liée à la notion d'intentionnalité et de réflexivité dans l'orientation et la conduite d'action, dans la planification et la préméditation de l'action.
En anthropologie contemporaine, notamment par les recherches de Descola (2005), l'agentivité est appréhendée du point de vue d'acteurs et d'actants, aussi bien humains que non humains, qui participent de l'élaboration de l'organisation physique et symbolique de sociétés, dans l'espace et dans le temps.
En linguistique (Creissels, 1995), l'agentivité est saisie aussi bien du point de vue de la position syntaxique des constituants et de la *diathèse* (active/passive), que du point de vue sémantique (onomasiologique et sémasiologique). En effet, on peut caractériser les traits spécifiques d'une langue et les traits partagés entre des langues qui permettent d'élaborer des voix et des mises en discours d'actions (réelles, virtuelles, actuelles et potentielles) : sur les versants du *temps*, de l'*aspect* et du *mode*, on cherche à appréhender les possibilités d'une langue de marquer la *promotion/destitution* de l'agentivité comme la *volition* des agents et des patients (sémantiques), des sujets et des objets (syntaxiques).

s'approprier le discours de l'autre ou pour affirmer que l'on est sur la même longueur d'onde, (iii) les incises, en vue d'apporter des précisions et d'étayer son discours.

Néanmoins, tout cela ne se fait pas de manière unilatérale, ni de la seule volonté ni de la seule agentivité d'un locuteur. En situation d'interaction, on est soumis à des pressions et à des interpellations de la part des interlocuteurs, que l'on anticipe ou pas. Afin de préserver le bon déroulement de l'énonciation comme du cours d'action, de gérer les *malentendus* et les *troubles* qui minent ou mineraient le déroulement de l'activité comme le terrain des relations sociales, on mobilise des ressources qui permettent de solliciter autrui, ainsi que de se proposer comme aide.

Par exemple, en contexte d'apprentissage, comment un apprenant manifeste-t-il à l'enseignant sa compréhension ou son incompréhension d'un discours ? Du point de vue des enseignants, des tensions sont à l'œuvre entre la recherche d'un *scénario pédagogique* et le développement de *dispositifs* propices au déploiement d'une activité, dans un parcours d'enseignement ; entre des rôles programmés et institutionnalisés et des rôles à tenir et à instituer, quitte à parfois sortir du *cadre*. Du point de vue des apprenants, quand et comment se situer dans un environnement éducatif dont on n'est pas forcément familier, où les habitudes et les usages déjà acquis doivent faire place à de nouvelles normes culturelles et langagières ? Sur ce versant, il faudrait caractériser les processus par lesquels des apprenants gèrent le passage d'une situation de classe *in situ* et *in vivo* par rapport à un hors-champ de l'activité : en quoi être en classe c'est ne pas être à la maison, dans la cour de récréation, au musée ?

Dès lors, il faudrait étudier les dynamiques qui sous-tendent les élaborations discursives et praxéologiques qui s'imposent à la fois comme source et comme cible de l'apprentissage, de la gestion des relations sociales et de la projection de rôles actantiels.

En s'attardant sur la séquentialité des échanges et sur l'émergence de *praxis*, quelques pistes de réflexion se dessinent quant à la position des acteurs et des ressources qui participent à la co-construction et la régulation de situations, entre homogénéisation (faire groupe et faire classe) et hétérogénéisation (être un élève avec ses propres caractéristiques).

1.3 Les ressources et leurs transformations

Charnière, la notion de ressources mérite d'être réactualisée pour être pensée dans sa densité conceptuelle, son envergure interdisciplinaire et son extension au-delà du champ scientifique.

Une réflexion sur la notion de ressources ne doit pas se limiter à une appréhension de la langue en tant que stock de matières premières, dont il faudrait faire l'inventaire pour saisir leur potentiel dans la réalisation d'une interaction, entre les sélections paradigmatiques et les positions syntagmatiques. S'il arrive que *la ressource* fasse des apparitions au singulier dans les textes (Mondada, 2012 ; Quéré, 2016), la *ressource* est singulière et irrémédiablement inscrite dans le contexte de l'interaction, ainsi que dans la temporalité des échanges. Une ressource mobilisée en acte se situe sur un arrière-plan linguistique et langagier, social et culturel dont il faut tenir compte, qu'il soit propre à un locuteur (idiolectal) ou partagé avec d'autres (sociolectal). C'est en cela même que l'anthropologue Charles Goodwin a parlé de « champs sémiotiques » dans l'étude de l'organisation des activités humaines en « série » et en « strates » par une diversité de ressource*s* sémiotique*s* (Quéré, 2016).

Dans la recherche d'une problématisation et d'une préservation des liens entre la caractérisation et la systématisation des pratiques sémiotiques, les ressources doivent être pensées pour la place qu'elles tiennent dans le couplage entre des systèmes subjectifs et un environnement de valeurs hétéronomes qui favorise la compréhension et la (ré)appropriation d'une écologie sémiotique (Basso Fossali, 2017).

De la linguistique générale au traitement automatique des langues naturelles, en passant par la linguistique interactionnelle et l'acquisition des pratiques langagières, l'articulation entre l'apprentissage (abstrait ou incarné) et la mise en œuvre de ressources sémiotiques (en actes) permet de questionner la dimension expérientielle des pratiques : par quelles modalités, de manière empirique, les acteurs architecturent-ils des ponts entre différents espaces d'activités et entre différents langages pour (re)configurer leurs positions ?
La réflexion et l'action par analogie, par exemple, révèlent la capacité qu'ont les locuteurs à opérer par conjonctions entre des domaines de pratiques disjoints. Aussi, la réflexion et l'action par *accommodation hétéro-adaptative* ou *auto-adaptative*, comme Jacques Fontanille (2011) le propose pour problématiser la gestion des ressources sémiotiques dans les cours d'action, sont problématiques du point de vue des normes langagières et des pratiques en actes. Par exemple, dans les exercices didactiques de jeux de rôles, dans quelle mesure des apprenants calquent-ils leur jeux sur des pratiques dont ils se sont fait l'expérience par le passé ? Jusqu'à quel point opèrent-ils par mobilisation de postures déjà attestées ou par invention d'un personnage inexistant dans la configuration des rôles ?

Si, chez le linguiste Michael Halliday (1978 : 123), les ressources sémiotiques sont conçues en tant que « system[s] of meanings that constitute "the" "reality" of the culture », il ne faut pas perdre de vue les dimensions génétique, évolutive et transformationnelle de cette réalité. En effet, « les tensions et les tendances peuvent être conçues comme existant réellement dans un système : le potentiel est une des formes du réel, aussi complètement que l'actuel » (Simondon, 1989 : 155). L'intérêt de procéder à une théorisation des pratiques sémiotiques (linguistiques, langagières et praxiques) à partir d'une caractérisation de situations particulières est justement celui d'avoir des attestations de ce passage entre le potentiel et l'actuel.

En poursuivant la réflexion sur la mobilisation de ressources en interaction depuis un point de vue particulier, on pourrait avancer que « les potentiels d'un système constituent son pouvoir de devenir sans se dégrader ; ils ne sont pas la simple virtualité des états futurs, mais une réalité qui les pousse à être » (Simondon, 1989 : 155). C'est en cela même que les dimensions intersubjectives et cognitives (situées, distribuées et incarnées) des pratiques langagières doivent être observées, attestées et analysées au niveau individuel *et* au niveau collectif, au niveau idiolectal *et* au niveau sociolectal.

Si le chercheur a pour ambition d'appréhender les tensions qui traversent les pratiques interpersonnelles aux niveaux transitif et réflexif, les stratégies énonciatives et les programmations de l'inter-action, alors il doit nécessairement porter une attention aux articulations textuelles et aux phases des interactions par lesquelles les locuteurs tendent :

Figure 1. à réduire ou à accentuer les contradictions entre des positions actorielles (gestion des *cadres*, des registres de langue et des conventions sociales) ;

(ii) à mettre en lumière ou dans l'ombre les problèmes de cohésion discursive propres à un genre et à un type de discours (gestion de la narration et de l'action) ;

(iii) à soulever ou à mettre sous le tapis les incohérences qui peuvent faire perdre le fil (négociation du sens en intercompréhension pour faire passer et s'approprier le message).

Toujours en poursuivant la réflexion de Gilbert Simondon, on peut dès lors avancer que « le devenir n'est pas l'actualisation d'une virtualité ni le résultat d'un conflit entre des réalités actuelles, mais l'opération d'un système possédant des potentiels en sa réalité : le devenir est la série d'accès de structuration d'un système, ou individuations successives d'un système » (Simondon, 1989 : 155-156). C'est en cela même que les ressources sémiotiques, tenants et aboutissants de la structuration des pratiques de la vie quotidienne, ne relèvent pas seulement d'objets, de supports, d'instruments déjà codés et qu'il faudrait seulement mettre à contribution selon des scénarios stabilisés. Les langues, les langages et les cultures sont autant de réservoirs inépuisables entre « compréhension du passé et invention du futur » (Basso Fossali, 2017).

Pour les pratiques des locuteurs auxquels les chercheurs s'intéressent comme pour les pratiques de la recherche elles-mêmes, les ressources sémiotiques (linguistiques, multimodales et praxiques) s'avèrent être en tension entre une efficience du système et une efficacité des actions sur un terrain qui s'avère être plein d'incertitudes et d'indéterminations.
Pour les locuteurs : comment gérer les incertitudes de l'acception d'une lexie en discours ? Dans quelle séquentialité de l'interaction et dans quel empan syntaxique prendre la parole afin d'instancier que l'on voit où l'autre veut en venir, de marquer un accord/désaccord vis-à-vis de son discours ou de prendre/passer le relai pour éviter que le discours paraisse essoufflé et les ressources taries ?
Pour la pratique des chercheurs : à quel niveau de granularité du système se situer dans l'analyse pour saisir les processus de gestion de l'interaction aux niveaux phénoménologique, épistémique et affectif ? Dans quelle mesure peut-on déterminer par avance qu'un dispositif de constitution de corpus ou un scénario pédagogique est propre à une situation d'interaction à expérimenter ? Comment gérer et rendre compte des tensions entre planifications linguistiques/praxiques et détournements spontanés ?

Une perspective située en sciences du langage et en sciences de l'éducation ne paraît que favorable à la problématisation de la dimension incarnée et distribuée des pratiques. Le tracé de pistes de recherche sur les évolutions des ressources langagières et pédagogiques pourrait ainsi être évalué comme étant en phase, en retard ou en avance sur leur temps et leur espace, selon des points de vue actoriels à interpréter. Si les langues s'apprennent, elles (se) vivent aussi. Si les théories et les notions se travaillent, elles doivent être médiées, transmises et discutées aussi.

À travers l'étude des formes de vie des langages ordinaires et disciplinaires, on peut saisir la dimension patrimoniale des pratiques linguistiques et éducatives qui caractérisent la mise en commun des savoirs et des savoir-faire, la nécessité d'une réappropriation de sa position dans un espace social et la réactualisation d'une *praxis* de manière constante et démocratique.

2 Regards croisés sur la notion de *ressources* en sciences du langage et en sciences de l'éducation

Lors de notre colloque, quatre experts ont été invités pour proposer un cadre de réflexion autour de la notion de ressources. Cette notion a été problématisée sur plusieurs versants, aussi bien au niveau des disciplines scientifiques que des enjeux sociétaux de la recherche.

L'objectif de la recherche sur le faire social est double.
Du point de vue disciplinaire, on s'intéresse au tissage d'un répertoire de ressources qui permet de s'orienter dans l'environnement, de (ré)actualiser des conduites d'actions et de raviver un héritage culturel de pratiques et de valeurs à partager. La recherche en interaction vise ainsi à caractériser la mobilisation des ressources telles qu'elles sont perçues, produites et converties *in vivo*, dans la compréhension mutuelle et dans la construction/négociation du sens au quotidien. Le faire social est alors le faire *en* société.
Pour ce qui est des enjeux sociétaux, on passe par la constitution de dispositifs professionnels non seulement pour éclairer les pratiques et le sens de l'agir social, mais également pour ancrer la pratique de la recherche dans un espace qui s'étend au delà des lisières de la communauté scientifique. La recherche en interaction questionne alors (i) les applications qui ont déjà fait leurs preuves, (ii) celles dont on aperçoit déjà la pertinence de l'implémentation, mais qui sont encore à l'état embryonnaire, et (iii) les potentiels des retombées pas seulement pour la communauté scientifique. Le faire social est alors le faire *d'une* société.

Par leurs réflexions autour de la notion de ressource dans les domaines des sciences du langage et des sciences de l'éducation, nos invités ont mobilisé l'expérience qu'ils en ont faite dans leurs propres travaux de recherche[4]. S'intéresser à la complexité des ressources veut dire prendre en compte leur diversité (voir §1.1), et ainsi valoriser (i) la sélection opérée dans l'environnement en amont à toute activité de recherche (par exemple, pourquoi tel terrain d'enquête ?), (ii) le processus de recherche lui-même (quels ajustements d'un dispositif d'enregistrement sur le terrain ?) et aussi (iii) la restitution des résultats du travail du chercheur (comment communiquer ses analyses à un public, de spécialistes ou pas ?). Dans la constellation des ressources, les objets, en tant que ressources matérielles, représentent des choses qui existent en tant que formes extérieures aux sujets, dont les participants aux interactions doivent/peuvent tenir compte, mais dont ils peuvent/doivent aussi négocier certains traits émergeant comme pertinents dans et pour l'interaction.

2.1 Les objets comme ressources dans l'interaction

Dans sa conférence plénière, Elwys De Stefani a posé les jalons pour une réflexion d'inspiration interactionniste autour du statut des objets matériels en tant que « ressources disponibles ou constituées ». Au vingtième siècle, en sémiotique et en linguistique, les objets ont été traités comme des entités abstraites. Les modélisations théorisantes de Ogden & Richards (1923) ou de Bühler (1934), dont un des sommets est le référent (dans un cas) ou l'objet/état des choses (dans l'autre), en représentent de clairs exemples. La motivation de la connexion établie entre l'expression linguistique et la manifestation référentielle s'inscrit dans un débat qui s'étend de Platon (voir le Cratyle, en particulier la thèse d'Hermogène, selon laquelle les noms des objets sont conventionnels, et non pas naturels) à Ferdinand de Saussure (avec la notion d'arbitraire, centrale dans la définition du signe linguistique, telle qu'elle est présentée dans son *Cours*).

Cependant, la reconnaissance des objets participe de la formation d'un nouveau cadre expérientiel, de l'agencement d'un nouvel espace, de l'attribution de fonctionnalités spécifiques. C'est le cas de l'analyse sémiotique du couteau Opinel (figure 1), telle qu'elle est présentée par Floch (1995). En tant qu'« outil », l'Opinel est un objet, « configuré en vue d'un certain usage, qui va jouer un rôle actantiel au sein d'une pratique technique » (Fontanille, 2006 : 9). L'usage en est l'actualisation énonciative et le contenu sémantique de la prédication résultante est représenté par la « technique » elle-même (tailler, couper, etc.) qui s'exerce « sur un segment du monde naturel ». En résonance avec cette vision, par la notion d'*affordance* (Gibson, 1979 ; Norman, 1988), l'apport de la psychologie a été primordial pour mettre en évidence les propriétés fonctionnelles des objets, orientées à leurs usages et, plus spécifiquement, à leurs manipulations. Ainsi, la forme même de la poignée d'une porte informe l'usager au sujet de son utilisation par sa structuration matérielle (l'architectonique de l'objet) et sa figuration spatiale (les modalités de présentation de l'objet, selon son emplacement, sa taille, ses matières etc.).

[4] Nous illustrerons ici les propos de trois interventions : celles de Elwys De Stefani, de Nathalie Blanc et de Laurent Fillietttaz, qui ne sont pas présentes sous forme d'articles dans ce volume. Par ailleurs, la contribution de Vicky Markaki, Kristine Lund and Erica de Vries figurera en tant que chapitre de ces actes. Nous en proposerons une présentation succincte dans la section finale de cette introduction.

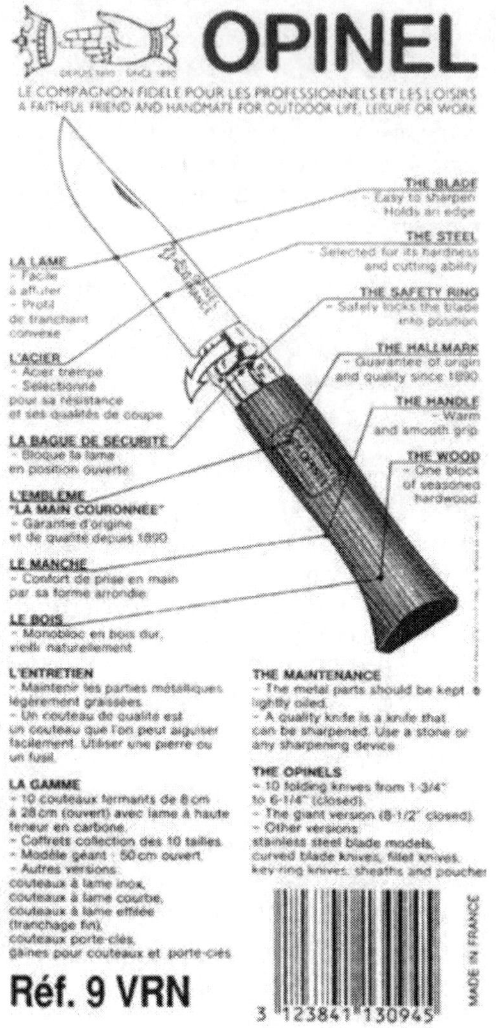

Figure 1. Couteau OPINEL (Floch, 1995 : 182)

Toutefois, ce n'est pas seulement la structuration matérielle d'un objet qui détermine son statut et le rend reconnaissable en tant qu'outil à manipuler. En ce sens, l'agencement spatial revêt une importance capitale. Elwys De Stefani nous a cité l'exemple célèbre des *ready-mades* de Marcel Duchamp, des objets caractérisés par un détournement d'usage et un renversement de leur valeur, alors resitués. Ainsi, le statut d'un objet ne se limite pas à sa fonction ordinaire, mais aussi à la possibilité de le réactualiser dans un contexte où il ne se trouve plus reconnu pour son emploi ordinaire. C'est le cas de l'urinoir en porcelaine renversé réalisé par Marcel Duchamp, daté de 1917 et rebaptisé « Fontaine » (figure 2). Envoyé à une exposition new-yorkaise sous le pseudonyme R. Mutt, « l'appareil sanitaire » n'est pas exposé pour la simple raison qu'il n'est pas considéré une œuvre d'art qui mériterait d'être exposé dans un musée. La notion de *ready-made* (terme utilisé par la première fois par Duchamp) représente donc le défi d'une vision traditionnelle de l'art et une remise en question de la valeur qui peut être associée à un objet d'art : bref, le statut de ce dernier est acquis en fonction de son agencement dans un espace d'exposition – ou espace d'implémentation (Goodman, 1984).

Figure 2. *Fontaine* – Marcel Duchamp, 1917

Toujours plongés dans l'espace où ils sont situés, les objets, en tant que cristallisations de propriétés instructionnelles (*instructional properties*), font l'objet d'une des dernières contributions de Garfinkel (2002 : 213 ss.). En particulier, le sociologue nord-américain se penche sur l'examen de la cuisine d'une femme aveugle, Helen, qui présente une disposition très précise des ustensiles de cuisine, dont l'information instructionnelle est véhiculée par leur disposition, mutuelle et relative aux électro-ménagers. Ainsi, les objets acquièrent leur fonction et peuvent être considérés comme de véritables ressources, d'une part, dans leur possibilité d'usage pour une finalité pratique (cuisiner, préparer le café, etc.) et, d'autre part, par le biais de leur arrangement dans l'espace parmi d'autres objets (prendre la casserole, c'est ne pas prendre la poêle juste à côté).

Figure 3. La cuisine de Helen (Garfinkel, 2002 : 213)

D'après Pierre Bourdieu (1979), dans des termes qui présentent des échos kantiens, on pourrait conclure que les objets ne sont pas *objectifs*[5], leurs usages se profilent par rapport aux ancrages contextuels de l'expérience qu'en font les acteurs sociaux. Et, dans une mouvance ethnométhodologique, il faudrait donc donner une impulsion aux travaux s'inscrivant dans une sociologie des objets (*sociology of objects*), une ligne de recherche qui est de plus en plus pratiquée en sciences humaines et sociales, comme le remarquent Hindmarsh et Heath (2000 : 525), et donc en sciences du langage[6]. C'est le cas des études ethnométhodologiques et conversationnelles qui se penchent sur les usages des objets dans les interactions en situation professionnelle – la tradition des *workplace studies*, voir par exemple (Luff *et al.*, 2000). Un autre exemple est offert par les études récemment recueillies dans le volume *Interacting with Objects. Language, materiality, and social activity* (Nevile *et al.* 2014), qui s'intéressent à plusieurs cadres situationnels. À partir des années 1980, Charles Goodwin a posé son regard analytique sur les terrains (au sens de *fieldwork*) les plus divers. Au sein de la tradition interactionniste, il est considéré comme le pionnier dans l'étude des objets en tant que ressources *dans* et *pour* l'interaction sociale[7].

À un niveau général et de manière transversale dans les sciences humaines, une bipartition essentielle porte sur la nature des caractéristiques définissant les objets et leurs usages dans une société : d'une part, des caractéristiques qui sont données a priori (par exemple, dans les travaux des anthropologues s'intéressant au don, comme Marcel Mauss) ; d'autre part, des caractéristiques qui sont construites, émergentes et contextuellement situées (par exemple, chez les sociologues ethnométhodologues s'intéressant aux méthodes déployées par des acteurs sociaux dans les interactions ordinaires, comme Harold Garfinkel).

C'est dans ce deuxième paradigme que se situe Elwys De Stefani. S'inscrivant dans une perspective interactionniste, il propose une analyse multimodale d'enregistrements audiovisuels d'une activité quotidienne : des couples italophones qui font leurs courses dans un supermarché (voir figure 4).

De manière générale, l'étude interactionnelle multimodale de ce contexte situationnel est justifiée par plusieurs raisons : (a) les supermarchés sont des lieux habités par de très nombreux objets (commerciaux) ; (b) les courses sont organisées autour d'une alternance constitutive entre interaction mobile et interaction stationnaire ; (c) les participants sont engagés dans l'organisation successive de foyers d'attention, représentés par différents produits/articles.

---

[5] « Les objets [...] ne sont pas *objectifs* au sens que l'on donne d'ordinaire à ce mot, c'est-à-dire indépendants des intérêts et des goûts de ceux qui les appréhendent et ils n'imposent pas l'évidence d'un sens universel et unanimement approuvé [...]. Ce que la science doit établir, c'est cette objectivité de l'objet qui s'établit dans le rapport entre un objet défini dans les possibilités et les impossibilités qu'il offre et qui ne se livrent que dans l'univers des usages sociaux [...] et les dispositions d'un agent ou d'une classe d'agents, c'est-à-dire les schèmes de perception, d'appréciation et d'action qui en constitueront l'*utilité* objective dans un *usage* pratique » (Bourdieu, 1979 : 110-111, italiques de l'auteur).

[6] Cela dit, la vaste étude proposée par De Stefani (2011), et présentée dans la conférence plénière, apparaît comme une exception, comparativement à la rareté des études empiriques qui se penchent sur la manière dont les interactants examinent, réclament, réfèrent aux objets qui les entourent, ou simplement les regardent. « [H]ow individuals notice, invoke, refer to, examine, assess, discuss, even simply look at objects, both alone or together, remains unexplicated and underexplored [...] There are very few empirical studies, however, concerned with the very characterizations that individuals themselves bring to bear on objects when engaged in activities with others » (Hindmarsh et Heath, 2000 : 527 et 529).

[7] Voir la section thématique de la revue *Tracés*, consacrée à l'œuvre de Charles Goodwin (Kreplak et Rabier, 2016).

Figure 4. Corpus De Stefani : les interactions au supermarché

En étudiant les ressources multimodales, verbales et « non verbales », Elwys De Stefani rend compte d'une pluralité d'actions accomplies par les participants. Par exemple, le fait qu'A soulève une valise d'une certaine manière déclenche un commentaire de B qui ne dit rien à propos de l'*achetabilité* du produit (*witnessing object manipulation*). Cet exemple illustre l'engagement des deux participants dans une activité collective : ils sont engagés dans une activité commune. En revanche, le fait de montrer un produit sans y référer verbalement, par exemple des cuisses de poulet, est interprété comme une proposition d'achat. Et, en tant que telle, cette action gestuelle est refusée par le co-participant (*no no le cosce di pollo no*, « non non les cuisses de poulet non »). L'énonciation d'un simple référent lexical (*pasta della pizza*, « pâte à pizza ») implique une sollicitation de réorientation vers une zone spécifique (le rayon frigo) et la production d'un directif (*prendila*, « prends-la ») à l'adresse de son partenaire. La mobilisation de ressources verbales, comme un syntagme nominal pour désigner un produit spécifique, peut être interprétée différemment : dans certains cas, cette ressource peut signaler un objet comme potentiellement « achetable » ; dans d'autres, elle peut constituer un objet comme « non achetable ».

Les produits/articles émergent comme items spécifiques selon différents critères qui encadrent le rapport des sujets aux objets :

- objets catégorisés comme produits consommables/utilisables (plusieurs briques de lait pour plusieurs personnes et pour plusieurs jours)
- usage possible des objets (amidon de maïs pour lier les ingrédients d'une sauce)
- usager/destinataire possible de l'objet (la confiture de fraise pour l'enfant qui en raffole)
- catégories matérielles de l'objet (une grande tasse pour une grande contenance et une grande soif)

Du point de vue de l'achetabilité, les clients découvrent de nouvelles *affordances* par rapport à celles relevant d'une appréhension encyclopédique des objets (une chaussure est un artefact à porter à ses pieds). Nous pouvons donner l'exemple où Maria, une cliente, tient la chaussure dans les mains, puis en saisit la pointe (ce qui peut être considéré comme une réalisation multimodale de dislocation[8]) et dit *per uccidere i ragni nell'angolo*, « pour tuer les araignées dans le coin » : d'une chaussure, on passe à un instrument de torture !

[8] En syntaxe générative, la dislocation est une phénomène de reconfiguration de l'ordre canonique des constituants de la phrase, où l'élément disloqué est placé en tête (dislocation à gauche) ou en fin

Dans ce type d'interactions, la mobilisation des objets s'élabore par l'exploitation de ressources multimodales et, sur le plan syntaxique, de la dislocation à gauche. Celle-ci représente une solution pratique pour résoudre un problème qui se pose en interaction et ainsi accomplir :

a) l'introduction d'un nouvel objet
b) la focalisation conjointe sur l'objet
c) l'élaboration à partir de l'élément disloqué (cf. Geluykens, 1992)

Ces trois temps sont réalisés en un seul tour de parole.
Resituée dans son habitat, celui de la conversation naturelle, la dislocation à gauche s'avère être non pas un dispositif pour promouvoir un *topic* par le biais d'une transformation de l'ordre canonique des constituants syntaxiques (comme dans la tradition générativiste et fonctionnaliste), mais une pratique sédimentée et émergente (Hopper, 1987) de la parole en interaction. Les structures grammaticales, multimodales et praxéologiques ne sont donc pas données *a priori*, mais elles représentent des épiphénomènes de l'interaction humaine.

En général, le statut des objets dans un supermarché peut être lié à plusieurs dimensions d'instanciation, ce qui nous amène à envisager ces objets comme des ressources matérielles au statut double dans l'activité « faire les courses » : d'une part, ils en constituent la visée (on vient ici acheter quelque chose) ; d'autre part, ils constituent le véhicule pour l'accomplissement de cette activité (dans le choix d'un objet à acheter on passe par son ostension). Plus particulièrement, l'étude de la dislocation dans un tel contexte permet de mettre en évidence deux statuts prééminents de ces objets marchands :

- leur disponibilité matérielle (*availability*) dans les rayons, sur les étagères ;
- leur focalisation par des pratiques référentielles (pointages), désignations, réorientations (notamment du regard), manipulations et caractérisations.

Par ailleurs, à un niveau sociologique, ce cadre situationnel offre l'occasion d'étudier la relation de personnes en couple dans un espace qu'elles fréquentent de manière habituelle : les supermarchés.

2.2 Les vidéos comme ressources pour la formation et l'apprentissage

La plénière de Nathalie Blanc a porté sur les vidéos en tant que *ressources* par et pour les interactions dans la recherche en éducation. Elles sont envisagées comme des ressources matérielles, des moyens, des possibilités pour visibiliser les interactions linguistiques, multimodales, à partir de leur ancrage social. D'un point de vue méthodologique, la vidéo est conçue comme ressource *par* les interactions et *pour* les interactions. *Par* les interactions, la vidéo est mobilisée comme *objet* d'étude et *support* en vue d'une analyse multidimensionnelle de l'accomplissement d'une activité, dans le cadre d'une approche interactionnelle des situations de classe. *Pour* les interactions, la vidéo est considérée en tant qu'*outil* pédagogique et *instrument* utilisé dans le domaine de la formation de futurs enseignants et formateurs. Sur ce dernier versant, la vidéo permet de visibiliser le rôle majeur du langage dans l'appropriation des connaissances et d'établir une forme de conscientisation à la construction des gestes professionnels.

---

d'énoncé (dislocation à droite) : *questo l'ho appena letto*, « ceci je viens de le lire », est un exemple de dislocation à gauche. Cette conception n'est pas sans soulever des problèmes à plusieurs niveaux de l'analyse linguistique : s'il y a un ordre canonique des constituants d'une phrase, celui-ci est-il établi en fonction de la grammaire/pragmatique des locuteurs ou des normes morphosyntaxiques/pragmatiques illustrées par les linguistes ?
Le propos de la dislocation multimodale n'était pas présenté par Elwys De Stefani dans sa conférence plénière, mais nous avons considéré la monstration d'un référent dans la conversation comme l'introduction d'un objet, à propos duquel un locuteur produit un commentaire.

Dans une perspective de recherche au croisement des sciences du langage et des sciences de l'éducation, Nathalie Blanc a présenté les données qui font l'objet de ses travaux comme base de discussion pour questionner la place méthodologique et analytique de la vidéo. En particulier, deux cas d'étude ont été illustrés par notre chercheuse invitée : (i) le cas d'une vidéo-formation pour le *Master MEEF*[9] *Professeur des écoles* à l'ISPEF (Institut des sciences et pratiques d'éducation et de formation) de l'Université Lyon 2 ; (ii) un autre dans le cadre d'un module de *Formation de formateurs en éducation prioritaire*, un partenariat entre l'Institut Français de l'Éducation (Ifé), le laboratoire ICAR et le Rectorat de Guyane[10].

Pour ce qui concerne la première formation[11], il s'agit d'un dispositif qui inclut une sensibilisation à l'étude de la vidéo se situe en deuxième année de Master (Bac+5), pour les étudiants qui se préparent à être professeurs des écoles. La formation du Master MEEF se déroule donc en alternance pour les étudiants reçus au concours et s'articule entre le terrain de la classe et les cours à l'Ecole supérieure du professorat et de l'éducation (ESPE) dans le cadre des universités Lyon 1 et Lyon 2. Le dispositif de formation présenté ici s'inscrit dans les modalités d'enseignement d'un TD de 21 heures intitulé « Diversité linguistique, interactions et apprentissages » et a pour objectif l'analyse des interactions didactiques en situation de contact de langues, à partir de vidéos de classe enregistrées dans des conditions écologiques et avec transcription des tours de parole. L'enseignement d'une langue ou l'enseignement d'une discipline via le langage ne se résume pas à l'apprentissage d'un répertoire lexical, mais consiste surtout en la sensibilisation aux interactions et à l'articulation multimodale de la parole. C'est en cela qu'une attention particulière est donnée aussi aux composantes non verbales.

L'observation porte sur des situations d'apprentissage et, en particulier, sur des situations de communication exolingue[12]. Ces types d'interaction permettront par la suite de construire une compréhension du rôle du langage et de contribuer au développement de gestes professionnels et non pas seulement en contextes plurilingues. Les corpus qui font l'objet de ce dispositif de formation en Master MEEF sont enregistrés en contexte de classes bilingues, en écoles d'immersion où l'apprentissage est réalisé en langue étrangère/seconde et où la scolarisation concerne des élèves allophones. Le focus de l'observation est posé sur l'asymétrie linguistique entre les interactants qui ne disposent pas des mêmes répertoires. La question centrale pour la formation et la recherche est alors l'éclairage des stratégies mises en œuvre pour assurer l'intercompréhension, et donc l'appropriation de savoirs non seulement linguistiques, mais aussi disciplinaires. Pour ce faire, Nathalie Blanc considère le corpus vidéo *Minnesota* comme un exemple de recherche en contexte d'enseignement/apprentissage des sciences en français L2 (Blanc, 2014 ; Blanc et Griggs, 2015, voir fig. 4).

Dans une école d'immersion en langue française aux États-Unis, des élèves de quatrième année (niveau équivalent au CM1) ont été enregistrés lors de trois séances consécutives, pour deux heures au total. L'objectif des séances est de construire un circuit électrique à partir d'un schéma, il s'agit donc d'un processus pédagogique qui vise à la réalisation d'un travail de groupe. Le rôle de l'enseignante consiste alors à étayer cette séquence de sciences par différents types d'interventions : consignes, fiches de travail et bilans collectifs.

---

[9] Master MEEF Métiers de l'enseignement, de l'éducation et de la formation.

[10] Voir la présentation du projet sur le site de l'académie de la Guyane : http://ac-guyane.fr/spip.php?article1481.

[11] Pour une présentation complète du dispositif et de ses effets voir Blanc (2018).

[12] La communication exolingue en situation de contact de langues est définie comme « communication qui s'établit par le langage, par des moyens autres qu'une langue maternelle, éventuellement commune aux participants » (Porquier, 1984 : 18).

Deux questions se posent alors :

- Comment les élèves co-construisent-ils des savoirs langagiers et des savoirs disciplinaires à travers la réalisation de la tâche ?
- Quelles stratégies utilisent-ils pour coordonner leurs interactions au sein du groupe et pour réaliser la tâche scientifique ?

La coordination dans cette activité conjointe se réalise en langue française, la langue est donc mobilisée pour la coordination des actions des participants et l'articulation des différentes phases de la tâche : « Et on va connecter à la base, maintenant on a besoin d'une ampoule et maintenant ON va connecter zéro JE vais faire deux lignes »[13]. On voit ici la tâche qui s'accomplit au niveau de l'énonciation du projet collectif de construction et au niveau individuel de réalisation d'une phase spécifique au sein du projet : la transition entre ces deux dimensions du travail est exprimée par le choix des formes pronominales, impersonnelle (« on ») et de première personne (« je »).

En phase de formation, à partir de l'évaluation des vidéos illustrant ce type d'activités, les étudiants du Master MEEF analysent le rôle de ces ressources dans leur compréhension des situations, pour expliciter des savoirs professionnels. Par la mise en regard de différentes situations, on peut voir émerger des stratégies différentes chez les apprenants et chez les enseignants. Chez les apprenants (figure 5), lors des échanges dans un groupe, une élève (Gina) prend les décisions, vole le tour de parole d'une camarade et même la feuille et le crayon. Ces éléments d'analyse représentent ce qui se perçoit dans le jeu de va-et-vient entre les deux élèves du crayon et de la feuille et permettent de visibiliser la relation asymétrique, la position haute de dominant (cf. Kerbrat-Orecchioni, 1987) de Gina par rapport à Sophie.

Figure 5. Corpus Minnesota : interactions entre pairs autour de la production d'un schéma en science

La co-énonciation visible entre les deux acteurs du binôme, notamment dans la formulation d'un planning, semble se transformer en prise de pouvoir (par exemple, lorsque Gina s'accapare une feuille). Dans le cadre de la tâche pratique, le fait que la modélisation du circuit par le dessin soit préalable à la phase ultérieure de construction joue un rôle central. L'interaction didactique est séquencée et caractérisée par une fluctuation entre la collaboration et la domination. Sur le plan des prises de parole, l'(auto-)sélection de l'élève qui mène le projet peut émerger de manière multimodale, comme dans le cas de Sophie qui réalise un geste métaphorique en claquant des doigts pour montrer à Gina qu'elle a une nouvelle idée sur la manière de réaliser le circuit (en opérant une connexion à la base). Et on peut aussi reconnaître quelques phénomènes de sur-énonciation (Rabatel, 2008), lorsque l'une poursuit l'intervention amorcée par l'autre, autant verbalement que gestuellement (Colletta, 2004).

[13] Selon les conventions de transcription ICOR (http://icar.univ-lyon2.fr/projets/corinte/documents/2013_Conv_ICOR_250313.pdf), les majuscules signalent des saillances perceptuelles.

Lors d'entretiens de post-formation, Nathalie Blanc a interrogé deux étudiantes devenues professeures des écoles au sujet du lien qu'elles ont pu faire entre l'étude de ces corpus vidéo pendant leur formation et les pratiques langagières réelles dans leur classe une fois en poste. L'activité réflexive qu'elles ont menée à partir de ces ressources audiovisuelles pendant leur formation leur aurait ainsi permis de questionner le statut de l'enseignant et son positionnement au sein de l'interaction didactique en tant que participant privilégié qui a le pouvoir de distribuer la parole, d'assurer le bon déroulement de l'interaction entre les élèves et de gérer les interactions dans la classe.

La réflexion théorique dans la formation des enseignants dans le cas de ce dispositif s'appuie donc sur l'enregistrement et le visionnage de pratiques qui, désormais visibles et objectivables par les corpus, résonnent avec les situations concrètes expérimentées par les étudiantes-stagiaires. Ainsi, ces ressources représentent des outils qui, confrontés à la réalité professionnelle, leur permettent de réfléchir à leurs propres pratiques de manière prospective et programmatique.

Dans le cadre du second projet *Parler pour apprendre à l'oral en contexte plurilingue*, issu d'une collaboration entre l'Ifé, le laboratoire ICAR et le Rectorat de Guyane[14], Nathalie Blanc a travaillé avec ses collaborateurs sur deux processus interdépendants : se former à l'oral (« Parler pour apprendre ») et se former à la vidéo-formation. En s'appuyant sur l'observation des pratiques de l'oral en classe, sur l'ingénierie de formation, ainsi que sur des compétences didactiques et techniques liées à la constitution et l'exploitation de vidéos, deux actions ont été réalisées : (i) la mise en place de modules de formation d'enseignants sur l'oral en utilisant la vidéo et (ii) l'élaboration de ressources vidéo disponibles sur une plateforme pour l'académie de Guyane, sur le mode de celles de NeoPass@ction[15]. Ces productions sont issues d'un travail de recueil de vidéos par les formateurs accompagnés par les chercheurs sur leur terrain en Guyane (prise de contact, autorisations, captation/sélection/montage des vidéos, entretiens d'auto-confrontation, fiches de contextualisation).

Figures 6a et 6b. Corpus Guyane : captation vidéo en classe

[14] Les personnes suivantes ont participé à ce projet (2016-2018) : Marie-Odile Maire Sandoz et Patrick Picard (Centre Alain Savary / Ifé), Patricia Lambert et Nathalie Blanc (Laboratoire ICAR). Un groupe de douze formateurs en éducation prioritaire de l'académie de Guyane issus de l'enseignement primaire ou secondaire dans toutes disciplines ont également pris part au déroulement du projet.
[15] Cf. http://neo.ens-lyon.fr/neo

Figure 6c. Corpus Guyane : captation d'entretiens d'auto-confrontation avec les enseignants

Dans la phase d'analyse, plusieurs axes de recherche ont été mobilisés dans les domaines de la sociolinguistique et de la didactique : l'étude des spécificités de l'oral par rapport à l'écrit, la communication exolingue, la didactique du plurilinguisme, l'analyse des interactions et l'analyse multimodale. L'étude de ces éléments bénéficie des apports mutuels entre chercheurs et formateurs. L'objectif général du projet s'inscrit dans l'argumentaire de l'Ifé en tant que centre de recherche et de formation qui revendique la nécessité de « ramener le réel en formation » grâce à l'étude de situations ordinaires auxquelles les enseignants sont confrontés dans l'exercice de leur profession.

Quant à la vidéo-formation, trois étapes sont prévues sur le volet méthodologique :
1) *contextualiser* (quel est le contexte ? quelle est la situation ? quels sont les acteurs ?)
2) *décrire* ce qui se passe à l'écran, sans faire appel aux jugements (que fait l'enseignant ? que font les élèves ? pourquoi l'enseignant fait ce qu'il fait ? pourquoi les élèves font ce qu'ils font ?)
3) *analyser – interpréter* pour la pratique professionnelle (quels enjeux de formation ?)
Le troisième point consiste à proposer un regard analytique du point de vue du formateur. Les questions qui se posent dans le cours de la formation, à partir d'une situation donnée, sont alors les suivantes : (i) quelles sont les actions accomplies dans l'interaction par l'enseignant ? lesquelles seraient transférables dans d'autres situations ou configurations ? et par le biais de quelles ressources transférer ces actions ? (ii) qu'est-ce que l'enseignant n'arrive pas à faire dans une telle situation ? à partir de quels indices peut-on s'apercevoir que l'enseignant n'y arrive pas ? à partir de quels problèmes peut-on envisager de véritables enjeux de formation ?

Pour répondre à ces interrogations, les approches multimodales du discours issues de la sémiotique sociale (Kress, 2010 ; Kress et van Leeuwen, 2001), ainsi que les travaux sur le plurilinguisme dans le champ de la linguistique appliquée peuvent s'avérer utiles (de Saint-Georges *et al.*, 2017). Si on se penche sur de tels contextes, il faut problématiser la *complexité*, la *diversité* des pratiques de communication et reconnaître le travail de *construction de sens* des élèves, au travers d'autres modalités que celles langagières. Ce qui amène le chercheur à envisager des perspectives plus larges sur ces modalités, englobant aussi le panorama culturel et social des locuteurs où, comme le dit clairement Kress « un mode [ou une modalité de communication] est une ressource sémiotique socialement façonnée et culturellement donnée pour construire le sens » (2010 : 79).
Il est donc question d'y reconnaître le *travail sémiotique* des élèves (Kress, à paraître), et de se pencher sur les modes qu'ils mobilisent pour communiquer (gestes, langage oral/écrit, langues, images, etc.). Ces modes sont exploités comme ressource pour le *sens* (en discours) et la *signification* (en langue). Deux questions se posent alors chez les formateurs :

1) Comment comprendre et valoriser le *travail sémiotique* réalisé par les élèves à une étape de son parcours (c'est-à-dire le travail de construction du sens à partir de ces diverses modalités *in situ*) ?
2) Comment interpréter où en est l'élève dans son parcours d'apprentissage à partir du travail sémiotique réalisé à un moment donné ? quels *signes d'apprentissage* peut-on reconnaître ?
Ici, dans le prolongement de la perspective de Kress, le formateur serait dans une logique de *reconnaissance* pour repérer et encourager d'éventuelles pratiques enseignantes qui favorisent l'évolution de l'apprentissage ou qui remédient à d'éventuels désengagements des élèves, et non pas dans une logique d'*évaluation* qui sanctionnerait ces pratiques.

La plénière de Nathalie Blanc s'est articulée autour de trois axes, trois regards complémentaires sur les données audiovisuelles :
a) **montrer** – la vidéo en tant que ressource matérielle, un objet, un moyen qui peut servir pour décrire, comprendre, nommer (du côté de la recherche) et pour visibiliser, faire prendre conscience, apprendre (du côté de la formation) (figure 6a et 6b) ;
b) **faire dire** – en recherche cela se traduit par « faire parler les enseignants sur leur activité filmée » et sur des pratiques d'auto- ou allo-confrontation (figure 6c) ;
c) **faire faire** – en formation cela se traduit par une réflexion autour des impacts sur les gestes professionnels. L'enseignant doit alors questionner en écho ses propres pratiques, les adapter et les faire évoluer.
Pour conclure, les interactions constituent l'objet d'étude, l'objet de formation et, en même temps, la *modalité de travail* qui est menée par Nathalie Blanc et ses collaborateurs. Une interaction au sein d'une équipe de travail qui ne se traduit pas par une transposition de la recherche vers la formation, mais plutôt par une *circulation entre recherche et formation* (Blanc et Rivière, à paraître).

2.3 Les interactions comme ressources pour la formation professionnelle initiale

Dans sa conférence plénière, Laurent Filliettaz s'est proposé comme objectif d'enquêter sur deux fronts :
1) Comment les personnes qui apprennent à apprendre utilisent-elles des ressources interactionnelles pour des finalités spécifiques ?
2) Quelles sont les spécificités et les contributions de l'analyse des interactions dans le domaine de la formation professionnelle initiale, comme discipline et comme métier ?
Pour répondre à ces questions, notre invité s'est penché sur une situation particulière : la formation en radiologie médicale, une formation professionnelle de novices qui sont accompagnés par des techniciens experts.

Les extraits analysés lors de cette intervention sont issus d'un projet intitulé « Devenir technicien en radiologie médicale : Analyse de l'activité collective au travail et conception de situations de formation », mené par l'équipe Interaction & Formation de l'Université de Genève, en partenariat, entre autres, avec les Hôpitaux Universitaires de Genève (HUG) et la Haute École de Santé de Genève (HESG). La profession de technicien en radiologie médicale (TRM) se caractérise par un niveau élevé de technicité pour ce qui concerne les matériels utilisés et la sécurité du site de travail. Sur le plan relationnel, le contact humain est considéré comme constitutif du métier, du fait que cette profession est aussi perçue comme une profession de soin, d'accompagnement du patient. Par son lieu de travail, le TRM est reconnu pour sa polyvalence (il doit avoir des notions en IRM, médecine nucléaire, etc.) et ses relations interprofessionnelles, vu les interactions qu'il est tenu à avoir avec des physiciens, des transporteurs, etc.

Dans ce contexte, cette profession présente quelques enjeux pour la formation :

- la transformation du métier
- des changements technologiques constants
- le positionnement des formations et les enjeux de reconnaissance
- l'alternance en formation.

Les extraits présentés dans la conférence plénière sont issus d'un stage en formation professionnelle initiale. La place des stages dans le curriculum est caractérisée par

- une alternance entre des modules de formation et des périodes de stages (8 semaines)
- un encadrement par des praticiens formateurs (PF) et des TRM expérimentés : les tuteurs
- une combinaison d'enjeux « productifs » et constructifs (Rabardel, 1995)

Deux questions de recherche se posent donc sur les deux types de participants impliqués dans cette situation de formation. D'un côté, quelles ressources les tuteurs mettent-ils en œuvre dans les interactions pour aménager des espaces de formation dans les activités de travail ? Et, de l'autre côté, comment les stagiaires repèrent-ils ces ressources et quels usages en font-ils ?

La perspective interactionnelle sur les ressources dans la formation envisage le travail comme environnement d'apprentissage, caractérisé par des « situations potentielles de développement » (Mayen, 1999), à l'aide desquelles l'individu peut faire évoluer ses compétences. Les apprentissages en situation de travail sont caractérisés par une dualité constitutive : celle résultant des *affordances* de l'environnement et des possibilités d'*engagement* individuel (Billett, 2001).

L'activité des tuteurs s'explique en termes de relation comme étayage (Mayen, 2002) : faire en sorte que les étudiants interprètent et énoncent le sens et la valeur de l'activité en cours d'élaboration, c'est le rôle même des tuteurs. Dans le cadre de cet étayage, des « formes » et des « scénarios » spécifiques se performent (Kunégel, 2005 ; 2011) : les étudiants en énonçant ce qu'ils sont en train de percevoir de la scène doivent gérer la potentielle asymétrie entre un programme d'action conceptualisé en amont et une situation dans laquelle plusieurs acteurs doivent négocier un rôle, les uns par rapport aux autres.

Plus généralement, dans une perspective interactionnelle, la formation est envisagée comme un accomplissement *situé* (Garfinkel, 1967 ; Heath et Luff, 1992 ; Quéré, 1991 ; Suchman, 1987) d'une production *collectivement* interprétable (Clark, 1996 ; Goodwin, 2002) à travers une manifestation *sémiotique* et *multimodale* (Kress et van Leeuwen, 2001), qui est organisée de manière *séquentielle* et *dynamique* (Schegloff, 2007 ; Mondada, 2007).

Pour ce qui est de la situation analysée dans les extraits vidéo, le contexte de la « salle école » à l'hôpital est bien différent de celui d'une séance ordinaire. Cette situation est celle d'une radiologie conventionnelle, caractérisée par une adaptation de la programmation des patients en ce que le flux est moins élevé que d'habitude : la séance de radiologie dure dans ce cas 30 minutes, contrairement aux 15 minutes habituelles. Le cadre participatif est composé d'un patient, d'une formatrice et d'un tandem formé de deux stagiaires en première année (STA1 et STA2), qui suivent leur première semaine de stage. Dans le premier extrait, les participants doivent effectuer une radiographie de la cheville (face et profil) et la positionner de manière adéquate. La première opération à effectuer est le réglage du tube, ce qui engendre une reconfiguration des cadres de participation : STA2 est en train de réaliser cette activité non verbale, alors que les deux autres participantes (STA1 et la formatrice) s'occupent de la manipulation de la cheville (figures 7a et 7b).

À un moment donné, la technicienne sélectionne une des deux stagiaires pour accomplir une opération spécifique et le rire qui en résulte représente une allusion au rituel de vérification d'une procédure. Ici, nous retrouvons la tripartition séquentielle typique des contextes didactiques : à la demande de la formatrice (*Initiation*) suit une réponse de l'apprentie (*Response*) et, suite à la notification d'une erreur par l'experte (*Evaluation*), l'étudiante produit une reformulation réactive. L'expérience multimodale procède donc par « superposition » : différentes zones/composantes de la cheville sont manipulées au cours de l'interaction. Dans ce premier extrait, la partie du corps sert de *support* d'une activité épistémique et le statut de l'objet (partie du corps) est modifié au cours de l'activité. La cheville n'est plus seulement une partie du corps à réparer, mais elle devient (i) un objet de connaissance à négocier dans un domaine et (ii) un lieu d'accès pour une compétence technique professionnelle à parfaire.

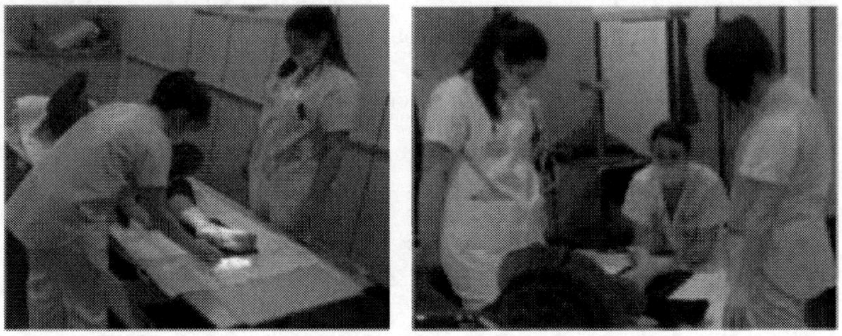

Figures 7a et 7b. Corpus Filliettaz : la manipulation de la cheville

À l'aide d'un deuxième extrait, Laurent Filliettaz nous a montré le changement de rôle du patient, qui est sélectionné de manière explicite comme destinataire de l'activité en cours. Cette inclusion participative implique une suspension de la manipulation de la cheville. Dans la séquentialité de l'interaction, les rires des stagiaires rendent compte du statut de réintégration du patient dans un protocole qui ne prévoit pas sa participation. Une forte composante épistémique est présente dans ces échanges ; certaines tournures soulignent l'institutionnalisation d'un savoir : la formatrice énonce « si vous vous souvenez bien », une remarque à destination des stagiaires afin de mettre en évidence un savoir qui devrait avoir été appris et qui devrait être mobilisé dans une telle configuration. Le guidage multimodal vers une règle d'action s'avère primordial. La manipulation de la cheville représente un bel exemple de construction de l'objet en contexte, avec une situation d'apprentissage et des contenus explicitement épistémiques.

Un court troisième extrait montre une stagiaire en 2ème année qui doit réaliser un scanner du thorax. La question du patient sur le « tuyau d'oxygène » déclenche une question de la stagiaire au TRM : « est-ce qu'on peut faire un scanner avec un tuyau ? ». Ainsi, la stagiaire redirige la question vers une instance d'autorité épistémique et symbolique, en mesure de répondre de manière assurée. Le technicien répond à l'interpellation de la stagiaire : « oui, on peut faire un scanner avec un tuyau ». Sa réponse est suivie par un *aparté* avec la stagiaire, où il lui explique la longueur des éléments utiles pour faire un scanner avec un tuyau d'oxygène.

Concernant le rôle des *ressources* et leurs usages, les exemples illustrés ci-avant montrent clairement qu'il y en a trois types :

- des ressources multimodales : parole, objets techniques, corps, gestualité, toucher, orientation des regards, etc.
- des ressources séquentielles, voir le pattern tripartite *I-R-E* (illustré par le premier extrait)
- des ressources participationnelles, visant à inclure *versus* exclure certains participants.

Pour ce qui est des usages des interactions multimodales dans la formation professionnelle initiale, à côté des dénotations de contenus de savoirs techniques (« relever le pied »,

« garder l'oxygène »), on peut retrouver la médiation des formats de participation plus ou moins représentatifs de ce type d'interactions (par exemple, la stagiaire peut être une actrice qui recouvre le rôle de récipiendaire d'un tour pédagogique).

Les implications pour les compétences interactionnelles des participants concernent premièrement la visibilité et la transparence de l'activité des tuteurs, mais aussi le repérage de ressources interactionnelles dans la transmission du travail (qui ne peuvent être immédiatement visibles dans l'interaction, mais récupérées dans un deuxième temps au prisme d'une analyse interactionnelle fine).

D'autres éléments restent à explorer sur les modalités de réalisation de ces formations. Par exemple, y a-t-il des pratiques différentes entre formateurs expérimentés et tuteurs professionnels ? Pour répondre à cette question, il faudrait récolter davantage de données.

Avant de nous diriger vers les résumés des contributions de cet ouvrage, faisons un petit bilan sur les interventions de nos conférenciers pléniers.

2.4 Les interactions comme ressources : bilan des conférences plénières

Nos conférenciers invités ont posé leur regard sur la notion de « ressource » et nous ont donné des éléments de réflexion pour aborder les interactions à l'aide de cette notion. Par un questionnement de leurs terrains de recherche, dans les domaines des sciences du langage et des sciences de l'éducation, ils ont appréhendés les « ressources » pour leur caractère multidimensionnel, ne relevant pas d'une perspective logocentrique.

Dans l'étude des pratiques situées, comme dans les « courses au supermarché », la linguistique interactionnelle (§ 2.1) ne s'intéresse pas seulement à la dimension verbale des prises de parole – par exemple, à des configurations syntaxiques spécifiques telles que les dislocations. La parole-en-interaction se déploie de manière multimodale : le verbal se trouve en compénétration avec des gestes, des regards, des postures corporelles et, non accessoirement, avec des objets. Comme Elwys De Stefani l'a montré dans son étude portant sur des interactions au supermarché enregistrées, ces derniers sont ainsi des ressources matérielles et symboliques émergeant au cours d'une activité particulière. Ces ressources acquièrent ainsi leur statut de référents privilégiés et d'objets de discours de manière multidimensionnelle, contextuellement et séquentiellement située.

Dans le domaine de l'apprentissage et de la formation (§ 2.2), si la vidéo est un objet d'étude qui permet de visibiliser les spécificités multimodales des interactions (une donnée à analyser), elle est aussi utilisée pour la formation de futurs enseignants et formateurs (un outil pédagogique à exploiter). En cela, la vidéo représente une ressource sur le versant appliqué dans la mesure où elle participe de la perception, de l'appropriation et du redéploiement de gestes professionnels (des ressources pour former et pour enseigner) dans des contextes pédagogiques, comme l'a montré Nathalie Blanc dans ses projets internationaux.

Dans le domaine de la formation professionnel initiale (§ 2.3), la possibilité de naviguer entre différentes configurations participationnelles complexifie les formats séquentiels attendus dans de contextes didactiques (notamment la tripartition Initiation – Réponse – Évaluation) : en situation, il y a des configurations entre soignants et patients qui ne sont pas prévues dans le scénario pédagogique. L'intelligibilité et la construction sociale passe encore une fois par la mobilisation de plusieurs ressources – matérielles, corporelles, participationnelles – au cours d'une formation en radiologie médicale. Comme Laurent Filliettaz l'a montré, dans une telle situation, la présence de novices accompagnés et formés par des techniciens experts se traduit par une co-construction entre plusieurs autorités et positionnements épistémiques concernant les compétences et les savoir-faire techniques de la radiologie.

3 Les contributions réunies dans ce volume

Nous allons maintenant présenter les différentes contributions à travers un résumé succinct des thèmes abordés par les auteurs.

Dans un premier axe, la notion de ressources est appréhendée dans le cadre d'études qui portent sur des *situations de formation et d'apprentissage*.
Dans le cadre du projet ANR JENlab, **Vasiliki Markaki-Lothe, Erica De Vries et Kristine Lund** décrivent les ressources interactionnelles que les participants mobilisent dans les phases de conception de deux jeux épistémiques numériques (JEN) adressés à des élèves de lycée. L'étude des enregistrements vidéo de ces séances montre la pertinence des cadres de participations et des postures épistémiques qui évoluent au fil de l'activité. Ce type de ressources représente une donnée importante pour les chercheurs comme pour les concepteurs. D'un côté, on s'intéresse aux stratégies de résolution du cadre situationnel simulé : dans le jeu *Rearth*, par exemple, les joueurs doivent faire face à la destruction imminente de la Terre. De l'autre côté, les analyses des enregistrements des pratiques en acte fournissent aux concepteurs des données permettant de procéder à l'évaluation des (a)symétries entre utilisation programmée et utilisation réalisée, entre implémentation et (ré)appropriation de l'ergonomie du jeu.
Marine Pelé-Peycelon et Céline Alcade proposent une étude des rôles du chercheur en tant que ressource pour les participants dans deux situations de formation (dans le secteur de l'industrie et dans le secteur de la restauration), ce qui a donné lieu à des moments de réflexion sur les pratiques des acteurs dans ce type d'interactions. La présence du chercheur sur le terrain et dans le cours de la formation s'est avérée être une véritable ressource pour les participants, préparant la voie vers l'amélioration de leurs pratiques, à travers le questionnement de la conduite des acteurs : le chercheur est partie prenante de la transmission et de l'appropriation des connaissances et des savoir-faire en situation.
En sciences de l'éducation, les ressources qui servent pour l'accomplissement de l'activité donne de l'impulsion et créent un instrument de développement pour l'apprentissage. **Anne-Sophie Cayet** questionne en quoi les Discussions à Visées Philosophiques (DVP) auprès d'élèves allophones nouvellement arrivés en France représentent une médiation qui permet de favoriser les échanges plurilingues et interculturels. Dans le cadre de la DVP, les élèves deviennent les premières ressources d'une réflexion philosophique en s'appuyant sur des ressources sémiotiques spécifiques. Parmi celles-ci, on retrouve notamment le « dessin réflexif » par lequel des élèves illustrent un concept (par exemple, « la liberté »), développent un récit d'ordre autobiographique et alimentent les échanges avec leurs camarades comme avec l'enseignant.
Dans leur contribution, **Stéphane Talerien et Stefano Bertone** proposent une méthode permettant d'accéder aux connaissances ordinaires des enseignants expérimentés, en vue de leur transmission dans le cadre d'un dispositif de formation entre pairs. Cette étude se fonde sur l'analyse de deux types de données audiovisuelles. Un premier type est constitué des enregistrements des activités en classe, dans le cadre d'une leçon intitulée « Bernie passeur de savoir » : ils ont été réalisées d'abord par le pair formateur, puis par le pair formé. Entre ces phases d'enregistrements, le pair formateur et le pair formé sont amenés à échanger sur leurs pratiques respectives suite au visionnage des vidéos en situation de classe, dont les tours verbaux ont été soigneusement transcrits : c'est là un deuxième type de données relevant de l'entretien d'autoconfrontation (EAC). À partir de l'analyse des interactions enregistrées, les auteurs problématisent les modalités par lesquelles le pair formateur cultive une vision synoptique de sa pratique, ainsi que l'importance des séances de confrontation et de discussion entre pairs pour les enseignants.

Le deuxième axe de cet ouvrage est consacré à la notion de ressources du point de vue des *pratiques interactionnelles au prisme des interfaces numériques*. On s'intéresse aux interactions entre des sujets par le biais d'interfaces ainsi qu'aux modalités d'actions par et sur un dispositif.
Maryem Larhmaid enquête le changement des pratiques de lecture à l'ère du numérique, en comparant la lecture de matériaux imprimés et de matériaux numériques. En étudiant les réponses qui ont été données par des étudiants universitaires marocains à un questionnaire sur leurs pratiques de lecture, l'auteure s'intéresse à leurs habitudes et préférences. Dans un contexte en évolution (rôle de la technologie et possibilité d'accès à de nouveaux supports) se profile une corrélation entre âge des locuteurs et modalités de lecture (temps dédié, supports, lieux, usages...).
La contribution de **Hasna Sebiane** se focalise sur l'alternance codique dans un environnement numérique, en particulier dans un type de communication médiée par ordinateur tel que le chat de Facebook. En se focalisant sur les échanges de salutations, l'auteure analyse les ressources mises en place par les cyberscripteurs algériens afin d'accomplir de manière co-construite des routines communicatives, susceptibles d'être modifiées selon des motifs récurrents : étirements graphique (merciiiii), majuscules, points d'exclamation, logogrammes, « squelettes consonantiques ». Dans un contexte numérique globalisé, les périphériques ont un rôle central dans la structuration de la pratique interactionnelle : le clavier latin constitue une affordance technologique qui est liée à des phénomènes d'alternance (néo)codique.
Dans son article, **Anita Messaoui** se penche sur la conception de ressources pédagogiques par les enseignants français. L'étude du travail documentaire d'une enseignante d'anglais d'un collège en milieu rural est au centre de cette contribution. Pendant la préparation et la révision d'une leçon, l'enseignante se filme de manière à pouvoir apporter un regard critique à sa pratique didactique. L'auteure met en valeur les compétences qui président à deux types de tâches correspondant à deux schèmes documentaires : « sélectionner une ressource » et « garder la trace d'une ressource ». Les données vidéo qui ont servi de base pour cette étude sont publiées dans la plateforme AnA.doc.
Toujours à l'aide de cette plateforme, la contribution de **Katiane de Moraes Rocha** (i) questionne la manière dont le chercheur conçoit et traite ses données et (ii) vise à analyser l'instrumentation de la pratique de l'enseignement des mathématiques. À l'aide d'extraits vidéo, d'images et de graphiques issus des données accessibles sur la plateforme, l'auteure examine le *webdocument* intitulé « L'influence d'une métaressource sur la trajectoire documentaire de Sophie (mathématiques, collège) » présentant une analyse structurée et illustrée du faire de l'enseignante. Le *webdocument* se configure ainsi comme un incubateur d'analyses du travail documentaire effectué par un enseignant (c'est là son statut de *métaressource*), qui peut faire l'objet de commentaires hébergés par d'autres chercheurs dans la section « forum » d'AnA.doc (une ressource permettant de déployer une analyse des pratiques).

Un dernier axe qui se profile dans ce volume est celui du questionnement de la notion de ressources à partir d'*enregistrements audiovisuels*. Les données vidéo sont ici envisagées comme voies d'accès aux pratiques interactionnelles, dont le caractère émergeant, co-construit et négocié du sens peut être enquêté parce que rendu visible et attesté.
Dans sa contribution, **Monica Simone** étudie des enregistrements de sessions d'entraînement d'escalade avec des malvoyants. Dans ce type d'interaction, les entraîneurs guident à distance les athlètes à l'aide d'un dispositif audio sans fil. Les instructions ainsi produites sont alignées aux positionnements de la personne guidée et à l'agencement spatial de son corps, qui devient le point de repère pour les mouvements instruits. Les tours de parole des entraîneurs s'alignent temporellement aux contingences des mouvements des

athlètes et s'inscrivent donc dans la temporalité des mouvements accomplis (ou en cours d'accomplissement) par ces derniers.
Laurence Martin analyse des tutoriels vidéo réalisés par des étudiants en français langue étrangère. Des objets de la vie de tous les jours constituent les thèmes de ces documents audiovisuels envisagés comme des ressources qui aident les apprenants à élaborer leurs discours et les enseignants à évaluer la production orale des élèves. Ces derniers se montrent en train d'agir dans des lieux qui font l'objet de l'apprentissage informel (salle de bain, magasin, cuisine) et réalisent des clips en dehors de la salle de classe. Parmi un certain nombre de vidéos, les apprenants choisissent celle qui leur semble plus favorable à une évaluation de leur performance langagière. La bande vidéo sert alors de trace d'une activité conversationnelle : l'enseignant peut y insérer des annotations et signaler d'éventuelles erreurs dans la production orale de l'apprenant.
Julien Thiburce envisage la caméra en tant que ressource complexe qui offre la possibilité d'attester et d'observer des pratiques culturelles et langagières. À la croisée de l'approche interactionniste et de la sémiotique interprétative, la caméra émerge comme un outil technique qui rend possible l'enregistrement audiovisuel et, en même temps, comme un objet qui contribue au déroulement de l'interaction (re)constituée par une perception instrumentée. La pratique interactionnelle étudiée est celle d'une Balade urbaine organisée par les Musées Gadagne (musée d'Histoire de la Ville de Lyon) sur le thème de l'*Esprit skate*. Pour la recherche, cette pratique en déplacement représente une mise à l'épreuve du dispositif d'enregistrement : l'expérience de la ville en interaction questionne la dimension expérimentale d'une méthode de recherche.

Bibliographie élargie

Anscombe G. E. M. (1957). *Intention*, Oxford: Basil Blackwell.

Baker M., Detienne F., Lund K. & Séjourné A. (2009). Étude des profils interactifs dans une situation de conception collective en architecture. In F. Détienne & V. Traverso (éds), *Méthodologies d'analyse de situations coopératives de conception : Corpus MOSAIC*, Nancy : Presses Universitaires de Nancy, p. 183-220.

Baldry A. & Thibault P. (2006). *Multimodal Transcription and Text Analysis*. London/Oakville: Equinox Publishing.

Basso Fossali P. (2012). Possibilisation, disproportion, interpénétration. Trois perspectives pour enquêter sur la productivité de la notion de forme de vie en sémiotique, *Actes Sémiotiques*, vol. 115. [http://epublications.unilim.fr/revues/as/2673].

Basso Fossali P. (2017). *Vers une écologie sémiotique de la culture. Perception, gestion et réappropriation du sens*. Limoges : Lambert-Lucas.

Bateman J. (2011). The Decomposability of Semiotic Modes. In K. L. O'Halloran & B. A. Smith (eds), *Multimodal studies: exploring issues and domains*, New York: Routledge, p. 17-38.

Béguin P. & Rabardel P. (2000). Concevoir pour les activités instrumentées, *Revue d'intelligence artificielle*, vol. 14, n° 1-2, p. 35-54.

Beyaert-Geslin A. (2012). *Sémiotique du design*, Paris : Presses Universitaires de France.

Billett S. (2001). Learning through work: Workplace affordances and individual engagement, *Journal of Workplace Learning*, vol. 13, n° 5, p. 209-214.

Blanc N. (2014). Artefacts, supports et multimodalité, médiation aux apprentissages linguistiques à l'école : de la langue aux savoirs. In M. Leclère & J.-P. Narcy-Combes (éds), *Enseigner les langues aux enfants en contexte scolaire : diversité des approches et outils d'enseignement*, Paris : Riveneuve éditions, p. 177-193.

Blanc N. (2018). Former à l'analyse des interactions orales à partir de situations exolingues ou comment voir des savoirs et des gestes professionnels dans l'activité enseignante. In C. Vidal-Gomel (éd.), *Analyses de l'activité : perspectives pour la conception et la transformation des situations de formation.* Rennes : Presses Universitaires de Rennes, p. 19-32.

Blanc N. & Griggs P. (2015). Tracer la procéduralisation dans le contexte interactionnel et multimodal d'une classe d'immersion : méthodes et outils d'analyse d'un corpus vidéo, *Recherches en didactique des langues et des cultures – Les Cahiers de l'Acedle*, vol. 12, n° 3. [http://journals.openedition.org/rdlc/1004].

Blanc N. & Rivière V. (à paraitre). Observer la multimodalité pour (trans)former les regards et reconnaître l'activité sémiotique en éducation. In V. Rivière & N. Blanc (éds), *Observer la multimodalité en situations éducatives : circulations entre recherche et formation*. Lyon : ENS Éditions.

Blanchet P. & Chardenet P. (2011). *Guide pour la recherche en didactique des langues et des cultures. Approches contextualisées*, Paris : Éditions des Archives contemporaines (EAC) en partenariat avec l'Agence universitaire de la Francophonie (AUF).

Bourdieu P. (1979). *La distinction. Critique sociale du jugement*, Paris : Éditions de Minuit.

Bühler K. (1934). *Sprachtheorie. Die Darstellungsfunktion der Sprache [Das Organon-Modell]*, Iéna: Verlag von Gustav Fischer. [éd. française : *Théorie du langage*, Agone, 2009].

Clark H. H. (1996). *Using Language*, Cambridge: Cambridge University Press.

Colletta J.-M. (2004). *Le développement de la parole chez l'enfant âgé de 6 à 11 ans*, Liège : Mardaga.

Creissels D. (1995). *Eléments de syntaxe générale*, Paris : Presses Universitaires de France.

De Saint-Georges I., Garofalo V., Weyer D. (2017). Plurilinguisme et multimodalité : les dilemmes de l'enseignant débutant en contexte linguistiquement hétérogène. *Forumlecture suisse. Littératie dans la recherche et la pratique*, n° 1, p. 1-22.

De Stefani E. (2011). *Ah petta ecco io prendo questi che mi piacciono. Agire come coppia al supermercato. Un approccio conversazionale e multimodale allo studio dei processi decisionali*, Roma: Aracne.

Descola P. (2005). *Par-delà nature et culture*, Paris : Gallimard.

Develotte C., Kern R. & Lamy M.-N. (dir.) (2011). *Décrire la conversation en ligne. Le face à face distanciel*, Lyon : ENS éditions.

Eco U. (1979). *Lector in fabula. La cooperazione interpretativa nei testi narrativi*, Milano: Bompiani. [trad. fr. : Eco U. (1985). *Lector in fabula ou La Coopération intepprétative dans les textes narratifs*, Paris : Grasset].

Filliettaz L. (2015). Les ressources interactionnelles de la structuration des activités en contexte éducatif. *Bulletin suisse de linguistique appliquée – VALS-ASLA*, vol. 101, p. 11-26.

Floch J.-M. (1995). *Identités visuelles*, Paris : Presses Universitaires de France.

Fontanille J. (2006). Pratiques sémiotiques, *Actes sémiotiques*, vol. 104-106, consulté à l'adresse <https://www.unilim.fr/pages_perso/jacques.fontanille/textes-pdf/CPratiques_semiotiques2004_06.pdf>.

Fontanille J. (2011). L'analyse du cours d'action : des pratiques et des corps, *Semen*, vol. 32, p. 131-158.

Fontanille J. & Zinna A. (dir.) (2005). *Les objets au quotidien*, Limoges : Presses Universitaires de Limoges.

Frankfurt H. (1971). Freedom of the Will and the Concept of a Person, *Journal of Philosophy*, vol. 68, n° 1, 5-20.

Garfinkel H. (1967). *Studies in Ethnomethodology*, Englewood Cliffs, NJ: Prentice-Hall.

Garfinkel H. (2002). *Ethnomethodology's Program: Working Out Durkheim's Aphorism*, Lanham, MD: Rowman & Littlefield.

Geluykens R. (1992). *From Discourse Process to Grammatical Construction: On Left-dislocation in English*, Amsterdam: John Benjamins.

Gibson J. J. (1977). The Theory of Affordances. In R. Shaw & J. Bransford (eds), *Perceiving, Acting, and Knowing. Towards an Ecological Psychology*. Hillsdale, NJ: Erlbaum, p. 67-82.

Gibson J. J. (1986). *The Ecological Approach to Visual Perception*, Boston: Houghton Mifflin.

Goffman E. (1991). *Les cadres de l'expérience* [première éd. en anglais : 1974], Paris : Éditions de Minuit.

Goodman N. (1984). *Of Mind and Other Matters*, Cambridge: Harvard University Press.

Goodwin C. (2002). Time in action. *Current Anthropology* vol. 43, 19-35.

Gueudet G. & Trouche L. (2011). *Ressources vives : le travail documentaire des professeurs en mathématiques*, Rennes : Presses Universitaires de Rennes.

Guichon N. (2012). *Vers l'intégration des TIC dans l'enseignement des langues*, Paris : Didier.

Halliday M. A. K. (1978). *Language as Social Semiotic: The Social Interpretation of Language and Meaning*, London: Edward Arnold.

Heath C. & Luff P. (1992). Collaboration and control. Crisis management and multimedia technology in London Underground Line Control Rooms. *Computer Supported Cooperative Work*, vol. 1, n° 1-2, p. 69-94.

Hindmarsh J. & Heath C. (2000). Sharing the tool of the trade. The interactional constitution of workplace objects. *Journal of Contemporary Ethnography*, vol. 29, n°5, p. 523-562.

Hopper P. (1987). Emergent grammar. *Berkeley Linguistics Society*, vol. 13, p. 139-157.

Kendon A. (1990). *Conducting Interaction: Patterns of Behavior in Focused Encounters*, Cambridge: Cambridge University Press.

Kendrick K. H. & Drew P. (2016). Recruitment: Offers, Requests, and the Organization of Assistance in Interaction. *Research on Language & Social Interaction*, vol. 49, n° 1, p. 1-19.

Kerbrat-Orecchioni C. (1987). La mise en place. In J. Cosnier, C. Kerbrat-Orecchioni (éds), *Décrire la conversation*, Lyon : Presses Universitaires de Lyon, p. 319-352.

Kreplak Y. et Rabier C. (éds) (2016). Autour de l'anthropologie linguistique de Charles Goodwin, *Tracés*, vol. Hors-série 2016 – Numéro thématique sur "Traduire et introduire".

Kress G. & van Leeuwen T. (2001). *Multimodal discourse*, London: Bloomsbury Academic.

Kress G. (2010). *Multimodality: A Social Semiotic Approach to Contemporary Communication*, London: Routledge.

Kress G. (à paraître). Learning as semiotic work: towards a pedagogy of recognition. In V. Rivière et N. Blanc (éds), *Observer la multimodalité en situations éducatives : circulations entre recherche et formation*, Lyon : ENS éditions.

Kunégel P. (2005). L'apprentissage en entreprise : l'activité de médiation de tuteurs. *Éducation permanente*, vol. 165, p. 127-138.

Kunégel P. (2011). *Les maîtres d'apprentissage. Analyse des pratiques tutorales en situation de travail*, Paris : L'Harmattan.

Landowski E. (1993). Formes de l'altérité et formes de vie. *RS/SI* vol. 13, n° 1-2, p. 69-80.

Luff P., Hindmarsh J. & Heath C. (2000). *Workplace studies. Recovering work practice and informing system design*, Cambridge: Cambridge University Press.

Lund K. (2007). The importance of gaze and gesture in interactive multimodal explanation. *International Journal of Language Resources and Evaluation*, vol. 41, n° 3-4, p. 289-303.

Markaki V. et Rémery V. (2016). Documenter l'activité tutorale en situation de travail : Pour une approche du 'travail en acte'. *Sociologie et sociétés*, vol. 48, n° 1, p. 143-167.

Mayen P. (1999). Des situations potentielles de développement. *Éducation Permanente*, vol. 139, p. 65-86.

Mayen P. (2002). Le rôle des autres dans le développement de l'expérience, *Éducation permanente*, vol. 151, p. 87-107.

Mondada L. (2005). Espace, langage, interaction et cognition : une introduction. *Intellectica* (Numéro spécial « Espace, Inter-action & Cognition »), vol. 41-42, n° 2/3, p. 7-24.

Mondada L. (2007). L'interprétation online par les co-participants de la structuration du tour in fieri en TCUs: évidences multimodales. *TRANEL – Travaux neuchâtelois de linguistique*, vol. 48, p. 7-38.

Mondada L. (2012). L'organisation émergente des ressources multimodales dans l'interaction en lingua franca: entre progressivité et intersubjectivité. *Bulletin suisse de linguistique appliquée – VALS ASLA*, vol. 95, p. 97-121.

Monte M. (2013). Les "retours" écrits de l'animateur sur les textes produits en atelier : principes et effets [en collaboration avec C. Robet]. In C. Mongenot & V. Houdart-Mérot (dir.), *Pratiques d'écriture littéraire à l'université*. Paris : Honoré Champion, p. 359-386.

Nevile M., Haddington P., Heinemann T. & Rauniomaa M. (eds) (2014). *Interacting with objects: Language, materiality, and social activity*, Amsterdam/Philadelphia: John Benjamins.

Norman D. A. (1988). *The Psychology of Everyday Things*, New York: Basic Books.

Ogden C. & Richards I. (1923). *The Meaning of Meaning*, London: Paul Kegan.

Ogiermann E. (ed.) (2015). *Journal of Pragmatics*, vol. 82, Special issue on "Object requests: Rights and obligations surrounding object possession and object transfer".

Perrin-Glorian M.-J. & Reuter Y. (éds) (2006). *Les méthodes de recherche en didactiques*, Villeneuve d'Asq : Presses Universitaires du Septentrion.

Porquier R. (1984). Communication exolingue et apprentissage des langues. In B. Py (dir.) *Encrages – Actes du colloque "Acquisition d'une langue étrangère III" organisé à l'université de Neuchâtel les 16-18 septembre 1982*. Paris : Presses de l'Université de Paris VIII-Vincennes, p. 17-47.

Quéré L. (2011). D'un modèle épistémologique de la communication à un modèle praxéologique. *Réseaux*, vol. 46/47, p. 69-90.

Quéré L. (2016). L'écologie sémiotique de Charles Goodwin. In Y. Kreplak, C. Rabier (éds), « Autour de l'anthropologie linguistique de Charles Goodwin », *Tracés*, vol. Hors-série 2016 – Numéro thématique sur « Traduire et introduire », p. 47-60.

Rabardel P. (1995). *Les hommes et les technologies : approche cognitive des instruments contemporains*, Paris : Armand Colin.

Rabatel A. (2008). *Homo narrans. Pour une analyse énonciative interactionnelle du récit : tome I. Les points de vue et la logique de la narration*, Limoges : Lambert-Lucas.

Rastier F. (1987). *Sémantique interprétative*, Paris : Presses Universitaires de France.

Rémery V. et Markaki V. (2016). Travailler et former : l'activité hybride des tuteurs. *Éducation Permanente*, vol. 206, numéro thématique sur « Le tutorat aujourd'hui », p. 47-59.

Sacks H., Schegloff E. A. & Jefferson G. (1974). A simplest systematics for the organization of turn-taking for conversation. *Language*, vol. 50, n° 4, p. 696-735.

Schegloff E. A. (2007). *Sequence Organization in Interaction. A Primer in Conversation Analysis*, Cambridge: Cambridge University Press.

Simondon G. (1989). *Du mode d'existence des objets techniques*, [première édition : 1958], Paris : Aubier.

Suchman L. (1987). *Plans and situated actions: the problem of human-machine communication*, New York: Cambridge University Press.

Traverso V. (2014). Compétences montrées, compétences partagées, compétences situées : nomination et définition des objets dans les visites guidées. In S. Bornand & C. Leguy (dir.), *Compétence et performance. Perspectives interdisciplinaires sur une dichotomie classique*. Paris : Karthala, p. 137-166.

Traverso V. (2016). *Décrire le français parlé en interaction*, Paris : Ophrys.

Quelles ressources interactionnelles pour la conception de jeux épistémiques numériques ?

Interactional resources for the design of digital epistemic games

Vasiliki Markaki-Lothe[1] [a], Erica de Vries[1] et Kristine Lund[2]

[1]*Laboratoire LaRAC (EA 602), Université Grenoble Alpes, France*
[2]*Laboratoire ICAR (UMR 5191), CNRS / École Normale Supérieure de Lyon, France*

Résumé. L'ouverture actuelle des jeux de formation vers des environnements hybrides (numériques et non numériques) et des objectifs d'apprentissages plus larges complexifie la nature des interactions entre les acteurs durant les différentes phases de la conception d'un tel jeu et interroge les pratiques mobilisées. Notre étude s'attache à décrire les ressources interactionnelles mobilisées lors de la conception de jeux épistémiques numériques. En nous appuyant sur des enregistrements vidéo, nous nous intéressons à la manière dont les pratiques des participants, au fil des différentes phases de la conception d'un jeu, configurent les interactions. Au-delà de l'intérêt théorique, la problématisation des ressources mobilisées est nécessaire à une meilleure compréhension des mécanismes mis en œuvre pour la production d'un jeu et pour l'apprentissage des joueurs. Elle permet ainsi un éclairage sur les conditions qui pourraient avoir un effet sur l'efficacité de ce type de dispositifs.

Abstract. The current interest for video training games that aim to help learners to cope with ill-structured problems questions the kind of interactions and the kind of interactional resources that participants mobilize through consecutive steps within game design. Our study aims to describe several of those interactional resources. Based on video recordings, we look at how participants accomplish their activities and shape interaction within this specific context. Beyond the theoretical interest, the problematization of the interactional resources for design is required in order to ensure better understanding of the interactional mechanisms supporting efficient learning and the efficient design of an epistemic game.

[a] Auteure de correspondance : vasiliki.markaki-lothe@univ-grenoble-alpes.fr

1 Introduction

La question des ressources effectivement mobilisées dans le domaine des jeux de formation, qu'ils soient numériques ou pas, est au centre des préoccupations à la fois des concepteurs, de ceux qui les utilisent pour former et de ceux qui les évaluent. Dans la littérature, la notion de « ressource » est polysémique. Elle peut par exemple désigner une réalité matérielle, physique et/ou psychique comme des objets, des supports de nature variée, des personnes et des compétences (voir par exemple les travaux de Guichon, 2006 sur la conception multimédia adressés à des enseignants et ceux de Le Boterf, 2011 sur l'évaluation des compétences adressés notamment à des professionnels du management et des ressources humaines). Elle peut se référer à des normes institutionnelles et des pratiques standardisées comme les contrats, les protocoles, les manuels (voir Gueudet et Truche, 2010 sur le travail documentaire des professeurs de mathématiques). Elle peut encore s'étendre dans le domaine de l'activité et considérer les pratiques et leurs modalités de réalisation comme ressource dans ce qu'elles permettent et limitent dans les actions entreprises (voir Filliettaz, 2009 pour une introduction en français de cette approche). C'est cette troisième acception comme entrée analytique, à partir des analyses des interactions, qui nous intéresse ici. Une des difficultés consiste alors à identifier les activités constitutives d'une démarche plus globale comme celle de la conception d'un jeu et à différencier les différentes pratiques qui les constituent ainsi que les ingrédients qui composent ces pratiques.

Dans le domaine des jeux de formation, concevoir, jouer et étudier un jeu représentent trois activités différentes qui relèvent de processus avec des acteurs et des temporalités distincts. Plusieurs travaux, ayant démontré l'intérêt d'entremêler ces processus et estomper les frontières entre les environnements matériels de ces activités lors de la phase de la conception (Bainbridge, 2004), nous invitent à reconsidérer les distinctions entre ces trois activités à la lumière de ce qui les implémente, à savoir les pratiques réelles des acteurs impliqués. Avant de poursuivre, il est important d'apporter quelques éclairages sur l'évolution de la manière de considérer ces distinctions dans le domaine de la conception des jeux de formation et sur les types de questions que cette évolution soulève dans le cadre de notre travail présenté ici, focalisé sur les pratiques de différents acteurs.

En informatique, les analystes programmeurs se sont confrontés les premiers à la question complexe de délimiter les différentes phases dans le processus de production d'un logiciel, depuis sa conception jusqu'à sa commercialisation. En créant de logiciels pour répondre à des demandes et des besoins spécifiques d'un client, ils ont fait face à des difficultés d'appréhender les variations et les interdépendances entre les situations de conception, d'usage et celles de l'évaluation de l'utilisation du logiciel. Forts de leur expérience pratique et d'une demande croissante pour la création de nouveaux logiciels, ces spécialistes du développement informatique ont défini des méthodes, à travers des règles et des principes à respecter pour une production rapide et efficace de leurs produits. Ces méthodes se regroupent désormais sous une série de paradigmes méthodologiques en sciences informatiques comme celui des méthodes *agiles* (Leon et Koch, 2004), ou encore des méthodes *centrées utilisateurs* (Bainbridge, 2004) et celui des méthodes de recherche *orientées par la conception* (Barab et Squire, 2004). Tous ces paradigmes se caractérisent par une démarche expérimentale itérative (alternant des phases de conception avec des phases d'expérimentation et donc d'usage et d'évaluation) et incrémentale (améliorant les logiciels à la suite de chaque expérimentation).

Inspirés du succès de ces méthodes dans le développement de logiciels informatiques les vingt dernières années, les professionnels de la conception de jeux de formation numériques, connus principalement sous le nom de *jeux sérieux* (Abt, 1987), ont rapidement intégré et formalisé les principes pragmatiques de la réitération et de la démarche collaborative entre les différentes parties prenantes dans la conception des jeux (Plantec, 2010). De plus, parallèlement à ces avancées technologiques, le domaine de jeux sérieux a rapidement interrogé les champs d'applications possibles de la pédagogie numérique et l'intérêt d'élargir à la fois leurs objectifs d'apprentissage et les moyens mobilisés pour leur réalisation : d'un côté, il s'agit d'aller au-delà de l'acquisition de savoirs disciplinaires vers le développement d'autres compétences permettant à l'apprenant de mobiliser, d'associer et d'appliquer son savoir-faire dans la vie réelle (pour un exemple sur les interventions psychiatriques, voir Fleming *et al.*, 2016 ; pour un exemple concernant la formation clinique des infirmiers voir Tan *et al.*, 2017). De l'autre côté, il est question de ne pas se limiter à l'usage du seul outil numérique et d'intégrer différents types de supports pour la réalisation des tâches demandées dans le jeu. Influencés par des travaux comme ceux de David Shaffer sur les *epistemic games* (Shaffer, 2006) et le développement des méthodes de conception en informatique, des chercheurs français en sciences de l'éducation, en collaboration avec des enseignants du secondaire et des experts en formation professionnelle, ont proposé d'utiliser un nouveau vocable pour les jeux sérieux élargis dont il est question ici : les jeux épistémiques numériques (Sanchez et Emin-Martinez, 2014). C'est ce vocable qui a été retenu pour notre projet de recherche et que nous utiliserons également dans cet article pour désigner les jeux de formation hybrides.

Mais revenons aux trois activités représentant trois phases plus ou moins distinctes du processus de conception d'un jeu de formation : la segmentation du processus de production d'un jeu en différentes phases présente de toute évidence des avantages lors de la conception d'un jeu de formation numérique, notamment au niveau de l'identification de problèmes techniques ou encore au niveau de la conception d'un dispositif ajusté dans une perspective ergonomique. Pour autant, à notre connaissance, la littérature scientifique n'a pas encore documenté ni les échanges réels des acteurs impliqués au sein de ces différentes phases qui leur permettent d'obtenir un produit finalisé, ni la manière dont les « passages » entre les différentes phases influencent ces échanges. Or, les stratégies d'apprentissage des jeux de formation émergent au fil de ces multiples interactions entre concepteurs, joueurs et évaluateurs. C'est la raison pour laquelle l'analyse des caractéristiques interactionnelles de leurs échanges mérite une attention particulière. Par ailleurs, l'ouverture actuelle vers des environnements hybrides (numériques et non numériques) et des objectifs d'apprentissages plus larges complexifie la nature des interactions entre les acteurs durant les différentes phases de la conception et interroge à son tour les pratiques mobilisées.

La présente étude est issue du projet de recherche JENlab[1] qui s'intéresse précisément à l'étude des pratiques et des ressources associées sous-jacentes à la production de jeux de formation hybrides alliant des supports numériques et non numériques.

À partir de la conception de deux jeux de ce type, expérimentés dans des classes de lycée et jusqu'à leur implémentation, le projet JENlab exploite un appareillage conceptuel pluridisciplinaire. Ce dernier combine des analyses de contenu avec des analyses des interactions, ou encore des analyses dans le temps et des études de cas. L'objectif est alors d'assurer la lisibilité des ingrédients dynamiques, de configurer autant de ressources différentes pendant et entre les séances de conception, et d'assurer des évaluations en classe. Au-delà de l'intérêt théorique que cela représente, la problématisation des ressources mobilisées est nécessaire à une meilleure compréhension des mécanismes mis en œuvre pour la production d'un jeu et pour l'apprentissage des joueurs. La compréhension de ces mécanismes permet alors de mieux saisir les conditions qui pourraient avoir un effet sur l'efficacité de ce type de dispositifs.

---

[1] Projet de recherche financé par l'Agence Nationale de la Recherche Scientifique, dirigé d'abord par E. Sanchez (Ifé de Lyon), remplacé par A. Serna (Liris, Lyon) depuis 2016 : Programme Apprentissages 2013, référence ANR-13-APPR-0001.

Dans cet article, fondé sur des enregistrements vidéo à la fois des séances de conception et d'implémentation pendant les deux premières itérations de la conception de deux jeux du projet JENlab, nous étudions qualitativement les processus interactionnels sous-jacents à leur conception. Le cadre de référence mobilisé pour cette étude et ses résultats s'ancrent dans des recherches variées qui s'intéressent à la construction sociale et collective des pratiques de conception appliquées aux jeux épistémiques numériques (Filliettaz, 2009; Shaffer, 2006; Widmer, 2001). Nous souhaitons alors montrer comment les différentes phases de la conception d'un jeu configurent les interactions et en quoi ce qui se passe en interaction permet de (re)définir à son tour ces phases du processus de la conception.

Dans un premier temps, nous définirons le dispositif de jeux épistémiques numériques avant de présenter les méthodes qualitatives et les outils d'analyse mobilisés. Ensuite, nous présenterons nos principaux résultats d'analyse répondant à la question centrale de cet article sur les ressources mobilisées pour la conception de jeux épistémiques numériques. Nous terminerons avec une synthèse des enseignements qui s'imposent et les perspectives auxquelles ouvre notre démarche de recherche.

2 Les jeux épistémiques numériques : la définition actuelle

Les jeux épistémiques numériques ou JEN représentent une alternative prometteuse aux jeux sérieux. Leurs traits caractéristiques (tels qu'ils ont été conçus dans le cadre du projet JENlab et des deux jeux étudiés) peuvent être décrits selon deux axes et comme suit :

- simulation de situations professionnelles « authentiques » avec des objectifs pédagogiques clairs et des résultats formulés au préalable en termes de formation et d'évaluation,
- mobilisation à la fois des technologies modernes (telles que la réalité mixte, les appareils mobiles et les plates-formes de collaboration) et des méthodes pédagogiques variées (par exemple les réunions en groupe, la tenue de cahiers de charges etc.).

Autrement dit, en proposant une palette de ressources distribuées dans des dispositifs éducatifs multi-supports, les JEN visent l'acquisition de compétences permettant aux apprenants de faire face à des problèmes qui n'ont pas de bonnes solutions à priori.

Au niveau des objectifs pédagogiques, ils se distinguent des jeux sérieux en ce qu'ils ne visent pas l'acquisition de savoirs disciplinaires dont l'appropriation pourrait être par exemple évaluée à travers des tests de vérification des connaissances. Au niveau technique, ils se distinguent également des jeux sérieux, puisqu'ils utilisent toute une variété de supports pédagogiques de nature variée comme les réunions, la tenue de cahiers des charges ou encore la réalisation d'enquêtes.

Les JEN sont censés offrir aux élèves la possibilité de se livrer à des expériences proches de celles qu'ils auront dans la vie active, c'est-à-dire des problèmes complexes, pouvant être traités de différentes manières. Ce type de jeux les amène à mettre en place des stratégies de résolution de problèmes. Le parti pris est de penser que ces stratégies seront remobilisées lors d'expériences professionnelles futures et dans ce sens qu'elles faciliteraient l'insertion professionnelle des apprenants (Shaffer, 2006).

3 Méthodes et outils

À l'aide d'une série d'enregistrements audiovisuels pendant les trois itérations de la conception des prototypes de deux JEN (environs 100h de données) nous avons pu observer dans le détail les pratiques de différents acteurs impliqués dans la conception et dans le jeu, les manières dont ils transformaient dans l'action des ingrédients de l'interaction en des ressources afin de pouvoir accomplir l'activité entreprise.

Pour une meilleure description des phénomènes observés nous avons procédé à la rédaction des synopsis présentant des descriptions synthétiques des activités observées et/ou à des transcriptions plus ou moins fines des séquences repérées. En s'inspirant de la démarche de l'Analyse Conversationnelle issue de l'ethnométhodologie (Nguyen, 2012; Mondada, 2006) pour l'analyse des interactions, les transcriptions ont été réalisées de sorte à rendre compte des détails de l'interaction tels que l'intonation ou les chevauchements de tours de parole, et ceci à l'aide des conventions présentées en fin d'article. Nous nous sommes efforcées alors d'identifier dans nos données des occurrences de phénomènes de nature comparable.

Le contexte de travail pluridisciplinaire de notre projet impliquant des chercheurs en sciences de l'éducation, en sciences cognitives, en sciences du langage, en didactique, en informatique, des enseignants du secondaire et des professionnels de la conception de jeux de formation, fournit un appareillage essentiel pour des résultats optimaux dans une démarche de recherche applicative et appliquée (Lund, 2016). L'ensemble de ses orientations pluridisciplinaires (plus ou moins revendiquées comme appartenant à des paradigmes différents selon les acteurs) a mis en évidence, au fil des collaborations, des continuités possibles entre les différents domaines scientifiques et professionnels du projet. Il se trouve que ces domaines partagent des hypothèses épistémologiques, bien qu'elles soient explorées avec des cadres théoriques et méthodologiques différents. Ce sont ces convergences, délimitant notre cadre de référence, que nous allons présenter maintenant.

3.1 Cadrage de la recherche

Notre perspective repose sur deux approches avec des entrées complémentaires mais non exclusives qui s'enrichissent mutuellement : une approche interactionnelle et une approche sociocognitive. L'approche interactionnelle s'intéresse ici en priorité aux modalités de l'accomplissement situé de l'apprentissage. En se focalisant sur les pratiques concrètes à travers lesquelles les activités formatives sont menées, l'approche interactionnelle permet de rendre compte des pratiques ordonnées et systématiques par lesquelles les participants organisent ces activités (Filliettaz, 2012; Nguyen, 2012). Délimitées par des procédés langagiers verbaux et non verbaux parfois très subtils, l'analyse de ces pratiques fournit un éclairage nouveau sur des problématiques fondamentales pour la conception de jeux épistémiques numériques telles que la collaboration, la négociation, la transmission et l'évaluation. L'approche sociocognitive adoptée ici se fonde sur l'analyse des représentations sociales des apprenants et s'attelle à décrire une série des principes organisateurs de leur expérience professionnelle (Shaffer, 2006). À partir des situations concrètes, elle permet de généraliser les traits définitoires et les organisations invariantes de certaines classes de situations dans les activités étudiées et de faire des liens entre les procédés interactionnels mobilisés pour l'accomplissement de ces situations.

Dans cette double approche interactionnelle et sociocognitive, l'apprentissage en tant qu'activité cognitive est conceptualisé comme résultant de plusieurs activités situées que nous pouvons saisir à travers l'analyse fine des situations réelles. En effet, si les grains d'analyse de ces deux approches varient, toutes les deux s'accordent quant à l'importance de documenter les conditions situées dans lesquelles l'activité de l'enseignant et l'apprentissage des apprenants opèrent ensemble en interaction. Nous considérons ainsi que les modalités des interactions entre l'enseignant et les apprenants, selon l'espace matériel et les supports pédagogiques, peuvent soit faciliter soit limiter les opportunités d'apprentissage que le dispositif de formation offre à l'apprenant (Fuller et Unwin, 2003).

Puis, les deux approches, de concert, renvoient à l'analyse des pratiques langagières verbales et non verbales dans l'interaction (interactions entre participants ; interactions homme-machine) comme un lieu prototypique des interactions sociales (Mondada, 2006).

Enfin, l'analyse de la participation, telle qu'elle a été initialement définie par Goffman (1981), est considérée comme un outil puissant mettant en lumière les transformations dynamiques des catégorisations des participants lorsque nous étudions par exemple leur engagement dans le jeu, leur expertise et ainsi de suite (pour une étude récente sur la question de la participation dans le jeu voir Baldauf-Quilliatre et Colón de Carvajal, 2015 ou encore Tong *et al*., 2016). Ces transformations, une fois identifiées, sont considérées comme un indicateur à la fois du jeu des apprenants et d'un apprentissage en train de se faire, autrement dit d'une transformation de l'expertise des joueurs et de leurs catégories d'acteurs.

3.2 Insectophagia et Rearth

Dans le cadre du projet JENlab, deux prototypes de jeux épistémiques numériques adressés respectivement à des élèves de lycée général et des élèves de lycée technologique ont été conçus : le jeu Insectophagia et le jeu Rearth.

Insectophagia vise la création d'une entreprise qui élève des insectes comestibles, les transforme en des produits alimentaires et les commercialise.

Rearth met en scène la destruction imminente de la Terre. Ce jeu exige l'exploration de plusieurs planètes de l'Univers à l'aide d'une sonde qui se déplace de planète en planète et recueille de données géologiques dont l'étude permettrait aux joueurs de choisir une nouvelle planète habitable.

Respectivement aux méthodes agiles et aux méthodes centrées utilisateur, les deux jeux sont conçus de manière incrémentale en trois itérations. Ces itérations sont composées d'au moins deux séances de conception au début de l'année, suivies d'une évaluation en conditions écologiques dans plusieurs écoles partenaires du projet avant la fin de l'année scolaire.

4 Nos principaux résultats

Avant de commencer il est important de noter que dans nos données, nous avons constaté que l'activité de l'évaluation n'arrive que de manière artificielle en troisième position après la conception et l'usage. En réalité, l'évaluation est une activité interactionnelle permanente, un travail incessant entre les acteurs qui alimente et traverse à la fois les activités de conception et celles du jeu. Constitutive des séances de conception elle est au fondement de toutes les actions entreprises par les concepteurs (en amont ou en aval des séances d'expérimentation). Constitutive des séances des jeux, elle permet de rendre compte de l'engagement plus ou moins fort des joueurs, de la manière dont les uns se positionnent vis à vis du jeu et des autres joueurs, de la manière dont les joueurs s'approprient le jeu et ses objectifs ludo-pédagogiques.

La présentation des résultats ici est divisée selon les endroits physiques où ont eu lieu les enregistrements : les classes de lycée ou les séances de jeu et les salles de conception. Ces espaces séparés sont la « scène » d'activités complexes dont l'étude approfondie rend compte des ressources interactionnelles que les acteurs mobilisent pour accomplir les tâches qu'on leur a confiées : décider de la suite d'un jeu et jouer le jeu.

4.1 Les séances de conception : quelles ressources interactionnelles ?

4.1.1 La méthode itérative comme ressource

Le tableau qui suit doit être lu par colonne et de gauche à droite. Il illustre un cas fréquent dans l'ensemble de nos données, propre à la méthode itérative, consistant à apporter des modifications à l'organisation du jeu lors de la deuxième phase de conception et à la suite des premiers retours d'expérience en conditions écologiques.

Tableau 1. La réorganisation du rôle des enseignants.

Conception Phase 1	Jeu en classe (première itération)	Conception Phase 2
Rôle de l'enseignant : animer le jeu	Constat : Interventions « imprévues » de l'enseignant, sollicitées par les élèves sur des savoirs disciplinaires	Modifications : Préparation des élèves en amont; mise en place de moments de débriefing

Lors de la première année, des séances de conception ex nihilo ont eu lieu réunissant les membres du projet. La réalisation de plusieurs ateliers a permis de fixer les objectifs pédagogiques des jeux à créer, de choisir les étapes importantes du scénario et les éléments ludiques et enfin de déterminer les rôles de différents acteurs dans le jeu.

Lors de ces séances, l'enseignant des classes ciblées par les nouveaux jeux s'est vu attribuer le rôle de l'animateur. Dans ce rôle il était censé valider les différentes étapes, distribuer les récompenses, surveiller la dynamique des groupes et ainsi de suite.

Lors de la première évaluation en situation de classe, nous avons pu observer grâce aux enregistrements vidéo que des interventions très fréquentes de la part de l'enseignant pendant les séances du jeu, sollicitées par les élèves, concernaient non pas directement le jeu mais des demandes de clarification et des explications au niveau des savoirs disciplinaires (tels que les équations mathématiques ou encore les unités de mesure), considérés comme acquis pour le bon déroulement du jeu.

Ces observations ont permis de mettre en évidence la nécessité de modifier le rôle de l'enseignant, allant du rôle d'un simple animateur à celui d'un véritable moniteur qui prépare les élèves en amont sur les thèmes disciplinaires abordés lors du jeu et les accompagne au fil du jeu avec l'organisation de séances de débriefing. Dans ce cas, c'est le principe de la réitération avec les observations, à la suite de la première expérimentation écologique, qui a permis aux concepteurs de juger de l'efficacité de la première organisation prévue et transformer le rôle et les tâches attribués à l'enseignant dans le jeu.

4.1.2 Des procédés interactionnels comme ressource

Les exemples qui suivent sont issus des séances de conception du jeu Insectophagia. Tous les noms des participants ont été anonymisés à l'aide de pseudonymes. Aurélie (AUR) et Lucas (LUC) sont les organisateurs des séances de conception et les animent. Michel (MIC), Alima (ALI) et Bernard (BER) sont des enseignants concepteurs.

Les exemples montrés ici illustrent deux catégories de pratiques retrouvées dans les séances de conception qui jouent un rôle important aux moments de négociations et de prise de décisions entre les participants. Il s'agit de séquences présentant deux formats récurrents et distincts : des séquences de propositions suivies d'une acceptation ou d'un refus et des séquences de répétitions ou de reformulations suivies d'une évaluation. Ces formats correspondent à deux procédés interactionnels récurrents par lesquels les participants transforment des propositions formulées par d'autres conduisant à la stabilisation de la conception d'un objet qui pourra alors être intégré ou pas dans le design final du jeu. Des séquences courtes ont été choisies ici mais il est important de noter que nous retrouvons les mêmes procédés interactionnels sur des séquences avec des interventions plus longues, parfois entrecoupées par d'autres séquences.

Exemple 1 : Séquence de proposition/ **acceptation**

1 MIC et en mai chaque classe (0.2) présente
2 devant les autres
3 (0.2)
4 MIC puisqu'on [va se] retrouver
5 LUC **[ouais]**
6 (0.4)
7 AUR **ouais**

Dans cet extrait, Michel (MIC) propose que les élèves se retrouvent un mois après la fin de l'expérimentation écologique (lignes non montrées ici) pour présenter leur travail aux autres élèves. Sa proposition est accueillie favorablement par les animateurs des séances de conception, Lucas (LUC) et Aurélie (AUR). Les participants rendent ainsi visible le fait qu'ils sont d'accord et que la proposition est validée. En effet, une présentation en classe est organisée à la fin du jeu cette année-là.

Exemple 2 : Séquence de proposition/ **refus**

1 MIC pa`ce `ue le packaging c'est
2 impor[tant pour tout le monde]
3 XXX [(inaud.)]
4 AUR **[ben après i` y en a qui] peuvent faire un packaging**
5 **et i`s peuvent faire une étiquette**
6 **[qui peuvent faire voi[là] des**]&
7 LUC **[en fonction de[:s] des lycée:s]**
8 MIC [oui]
9 AUR **&à l'inté[rieur]**
10ALI [ouais]

Dans cet extrait, Michel propose que les élèves s'engagent dans le jeu à produire un packaging pour les produits alimentaires à base d'insectes (lignes non montrées ici). Il finit sa proposition avec un énoncé évaluatif qui vient renforcer la proposition faite (l. 1-2). Les animateurs Aurélie et Lucas réagissent en formulant de manière collaborative une proposition alternative qui n'imposerait pas la création d'un packaging. Le packaging ne sera en effet pas imposé à tous les groupes qui participent à l'expérimentation.

Exemple 3 : Séquence de **reformulation/ évaluation**

1 BER c'est swot
2 AUR c'est **swot** aussi ça/=
3 BER =ouais=
4 AUR =ça c'est **swot** ça rentre dans swot=
5 BER =ah ouais atout contrainte et force

```
6       et faiblesse=
7 AUR   =ben c'est ça et ben voilà c'est
8       swot alors swot swot et ça ça va
9       pareil alors (.) c'est swot il a dit
10      c'est swot=
11BER   =non mais swot c'est (X) ça choque
12      tout le monde mais c'est atout
13      faiblesse
```

Dans cet extrait, nous observons la production de sept occurrences du mot « swot[2] » de la part d'Aurélie, un terme introduit par Bernard à la ligne 1. SWOT renvoie à un modèle de planification des actions futures utilisé essentiellement dans le monde de l'entreprise. Les répétitions rapprochées de ce mot sont produites dans un énoncé qui n'apporte pas d'information supplémentaire, elles ouvrent la voie à des interprétations diverses concernant le positionnement d'Aurélie. Si nous ne savons pas ce que Aurélie pense, nous observons deux actions distinctes : Aurèlie interpelle Bernard lors de la septième répétition du mot swot (« il a dit c'est swot », 9-10) à la suite de quoi Bernard produit une justification. Nous observons en effet la production d'une justification de Bernard aux lignes 11 à 13 qui rend visible le fait que les répétitions d'Aurélie constituent à ses yeux une critique de l'utilisation du mot swot (« non mais swot c'est (x) ça choque tout le monde, 11-12) suivie d'une reformulation possible (« mais c'est atout faiblesse », 12-13). Ce à quoi Aurélie ne réagit pas.

Saisir ces instants de conception en plein travail, au sein de séquences de négociation d'idées entre les participants permet de mettre en lumière les modalités par lesquelles s'organise l'activité de conception facilitant ou limitant l'introduction ou la continuation d'une proposition donnée. Dans ce sens, le caractère dynamique et indexical de l'interaction (Mondada, 2002) constitue une ressource à part entière que les participants exploitent pour accomplir les tâches prévues et prendre des décisions lors des phases de la conception. Des procédés interactionnels particuliers comme les séquences de propositions et les séquences de reformulation sont des instances concrètes dans le déploiement de cette ressource fondamentale, mobilisées pour parvenir à une situation finale avec l'accord (plus ou moins explicite) de tous.

4.2 Les séances de jeu : quelles ressources interactionnelles ?

4.2.1 Les postures épistémiques comme ressource

De manière générale, la posture épistémique se traduit dans des imputations et négociations des connaissances des participants et dans leur aptitude à répondre ou à réagir à certaines actions (Heritage, 2012). Différentes postures épistémiques sont mobilisées par les joueurs pour répondre aux attentes créées par les jeux et les enseignants. Deux champs d'expertise ont été identifiés dans nos données : (a) celui qui est directement lié à la thématique du jeu, traitant des questions de contenu, et (b) celui lié à des aspects techniques dépassant le cadre du jeu.

(a) <u>Les postures épistémiques liées au thème du jeu</u>

Trois exemples issus des séances de jeu Insectophagia documentent trois différentes postures épistémiques exhibant un engagement plus ou moins fort par rapport à

[2] Swot est un acronyme faisant référence à une méthode d'analyse utilisée au départ dans le cadre d'un plan marketing : S signifie *strengths* (forces), W *weaknesses* (faiblesses), O *opportunities* (opportunités), T *threats* (menaces).

l'information donnée, ce qui se répercute sur le positionnement interactionnel du joueur vis à vis de ses collègues et peut entraîner des modifications quant à son pouvoir de décision ou encore de ses droits et obligations au niveau de la prise de parole et des opportunités à initier ou pas une nouvelle action. Mélanie (MEL), Laetitia (LAE), Ludivine (LUD) et Louise (LOU) sont des élèves qui jouent.

Exemple 4 : Lire une nouvelle information

```
1 MEL   TARentules/
2       (0.6)
3 LAE   voilà        [voilà]
4 MEL   <((lisant)) [extrê]mement populaire au
5       cambodge les tarentules sont riches en protéines
6       (on dit qu')elles aident à stimuler la virilité ((rire))
7 LAE   ah ben
8 MEL   ben voilà/ ça c'est bien ça
```

Dans cet extrait, le joueur Mélanie fait une recherche internet sur les apports de la consommation des tarentules (les joueurs doivent choisir un insecte à cultiver pour des produits comestibles à base d'insectes). Ce faisant elle rend visible qu'elle n'a pas une expertise particulière en la matière. De manière très fréquente dans nos données, des recherches sont réalisées par les joueurs sur internet ou dans d'autres documents écrits pour trouver des réponses à des questions qui émergent pendant la discussion. La lecture à haute voix, dans des séquences de recherche d'informations, manifeste l'importance de l'information trouvée qu'accorde le joueur pour le groupe et la suite du jeu.

Exemple 5 : Réitérer une déclaration/ opinion exprimée précédemment

```
1 LAE   son goût est similaire au crabe/ tu vois c'est
2       pareil que l` crabe j` te l'avais dit
```

Comme illustré par cet exemple, les joueurs naviguent constamment entre ce qu'ils savent déjà et ce qu'ils ne savent pas. De manière intéressante, la référence à une discussion préalable confère aux joueurs qui la produisent une certaine expertise qu'ils peuvent potentiellement exploiter pour marquer une asymétrie avec leurs collègues comme dans l'exemple ci-dessus.

Exemple 6 : « Doing being » expert

```
1 MEL   les larves au pire
2 LAE   pour moi c'est au même niveau- mais non les larves: tu te
3       nourris avec les larves
4 LUD   l'araignée c'est peut être [mieux à manger que la sauterelle
5 LAE                              [c'est consistant l'araignée
6       oui parce [que
7 LUD             [c'est moelleux  c'est moins craquant ((rire))
8 LAE   c'est plus croustillant mais c'est moins craquant et puis
9       pour les petits enfants xx
10LUD   toi tu parles comme si t'en as déjà bouffé:
```

Ce troisième exemple en lien avec le thème du jeu est particulièrement intéressant. Il donne à voir des situations où le joueur s'engage pleinement dans son rôle, ce qui l'amène à défendre des points de vue qu'il ne défendrait pas en dehors du jeu. Ludivine le remarque bien en soulignant que Laetitia parle « comme si » elle en avait déjà mangé (ligne 10).

(b) <u>Les postures épistémiques liées aux aspects techniques du jeu</u>

Exemple 7 : Se montrer expert dans d'autres domaines

```
LEA   ouais c'est contrôle V °quand tu veux faire ça°
            [            mais j'ai pas- j'ai pas fait] contrôle C&
LOU         [et là/ faut choisir des points en fait]
LEA   &[pa`ce que pas]&
MEL    [hm hm        ]
PIE    [   voilà/ oui]
LEA   &tu connais ça/ c'est bien t` sais parce que y a des trucs
      tu peux pas [copier/ ]&
MEL               [ ouais:/]
LEA   &tu fais contrôle C contrôle V/ ça marche
```

Ici, Laetitia donne des conseils à sa collègue concernant la copie de fichiers informatiques. Ce dernier exemple montre bien qu'en situation de formation les interactions s'organisent autour des expertises disponibles et des expertises à acquérir par les joueurs. Au-delà du cadre imposé par les dispositifs de formation, les joueurs mobiliseront d'autres ingrédients de l'interaction et créeront de nouvelles opportunités d'apprentissage pour eux-mêmes et leurs collègues.

Si la conception du jeu rend légitime le développement de thématiques en lien avec le thème du jeu permettant aux joueurs d'afficher une certaine expertise plus ou moins forte sur un sujet particulier, nous avons vu que les participants mobilisent aussi d'autres savoirs leur permettant de créer des asymétries et d'introduire de nouveaux objets de savoirs qui ne sont pas prévus par le jeu. Cette question du lien configurant entre le jeu conçu et le jeu réalisé est particulièrement saillante au niveau des configurations de participation entre les joueurs. En effet, les modalités du jeu définissent les fonctions et les rôles que les participants peuvent endosser. Cependant lors du jeu les participants exploitent ce cadrage initial à d'autres fins pratiques. C'est ce que nous verrons dans la partie qui suit sur la mobilisation des configurations de participation comme ressource pour le jeu.

4.2.2 Les configurations de participation comme ressource

Nous avons vu que les JEN visent à opérer une transformation de l'expérience des joueurs en transmettant des savoirs disciplinaires mais aussi des manières d'agir dans une situation précise. L'introduction d'un jeu dans une classe est alors censée modifier le cadre dans lequel l'élève évolue habituellement et lui offrir de nouvelles opportunités d'apprentissage. Le jeu ne suffit pas à lui seul pour transformer l'environnement de l'apprentissage de l'élève mais dépend fortement des processus interactionnels qui émergent entre les élèves et entre les élèves et les enseignants. La question que nous nous posons alors est : comment pouvons-nous identifier ces transformations, comment savoir ce qui relève du jeu conçu et ce qui relève du jeu transformé par les actions situées des participants?

Dans nos données nous avons été interpellées par le fait que plusieurs séquences d'interaction contiennent des négociations faisant référence aux rôles préétablis des joueurs par les concepteurs. Les deux extraits qui suivent sont issus du corpus Rearth. Dans l'exemple 8, l'enseignant précise, suite à une question d'élève, que la durée d'installation sur une nouvelle planète dépend d'eux (sous-entendu des ressources géologiques disponibles) :

Exemple 8 : Jeu de rôles, jeu d'énonciations

```
01 JEA       à vous d` voir si vous vous installez pour
02           un an ou pour plus longtemps quoi
03           (1.7)
04 MAT       ben après j` dis qu` d` t`te façon au bout
05           d` la deuxième année on va s` faire des guerres
06           entre les technologues et les énergéticiens donc
07           bon\
08 JEA       ah non on fait pas les guerres entre
09           les guildes (.) jamais
10 CLA       ((les élèves font un soupir de déception))
```

À la suite de la précision apportée par l'enseignant et d'une longue pause de 1,7 sec (l. 3), Matthieu manifeste son désaccord (l. 4-7). Nous observons qu'une référence explicite est faite aux rôles des jeux (« entre les technologues et les énergéticiens », l. 6) en utilisant le futur proche et le pronom personnel « on » (« on va s'faire des guerres », l. 5). De manière intéressante, le commentaire de Matthieu conduit à la transformation de la posture tenue par l'enseignant. En effet, l'enseignant apporte de nouvelles consignes (l. 8) et par un jeu d'énonciation autour du terme « guildes » endosse de nouveau son rôle d'enseignant et recadre la classe (« ah non on fait pas la guerre entre les guildes (.) jamais », l. 8-9). L'annonce de l'absence de conflit entre les guildes dans le jeu provoque un certain mécontentement chez les autres élèves (l. 10).

Un peu plus tard, Matthieu montre des signes d'ennui. Ayant déjà lu la fiche de sa guilde chez lui, il doit attendre que le reste de la classe prenne connaissance des fiches. L'enseignant se rend compte de la situation et propose à Matthieu de lui envoyer une autre fiche (l. 1-4). La proposition de l'enseignant provoque une série de réactions auprès des élèves (rires, l. 5) et le début d'un désaccord exprimé par Matthieu (l. 7).

Exemple 9 : Négociation des rôles

```
01 JEA       c'était quoi toi/ c'était tech-
02           technologue j` vais t'envoyer bâtisseur tu
03           vas lire bâtisseur aussi tu verras i` y en
04           a plein
05 CLA       ((rires))
06 FAB       alle:z
07 MAT       ouais en fait non (0.3) [ça va    ]
08 KEV                               [c'est un] bâti-techno
09 MAT       ouais
10           (0.5)
11 XXX       c'est un c'est un espion en fait
12 MAT       [tu en f- en fai-     ]
13 JEA       [non mais i` y a plein] d'informations
14           aussi intéressantes dans l` truc des
15           bâtisseurs [donc euh     ]
16 MAT                  [`n fait je bâ]tis des choses
17           (0.6) avec les technologies
18           des technologues
```

De manière intéressante, les élèves profitent de l'occasion pour intervenir en proposant de nouveaux rôles pour MAT (bâti-techno, espion) (l. 8-11) Les élèves exploitent le contexte du jeu pour intervenir et critiquer le statut de Matthieu dans le jeu (l. 8 ; l. 11). L'enseignant ne s'aligne ni avec les commentaires des élèves ni avec la tentative de Matthieu d'éviter la lecture d'une autre fiche (l. 13-15). Aussitôt Matthieu réagit et reformule son rôle de sorte à diminuer l'importance des informations contenues dans la fiche des bâtisseurs (l. 16-18).

Ces extraits sont particulièrement intéressants car ils illustrent une hybridité située des contextes de formation des JEN où les rôles des joueurs s'entremêlent à leurs statuts d'élèves, où les joueurs sur un ton taquin s'improvisent concepteurs, où l'enseignant doit s'ajuster aux contingences de la situation et proposer une nouvelle tâche à un élève qui s'ennuie, ce qui n'est pas initialement prévu dans le jeu. Les extraits montrent également que les transformations ne se font pas de manière lisse et linéaire mais de manière dynamique.

Ces aspects dynamiques du jeu, liés à l'activation de différentes expertises et à la transformation des configurations de la participation, ne sont habituellement pas considérés lors de la conception des jeux. L'ensemble de nos données et leur analyse nous invite à considérer la nécessité de s'éloigner des discours normatifs persistants, des clients, et de certains game-designers concernant l'évaluation du jeu et de l'engagement des joueurs en examinant les conditions locales d'accomplissement des activités.

5 Remarques conclusives

Pour mieux comprendre les problèmes pratiques que rencontrent les acteurs impliqués à la conception d'un JEN et les ressources qu'ils mobilisent pour accomplir les différentes tâches qui leur sont confiées, nous avons opté pour une double approche interactionnelle et sociocognitive, fondée sur des analyses détaillées des interactions. Le premier examen de 100h de données audiovisuelles dont rend compte en partie cet article, nous a permis de dresser une liste systématique mais non exhaustive du type de ressources interactionnelles mobilisées, selon que l'on se trouve dans une séance de conception à proprement parler ou dans une séance d'expérimentation écologique du jeu en cours de conception. Les études de cas et l'étude longitudinale nous ont permis de rendre compte de la différence entre la participation conçue et celle qui est réalisée, des processus de catégorisation des participants plus ou moins explicites, de la manière dont les différents modules d'un jeu sont stabilisés lors des processus de conception, le tout étant susceptible de se transformer au gré des dynamiques interactionnelles des séances de conception et des séances de jeu.

Ainsi dans les séances de conception, au cours du cycle itératif, nous avons retrouvé la trace d'éléments qui se dégagent des séances des jeux, identifiés par les concepteurs et qui fonctionnent comme des points de repère à de nouveaux développements. Nous avons également mis en évidence deux procédés interactionnels spécifiques que l'on retrouve de manière systématique dans les séances de conception à chaque nouvelle proposition.

Concernant les séances d'expérimentation écologiques, deux phénomènes interactionnels ont été mis en évidence : les modifications du cadre de participation et l'émergence et la transformation des postures épistémiques. Dans les deux cas un rapport étroit est établi entre les situations de jeu et les variations de ces phénomènes. La manière dont le jeu est conçu et la manière dont il se déroule activent certaines thématiques et certaines catégories d'interactants. L'organisation prévue du jeu et son organisation émergente ont comme conséquence de contraindre la possibilité d'activer certaines autres catégories et thématiques.

Notre question de départ a été : « Quelles sont les ressources interactionnelles pour la conception des JEN? ». En étudiant les échanges de parole dans les séances de conception et les séances de jeu, nous avons montré que ce sont les dynamiques de ces interactions langagières qui sont finalement posées comme condition fondamentale des activités prévues avec les joueurs et donc des apprentissages. Nos analyses ont montré qu'aussi bien pour les séances de conception que pour les séances de jeu, l'ensemble des ingrédients de l'interaction (des représentations individuelles et sociales aux compétences interactionnelles) et les modalités de participation constituent des ressources privilégiées sur lesquels un concepteur averti peut agir et mieux accompagner les changements inhérents aux apprentissages non disciplinaires.

À partir d'une liste restreinte de phénomènes interactionnels ciblés, notre étude espère accompagner les concepteurs qui souhaitent entreprendre une démarche d'analyse des interactions en situation de jeu de formation. Cette liste peut bien évidemment être modifiée, mais en considérant les détails des interactions et en s'éloignant des discours prescriptifs et des modélisations hâtives. Ainsi, les concepteurs peuvent à travers l'analyse des pratiques réelles laisser une place pour la résolution des tensions qui existent entre les savoirs acquis et les savoirs à acquérir chez les joueurs ou encore celles qui subsistent au niveau des limitations techniques.

Conventions de transcription

[ ]	chevauchement (début & fin)	°okay°	murmuré
(.)	micro-pause (< 0,2 secondes)	NON	saillance perceptuelle
(2)	pause en secondes	>>okay<<	accélération
/ \	intonation montante/ descendante\		
&	continuation du tour de parole		
(des)	essai de transcription		
((rit))	délimitation des phénomènes		
:	allongement		
xxx	segment incompréhensible		
extra	segment accentué		
=	latching		
quo-	troncation		

Bibliographie

Abt C. C. (1987). *Serious Games*, Lanham: University Press of America.

Bainbridge W. S. (2004). *Berkshire Encyclopedia of Human-Computer Interaction*. Great Barrington: Berkshire Publishing.

Baldauf-Quilliatre H. & Colón de Carvajal I. (2015). Is the avatar considered as a participant by the players? A conversational analysis of multi-player videogames interactions. *PsychNology Journal*, vol. 13, n° 2-3, p. 127-148.

Barab S. & Squire K. (2004). Design-based research: Putting a stake in the ground. *Journal of the Learning Sciences*, vol. 13, n° 1, p. 1-14.

Filliettaz L. (2009). Les dynamiques interactionnelles de l'accompagnement en formation professionnelle initiale: le cas de l'apprentissage sur la place de travail. *Bulletin suisse de linguistique appliquée – VALS-ASLA*, vol. 90, p. 37-58.

Filliettaz L. (2012). Affording learning environments in workplace contexts: an interactional and multimodal perspective. *International Journal of Lifelong Education*, vol. 32, n° 1, p. 107-122.

Fleming T. M., de Beurs D., Khazaal Y., Gaggioli A, Riva G., Botella C., Baños R. M., Aschieri F., Bavin L. M., Kleiboer A., Merry S., Lau H. M., Riper H. (2016). Maximizing the Impact of e-Therapy and Serious Gaming: Time for a Paradigm Shift. *Frontiers in Psychiatry*, vol. 7, n° 65. [doi:10.3389/fpsyt.2016.00065].

Fuller A. & Unwin L. (2003). Learning as apprentices in the contemporary UK workplace: creating and managing expansive and restrictive participation. *Journal of Education and Work*, vol. 16, n° 4, p. 407-426.

Goffman E. (1981). *Forms of talk*, Philadelphia: University of Pennsylvania Press.

Gueudet G. et Trouche L. (dir.) (2010). *Ressources vives. Le travail documentaire des professeurs en mathématiques*, Rennes : Presses Universitaires de Rennes.

Guichon N. (2006). *Langues et TICE: méthodologie de conception multimédia*, Paris : Ophrys.

Heritage J. (2012). Epistemics in action: Action formation and territories of knowledge. *Research on Language and Social Interaction*, vol. 45, n° 1, p. 1-29.

Le Boterf G. (2011). *Ingénierie et évaluation des compétences*. Paris : Éditions Eyrolles.

Leon A. & Koch A. S. (2004). *Agile Software Development: Evaluating the Methods for Your Organization*, Boston: Artech House.

Lund K. (2016). *Modeling the Individual Within the Group: an Interdisciplinary Approach to Collaborative Knowledge Construction*. Habilitation à Diriger des Recherches. Université Grenoble Alpes, France.

Mondada L. (2002). L'indexicalité de la référence dans l'interaction sociale : constructions discursives du "je" et de l'"ici". *Revista da ABRALIN*, vol. 1, n° 1, p. 127-169. [http://revistas.ufpr.br/abralin/article/view/52706].

Mondada L. (2006). Une approche praxéologique et cognitive de la relation à autrui : les défis interdisciplinaires de Bernard Conein. À propos de la parution de Bernard Conein 'Les sens sociaux. Trois essais de sociologie cognitive'. *Langage et société*, vol. 117, p. 143-152.

Nguyen H. T. (2011). *Developing Interactional Competence: A Conversation-Analytic Study of Patient Consultations in Pharmacy*, London: Palgrave Macmillan.

Plantec J. Y. (2010). Approche agile du développement de familles de jeux sérieux destinés au contrôle aérien. *Génie logiciel*, vol. 95, p. 6-12.

Sanchez E. et Emin-Martinez V. (2014). Ils jouent, mais quel jeu jouent-ils ? Du jeu sérieux au jeu épistémique. In *Actes de la 9ème Conférence des Technologies de l'Information et de la Communication pour l'Enseignement (TICE 2014)*, p. 25-36. [http://t.co/VnW07ag1IV].

Shaffer D. W. (2006). *How Computer Games Help Children Learn*, London/New York: Palgrave Macmillan.

Tan A. J. Q., Lee C. C. S., Lin P. Y., Cooper S., Lau L. S. T., Chua W. L., Liaw S. Y. (2017). Designing and evaluating the effectiveness of a serious game for safe administration of blood transfusion: A randomized controlled trial. *Nurse Education Today*, vol. 55, p. 38-44.

Tong L., Serna A., Pageaud S., George S. & Tabard, A. (2016). It's Not How You Stand, It's How You Move: F-formations and Collaboration Dynamics in a Mobile Learning Game. In *Proceedings of the 18th International Conference on Human-Computer Interaction with Mobile Devices and Services (MobileHCI '16)*. ACM, 6 septembre 2016, Florence (Italie), p. 318-329.

Widmer J. (2001). Catégorisations, tours de parole et sociologie. In M. de Fornel, A. Ogien et L. Quéré (dir.) *L'ethnométhodologie*. Paris : La Découverte, p. 207-238.

Chercheur-ressource : questions d'engagements sur le terrain

The resource-researcher: commitments issues in the field

Marine Pelé-Peycelon[1 a] et Céline Alcade[1 2]

[1]*Université Lumière Lyon 2, Laboratoire ICAR (UMR 5191)*
[2]*Laboratoire d'excellence ASLAN*

Résumé. Notre communication envisage la notion de ressource à travers la façon dont le chercheur peut être instrumentalisé comme une ressource par et pour le terrain qu'il observe. Nous analyserons de quelle manière s'est construit ce processus d'instrumentalisation et quelles ont été les problématiques de positionnement et d'analyse du chercheur. Dans ce but nous nous appuierons sur deux enquêtes de terrain (Pelé-Peycelon & Veillard, 2017) ; (Alcade, 2017) qui présentent des similarités méthodologiques (ancrage ethnographique, immersion, observation participante). Nous avons identifié plusieurs modalités selon lesquelles nous avons été utilisées comme ressources. D'une part, nous avons été sollicitées par les acteurs de nos terrains au service de l'activité que nous observions. Nous avons également par notre présence, ouvert un espace de réflexivité dont les acteurs se sont saisis en faveur de l'amélioration de leurs pratiques. Etre ressource a finalement constitué une ressource supplémentaire pour nous dans notre recherche. Cela nous a donné accès à des données qui auraient été sinon invisibilisées et ont enrichi l'analyse que nous pouvions faire des contextes et situations étudiés.

Abstract. Our paper considers the notion of resource through the way the researcher can be used as a resource by and for the field he/she observes. We will analyze how this instrumentalisation process happened and what were our positioning and analysis problems. To this end, we will rely on two field researches (Pelé-Peycelon & Veillard, 2017; Alcade 2017), which present methodological similarities. We have identified several ways in which we have been solicited as resources. On the one hand, we were solicited by the field actors to serve the observed activity. By our presence we also have opened a space of reflexivity that the actors have seized in order to improve their practice. Being resource has finally constituted an additional resource for us too. This gave us access to data that would otherwise have been unnoticed and enriched the analysis we could make of contexts and situations studied.

[a] Auteure de correspondance : marinepeycelon@gmail.com

1 Introduction

La notion de ressource, thématique du colloque, a trouvé une résonance dans nos recherches à travers une question méthodologique. En effet, nous avons choisi de nous interroger sur la façon dont le chercheur (avec son dispositif de recherche) peut être une ressource pour les acteurs du terrain sur lequel il enquête. Cette question est renforcée dans nos cas par le fait que nos enquêtes portaient sur l'apprentissage et la transmission en situation de travail et que ceux que nous observions, étaient pour partie des débutants en processus d'apprentissage.

Nos deux recherches ont, ainsi, pour point commun de chercher à documenter les pratiques d'apprentissage et de transmission dans des situations d'apprentissage en situation de travail. Dans ce but nous avons toutes deux déployé un dispositif de recherche d'inspiration ethnographique, caractérisé par une immersion au long cours sur nos terrains et une pratique de l'observation participante. Ces recherches ont également, toutes deux, une visée d'amélioration des pratiques de formation, travail mené de façon collaborative avec des équipes impliquées dans la formation.

Nous nous appuyons ainsi sur une définition de la ressource inspirée des travaux sur l'apprentissage en situation de travail et plus particulièrement le courant anglo-saxon du *workplace learning* (Billett, 2009, 2011). Billett, pour décrire l'apprentissage sur le lieu de travail utilise les termes d'affordance et d'engagement. Il montre que l'apprentissage sur le lieu de travail repose d'une part sur des affordances, c'est à dire les possibilités de participation aux activités de travail offertes par l'environnement au sujet, et d'autre part sur l'engagement de ce dernier dans les activités, c'est à dire, le fait que le sujet se saisisse de cette offre et la rende pertinente pour son activité. Ce sont ces deux dimensions que nous mobilisons pour définir la ressource dans cette communication.

Nous cherchons ici à comprendre comment le chercheur peut devenir ressource pour le terrain qu'il observe, notamment en créant, grâce à son dispositif, des offres d'apprentissage pour les observés ; mais également comment ces derniers peuvent ouvrir des espaces permettant au chercheur de s'engager plus avant en tant qu'observateur participant sur le terrain et de mieux comprendre les enjeux de l'activité qu'il étudie. Parallèlement, nous nous interrogeons sur la façon dont cette instrumentalisation du chercheur et du dispositif par les débutants peut orienter la recherche et devenir ressource pour cette dernière, tant dans le déploiement du dispositif que dans les analyses menées.

Cette communication repose sur deux recherches menées dans une approche ethnographique, que nous présenterons en première partie. Nous présenterons ensuite (2 et 3) de quelles manières le terrain s'est saisi de nos recherches comme de ressources et les impacts que cela a eu sur la construction de nos objets, de nos corpus et de nos analyses. Enfin nous questionnerons en quoi être saisies comme ressource a finalement également constitué une ressource pour nos recherches.

2 Deux recherches aux caractéristiques méthodologiques communes

La première recherche s'intéresse aux tuteurs en entreprise (ou maîtres d'apprentissage - MAP) débutants qui accueillent un apprenti en situation d'alternance pour la première fois. Ces tuteurs, en France, ont peu de prescriptions institutionnelles sur leur mission et leur rôle. En outre, les formations qui leur sont proposées, d'une durée variable mais souvent assez courte (une journée), sont peu suivies[1]. L'hypothèse posée est ainsi que les tuteurs apprennent cette fonction très largement sur le tas. Des observations ont été menées pendant une période d'une année, à raison d'une à deux journées par mois dans chacune des entreprises, auprès de quatre tuteurs entreprise débutants, pour comprendre comment ils développent cette activité et notamment grâce à quelles ressources. Les analyses croisées des interactions locales et des relations qui se mettent en place dans le temps long, mettent en avant que là où l'on a l'habitude de penser un duo tuteur-apprenti, il y a en réalité un réseau d'acteurs plus important qui se met en place, incluant des acteurs de la place de travail, des acteurs de l'école ou des acteurs du cercle personnel et familial. Ce réseau va fournir des ressources aux tuteurs débutants pour développer leurs pratiques, créant des affordances dont le tuteur va se saisir pour construire sa pratique (Pelé-Peycelon et Veillard, 2017).

La deuxième recherche (Alcade, 2017) traite de la transmission des compétences interactionnelles dans la formation à l'activité de service en restauration proposée par l'Institut Paul Bocuse (Ecully, France), dans une perspective de documentation des pratiques de formation à ces compétences, puis d'ingénierie de la formation collaborative avec l'équipe de formateurs afin d'expérimenter de nouvelles pratiques didactiques et d'améliorer cette transmission, qui ne faisait jusqu'alors pas l'objet d'un enseignement spécifique. Dans ce but, après une formation au service en restauration au sein de l'institution, quatre formateurs de cours dits théoriques et quatre maîtres d'hôtel formateurs en charge des cours dits pratiques ont été suivis dans trois restaurants-écoles, durant deux années (2013-2015), à raison de quatre jours de présence par semaine dans l'institution. Les analyses des interactions de formation en situation de travail en restaurants-écoles ont mis au jour une prise en charge distribuée de la formation, non seulement entre maître(s) d'hôtel-formateur(s) et étudiants, mais encore entre étudiants et chef, étudiants et clients, et entre étudiants. Les analyses révèlent également des dynamiques de rapports de place qui se négocient entre ces différents acteurs dans l'interaction, faisant apparaître les enjeux du service et de la formation à cette activité auxquels sont alors socialisés les novices. Enfin, elles montrent comment la formation aborde les interactions de service dans leurs dimensions *procédurales* se rapportant à la délivrance matérielle du repas, tandis qu'elle invisibilise leur dimension *processuelle* liée à la plus-value immatérielle que constitue l'accompagnement du client (information, conseil, mise en valeur des plats).

2.1 Enquête de terrain et engagement

Ces deux enquêtes présentent de nombreux points communs dans les choix méthodologiques qui ont été opérés. Elles ont été menées, toutes deux dans une approche ethnographique, caractérisée par une immersion longue sur le terrain d'enquête – une à deux années – et un mode d'observation des pratiques relevant de l'observation participante (Beaud & Weber, 2010 ; Olivier de Sardan, 2001 ; Olivier de Sardan, 1995). En effet, nous avons réalisé des observations que nous avons consignées dans des carnets de terrains qui nous permettaient notamment d'appréhender les éléments se mettant en place dans le temps long et d'être au plus près de la situation observée. Nos enquêtes se rejoignent également dans la mobilisation d'une méthode de production de corpus complexes et multimodaux (Lallier, 2009 ; Olivier de Sardan, 2001), qui complètent nos observations. Nous avons procédé à des captations vidéo et audio de certaines situations de travail et/ou d'apprentissage, afin de permettre une analyse multimodale et une échelle plus fine dans

[1] Une enquête menée en 2014 au sein d'un centre de formation des apprentis de l'enseignement supérieur de la région Auvergne-Rhône-Alpes, montre que moins de 20% des tuteurs entreprise sont formés chaque année.

nos analyses. Nous avons également enrichi notre corpus par des entretiens menés avec les acteurs de terrain observés.

Notre démarche était ethnographique et par là, reposait sur l'engagement du chercheur dans la situation qu'il observait. Olivier de Sardan définit l'observation participante à travers cette notion d'engagement au sens où « le chercheur est engagé dans une interaction prolongée, de longue durée, avec les acteurs sociaux dont il se fait l'étudiant » (Sardan 2001). D'autres auteurs soulignent également l'engagement comme enjeu majeur dans les situations d'enquête, notamment les entretiens. Bourdieu (1993) et Kaufmann (2011) présentent l'engagement du chercheur dans la situation d'enquête comme étant nécessaire à l'engagement de l'enquêté dans cette même situation. En effet, l'engagement de l'enquêteur permet à son interlocuteur de trouver des repères dans l'échange et, en conséquence de s'y engager. L'outil caméra est également un facteur d'engagement de l'enquêteur sur son terrain. Buob (2009) et Lallier (2015), cinéastes-ethnographes présentent l'outil caméra et la démarche d'observation filmante comme permettant au chercheur de trouver une place dans la situation qu'il observe, en agissant derrière sa caméra et en adoptant ainsi une activité de « travail » comme ceux qu'il observe. Cette activité de travail permet son engagement sur le terrain en lui attribuant une place définie, et, au-delà de la perturbation que la présence de l'observateur peut entraîner quant à ses enquêtés, consolide finalement leur propre engagement, car « le fait d'être filmé renforce [...] le sentiment d'appartenance au groupe ou à la circonstance observée [... ;] si une personne s'accorde à être filmée en raison de son investissement dans l'action, alors nous pouvons considérer – en retour – que le fait d'être filmé favorisera l'implication de celle-ci dans son activité » (Lallier, 2011 : 118).

L'engagement du chercheur sur le terrain peut, sous cet angle, être postulé comme une condition caractéristique de l'enquête ethnographique. Il permet l'accès au terrain, la négociation d'une place en tant que chercheur sur ce terrain ainsi que l'engagement des observés et interviewés dans sa démarche. Ce sont ces deux notions d'engagement et de négociation de place entre enquêteur(s) et enquêté(s) que nous nous attachons ici à comprendre dans une perspective de ressource mutuelle envisagée par ces protagonistes.

2.2 Observation – participation

L'une des caractéristiques forte de l'observation participante et du travail de terrain est la construction d'une relation entre enquêteur(s) et enquêté(s), s'inscrivant dans le temps long et « impliquant entre autres une confiance réciproque » (Baude, 2006). Les chercheurs et les enquêtés, peuvent avoir des rôles assez variés en situation qui s'inscrivent dans un continuum allant de l'observation à la participation (Baude, 2006).

Depuis une vingtaine d'années, dans de nombreuses disciplines, des chercheurs réfléchissent à ce continuum observation-participation, en proposant des formes d'enquêtes qui impliquent directement les enquêtés comme participants d'un dispositif de recherche qui a aussi pour objet le développement de l'activité, notamment professionnelle des enquêtés. Elles prennent des noms et des formes diverses, selon les ancrages disciplinaires et méthodologiques : recherches collaboratives, recherche-intervention, recherche action, etc. (Vinatier & Rinaudo, 2015). Ces démarches montrent comment à travers la mise en place d'un dispositif construit par les chercheurs ou co-construit avec les enquêtés, il peut y avoir à la fois production de données pour la recherche et d'outils favorables au développement des pratiques du terrain. Ce qui caractérise ces démarches est la volonté de travailler « avec » les enquêtés plutôt que « sur » eux (Lieberman, 1986), d'insérer au sein du dispositif de recherche des espaces-temps, des lieux, des actions orientés vers le développement des enquêtés, de leurs pratiques, de leurs situations de travail, etc. Dans ces démarche, le chercheur se positionne, lui et son dispositif, de façon consciente comme une ressource pour le terrain. Si des démarches collaboratives d'ingénierie de formation étaient présentes dans nos deux recherches, il nous semblait d'abord falloir produire des données « sur » nos enquêtés avant de pouvoir travailler « avec » eux ou d'autres acteurs de terrain à l'ingénierie de formation. Ainsi nous avions construit nos dispositifs de production de données comme des temps de recherche dans lesquels les acteurs de terrain étaient assignés aux rôles d'observés et les chercheuses aux rôles d'observatrices-participantes.

3 Etre ressource pour l'activité observée

Le premier exemple que nous proposons ici, issu de la recherche menée sur les compétences interactionnelles dans les métiers du service en restauration, s'intéresse à la façon dont la chercheuse peut être appréhendée par le terrain comme une ressource pour l'activité même qu'elle est en train d'observer.

Sur ce terrain, la chercheuse a d'abord suivi une formation dans le restaurant-école gastronomique de l'IPB en tant qu'étudiante lambda. Elle a été intégrée à un groupe d'étudiants novices afin de connaître l'activité, et savoir la pratiquer pour pouvoir être en mesure de l'observer. Quelques mois après cette expérience, dans une deuxième phase de recherche, elle est revenue sur le terrain du restaurant-école en tant qu'observatrice simple d'un second groupe d'étudiants novices. Au départ, l'observatrice n'avait pas pris le parti de réaliser des observations participantes. Mais le maître d'hôtel-formateur (RIC) en a décidé autrement… Pendant l'accueil des étudiants lors de leur premier jour de pratique en restaurant-école gastronomique à l'IPB, il a en effet présenté la chercheuse en insinuant dans son discours qu'elle allait pouvoir constituer une ressource pour eux. Le fait qu'elle ait été formée à l'activité de service en restauration a donc été une condition à ce que les formateurs prennent la chercheuse comme ressource.

> RIC : Je vous présente Céline que vous connaissez. Tout le monde connaît Céline ?
> ETU : Oui.
> RIC : Je sais pas si vous avez eu l'occasion de travailler avec… Céline est de retour à *(nom du restaurant-école)* pour mon et pour votre plus grand plaisir *(on entend le souffle du sourire de Céline)*, et Céline n'aura, contrairement à sa première… A son premier passage à *(nom du restaurant-école)*, va avoir un rôle un p'tit peu plus…. « On a side » *(il fait le geste en même temps)*, à côté *(il sourit)*, parce que à son premier passage à *(nom du restaurant-école)*, elle était comme vous : elle a participé à la mise en place, elle a fait le service. C'est vrai Céline ? Elle a fait le polissage, elle a fait… Mais là Céline veut jouer à la scénariste et au metteur en scène, et donc elle va nous filmer pour tout son travail de recherche qu'elle a à faire *(il fait un geste de grandeur)*, et Dieu sait que c'est un très beau travail, dans la communication et la gestuelle *(pause)*, et puis Céline à côté de tout ça, eh bien elle sait faire la mise en place, Céline elle sait servir, Céline elle sait ce que j'attends dans l'organisation du service, Céline elle sait prendre du pain et servir du pain, donc j'suis pas, j'suis pas inquiet là-d'ssus non plus. (→ Céline) Merci à vous.

EXTRAIT de la séquence n°1, 7/01/2014, restaurant-école gastronomique de l'IPB, accueil du nouveau groupe d'étudiants observé

Bien qu'il dise qu'elle va avoir un rôle un peu plus à distance, il souligne qu'elle connaît parfaitement bien l'activité, sous-entendant qu'elle peut être une ressource en cas de nécessité (question, difficulté technique, etc.), mais également pour prêter main forte à l'activité si nécessaire : « elle sait mettre en place/servir » (procédures), « elle sait ce que j'attends » (attente scolaire/norme), « prendre du pain/servir du pain » (prendre des initiatives), « donc je ne suis pas inquiet » (elle vous aidera/m'aidera si besoin).

Au service suivant, les étudiants l'ont beaucoup sollicitée pour répondre à leurs questions sur les procédures et gestes du service :

PAU et JEA préparent à l'office le bon de la commande qu'ils ont passée en salle, pour le remettre au chef. PAU demande à la chercheuse de les aider.
PAU *(se tourne vers la chercheuse en regardant son bon de commande)* : Donc... Le bleu, non le blanc, je donne au chef ?
Céline : Le bleu aimanté [...] sur le tableau, oui.
MAT : C'est bon Céline, je mets les toasts sur les serviettes ?
DIM (→ Céline) : Les apéritifs je dois les amener sur plateau ?
Céline : Oui.
PAU : Euh, est-ce que du coup les "amuse-bouches" il faut les faire marcher dès maintenant ou pas ?
Céline : Euh, t'en es où ?
PAU (→ Céline) : J'ai pris la commande, je les ai installés. Et M. RIC est en train de leur proposer du vin normalement. [...] J'attends que M. RIC ait fini [...] ou j'peux les faire marcher dès maintenant ?
Céline : ... T'attends, t'attends qu'il ait fini. [...]
DIM (→ Céline) : J'amène sur le plateau, je sers la dame. Je lui demande si elle veut de l'eau ? Je sers, euh, toute la table et je pose la carafe au milieu ?
Céline : Oui.
PAU (→ Céline) : Et ça j'le donne au chef directement, j'dis : « chef, voilà le bon ? » [...] ou je l'accroche quelque part ?
Céline : Chef, ça marche. Oui. *(désigne)* C'est là-bas [...], là-bas, faut l'épingler. Faut vraiment que tu parles fort : " Chef, s'il vous plaît ".

EXTRAIT de la séquence n°12, 7/01/2014, 1er service (midi) du nouveau groupe d'étudiants observé

Elle a alors pensé que son observation du terrain allait être un échec, car elle serait sans arrêt dérangée et ne pourrait pas se concentrer sur son observation. Après ce service, elle est donc allée parler au maître d'hôtel-formateur pour remettre en cause sa consigne initiale aux étudiants lors de leur accueil et lui expliquer qu'elle ne devait participer ni à l'activité, ni à la formation, au risque de faire échouer sa recherche, car elle serait trop impliquée dans la situation pour pouvoir l'observer. Elle a cependant continué à être sollicitée comme ressource par étudiant et formateur et a finalement décidé d'accepter ce positionnement non prévu au départ dans cette phase de travail, et ce pour plusieurs raisons. Elle a d'abord pris conscience que ce dispositif d'observation participante, lui permettait, en étant impliquée dans les événements qui se déroulaient, de rester vigilante aux éléments importants à observer, et d'en développer une meilleure compréhension, car elle prenait part aux enjeux de l'activité. De plus, ayant été sensibilisée à ces enjeux via son initiation au métier de service suivie en premier lieu au sein de l'institution, comme à ceux de la formation, elle ne pouvait refuser d'assumer ce rôle que le maître d'hôtel lui avait attribué, et qui la rapprochait de ses enquêtés dans le cadre d'une relation de confiance et d'échange mutuels, et préfigurait la collaboration qui devait prendre place lors de la phase d'ingénierie consécutive.

4 La réflexivité proposée par le chercheur comme ressource

L'exemple précédent a montré comment la chercheuse a été, dans le cours de l'activité observée, sollicitée comme ressource pour le déroulement de cette activité. Nous proposons ici un deuxième exemple, issu de la recherche sur les tuteurs entreprise qui montre que le chercheur peut être assimilé à une ressource parce que lui et le dispositif qu'il a mis en place permettent aux acteurs d'entrer dans une posture réflexive.

Sur ce terrain, les tuteurs sont débutants, ils encadrent un apprenti pour la première fois. En plus d'observations régulières, des entretiens ont été menés avec les tuteurs tout au long de l'année. Ces entretiens ont pris des formes différentes selon le terrain, le tuteur et les besoins de la recherche. Cependant, ils étaient réalisés avec la même démarche :

comprendre le vécu par le tuteur de sa première année d'apprentissage. Ils étaient composés de questions sur leurs pratiques, les événements observés ou non observés, leurs impressions et ressentis. A la fin de l'année, des entretiens « finaux » ont été menés avec eux pour faire le bilan de l'année. Dans ces entretiens deux des tuteurs interrogés (Fred et Loïc, encadrant respectivement Matthieu et Aloïs) ont évoqué très clairement que la chercheuse avait été une ressource non négligeable pour le développement de leur pratique.

Avec Fred, les entretiens ont été menés lors de trajets en co-voiturage, le soir après la journée d'observation. Ces temps de co-voiturage étaient aussi l'occasion d'échanges plus informels sur des thématiques diverses. Lors du dernier entretien, il évoque notre présence :

> Marine : Comment tu as vécu l'année d'apprentissage de Matthieu ?
> Fred : Euh... Différemment des années précédentes où Matthieu était en stage et pas en apprentissage parce que justement je me suis posé des questions de manière différente. Je me suis posé des questions tout court. Tu as fait en sorte que je me pose des questions sur la manière d'appréhender un apprenti et ou un stagiaire en règle générale. [...] Donc du coup forcément oui ça a évolué, ne serait-ce que dans, on a accueilli un stagiaire la semaine dernière, dans la manière dans laquelle j'ai accueilli ce stagiaire, ça a été en lien avec ce que j'ai pu vivre dans l'année avec l'apprentissage de Matthieu et l'accompagnement, enfin l'accompagnement... l'échange finalement qu'on a pu avoir sur les retours de trajet et les feedback qu'on pouvait avoir.
> Marine : Et quand tu dis que la manière dont tu l'as accueilli a été différente, en quoi ça a été différent ?
> Fred : Beaucoup plus structuré, sur la structuration à la fois des missions, des outils qu'on lui a donné, sur la présentation des missions, le fait de lui donner une visibilité sur une progression sur l'année.

EXTRAIT : entretien final avec Fred

Avec Loïc ces entretiens ont eu lieu soit sur son lieu de travail soit au laboratoire. Lors d'un des entretiens, un extrait d'une captation vidéo réalisée pendant une journée d'observation lui a été montré et a ensuite été l'objet d'un échange. Cet extrait montre un passage de la visite en entreprise de l'enseignant (nommé tuteur-école) qui suit le parcours de l'apprenti. L'extrait met notamment en avant l'absence de l'apprenti dans la discussion qui se déroule essentiellement entre le tuteur et l'enseignant. L'apprenti qui aurait dû être acteur de cette réunion, en devient finalement plus l'objet. En entretien final, Loïc revient dessus :

> Marine : L'idée générale c'est d'avoir un retour sur l'année, de savoir comment tu as vécu toi l'année avec Aloïs, alors une année un peu particulière...
> Loïc : (...) de mon côté c'était quelque chose de vraiment intéressant, combiné en plus avec l'approche qu'on a eu ensemble qui permettait de faire des points un petit peu sur ma manière de faire ou d'agir, t'as apporté des éléments assez intéressants en étant extérieure et sans prendre part finalement. J'ai trouvé ça vraiment bien et c'était quelque chose d'assez formateur.
> (...)
> J'avais beaucoup aimé ce que tu m'avais fait remonter le fait que finalement que Aloïs était là mais il était plus spectateur plus qu'acteur et du coup c'est vraiment si c'était à refaire c'est vraiment quelque chose que je changerais (...).
> Marine : Tu changerais comment du coup ?
> Loïc : Je lui laisserais la main aussi pour aussi l'aider à s'exercer sur, voilà j'ai un meeting j'ai un truc à organiser c'est moi qui prend la parole je me retrousse les manches et puis j'y vais quoi et c'est vrai que la séquence de la vidéo elle était assez éloquente, on voyait l'autre [Aloïs] qui baillait tout ce qu'il pouvait à côté à deux doigts de s'endormir et c'est nous qui discutions face à face avec le tuteur-école quoi.

EXTRAIT : entretien final avec Loïc

Dès le début de l'entretien final, ils évoquent que la présence de la chercheuse leur a permis de se mettre en posture réflexive, ce qui les a fait avancer (« tu as fait en sorte que je me pose des questions » ; « qui permettait de faire des points un petit peu sur ma manière de faire ou d'agir »). Ce qui rend ces affirmations encore plus fortes est que la question ne portait pas sur les ressources pour développer leurs pratiques, ni sur la présence de la chercheuse, mais bel et bien sur la façon dont ils avaient vécu l'année avec l'apprenti. Fred dit même : « tu as fait en sorte que… », alors que sur le principe le dispositif de recherche ne visait pas à mettre les acteurs en réflexivité ou à les faire évoluer dans leurs pratiques. Loïc évoque que le dispositif de confrontation à une trace vidéo de son activité lui a fait prendre conscience de quelque chose qu'il n'avait pas réalisé pendant la réunion avec l'enseignant. Ils évoquent également tous les deux avoir réalisé ou envisagé un changement de leurs pratiques à partir des réflexions qu'ils ont eu lors des entretiens (« ça a évolué », « si c'était à refaire… »). On note que Fred a du mal à nommer la relation établie avec la chercheuse, il tente d'abord *accompagnement* puis lui préfère *échange*. Loïc quant à lui a choisi *approche*. Ce qui est intéressant dans le choix de ces termes est (1) la difficulté de Fred à en choisir un, (2) qu'ils ne font pas référence directement à une activité de la chercheuse, mais plutôt à une activité co-construite.

L'objet de cette recherche est justement de comprendre quelles sont les ressources qui peuvent permettre aux tuteurs débutants de développer leur pratique tutorale, notamment à travers les interactions qu'ils ont avec d'autres acteurs. Le fait que la chercheuse représente pour les tuteurs une ressource importante pour s'approprier leur fonction, a posé question à la recherche en touchant directement à son objet.

Pour autant, ces réponses, permettent de produire un élément d'analyse qui n'était pas présent dans les autres données, à savoir l'importance de la réflexivité dans le développement de la pratique tutorale. Cet élément aurait été difficile à percevoir dans le reste du corpus, car si les tuteurs évoquent que la recherche a permis un espace de réflexivité et que cette réflexivité a été une ressource, c'est justement car ils n'ont que peu d'autres endroits et occasions de parler de leur pratique dans une posture réflexive. Ces temps d'entretiens leurs ont permis de faire un bilan sur leur pratique. Il est à noter ici une instrumentalisation du dispositif qui n'était pas au départ pensé de cette sorte et à cette fin par la chercheuse. Finalement, les tuteurs se sont saisis d'une offre qui a été faite par le dispositif dans un but de développement de leurs propres pratiques. La chercheuse est donc considérée ici, comme un des acteurs ayant participé du développement de la pratique tutorale pour ces deux tuteurs. Il est à noter que les deux autres tuteurs observés ne se sont pas saisis de la recherche de cette manière, ou tout du moins ne l'ont pas évoqué avec la chercheuse.

5 Le chercheur-ressource : une ressource pour la recherche ?

Devenir ressource en tant que chercheur sur son terrain d'étude équivaut à négocier une place qui prend en compte une posture complexe d'observant et d'acteur (parfois difficile à équilibrer). Les situations de recherche dans lesquelles nous nous sommes finalement retrouvées ont ainsi été caractérisées par un engagement réciproque des acteurs dans le dispositif de recherche, chacun l'instrumentalisant dans son propre but et par là participant à son déploiement. Il y a ainsi un double jeu d'affordance. En effet, en tant que chercheuses, nous nous sommes saisies du terrain et de ses affordances pour nous y engager. Nous avons par exemple accepté de jouer les rôles qui nous étaient attribués par les acteurs, pour nous trouver au plus près de l'activité que nous avions à observer. Faisant cela, nous avons nous-mêmes créer des affordances pour les enquêtés dont certains se sont saisis dans le but de construire leur propre activité professionnelle ou tutorale. Tuteur-entreprise et maître d'hôtel-formateur en restaurant-école partagent cette contrainte de devoir à la fois mener à bien une activité professionnelle et une activité de formation. Par notre présence et le dispositif que nous avons déployé, nous avons créé une offre dont ils se sont saisis comme d'une aide concrète dans une activité complexe, caractérisée notamment par son hybridité et sa double orientation : production / formation.

En acceptant d'être ressource pour les acteurs du terrain dans des situations de coopération non prévues au préalable, nous avons finalement eu accès à une modalité de production et par conséquent d'analyse de données qui auraient sinon été difficiles d'accès, voire occultées. Etre ressource a finalement été pour nous également une offre inattendue de notre environnement de recherche, constituée par le terrain et ses acteurs. Cette affordance aurait pu rester une potentialité, mais nous avons finalement saisi cette opportunité, à travers notre positionnement sur le terrain, et au-delà à travers l'analyse de ce positionnement et de ses conséquences.

L'examen de ces invitations à jouer le rôle de ressource provenant du terrain, et de la façon dont nous avons rempli ce rôle, nous a permis de mieux comprendre les enjeux du terrain, notamment vis-à-vis de notre sujet de recherche. Les analyses permettent par exemple de mettre en avant que ces deux terrains ne se sont pas servis de la recherche aux mêmes fins.

En restaurants-écoles, la chercheuse a été saisie comme une ressource pour contribuer à transmettre, aux côtés du maître d'hôtel-formateur, les attentes de l'institution et servir de soutien (dans le travail et la formation) à la réalisation d'une activité qu'elle savait désormais pratiquer. La collaboration prévue dans la phase d'ingénierie de la formation consécutive à l'étude des pratiques a finalement été mise en place dès le début de l'étude. Cette intégration précoce au collectif de travail et de formation a en conséquence permis une compréhension fine des enjeux de travail, et, de façon liée, de formation, dont elle a pu se servir pour mener à bien sa recherche.

Sur le terrain des tuteurs, la chercheuse a ouvert, notamment grâce aux entretiens, des espaces de parole sur leurs pratiques tutorales dont les tuteurs se sont saisis comme d'espaces de réflexivité et de questionnements. Ainsi, ses analyses, s'intéressant aux relations et interactions qui ont permis aux tuteurs de développer leurs pratiques, l'ont poussée à montrer qu'elle a elle-même tenu un rôle important dans le parcours de deux des tuteurs observés.

C'est finalement justement notre engagement de chercheuse dans les situations étudiées, qui nous a permis de saisir les offres de notre environnement et d'en faire des ressources pour notre recherche. C'est en effet dans la rencontre de l'offre du terrain et de notre engagement dans ce terrain que nous avons été poussées à saisir cette offre et qu'elle nous a donné la possibilité de construire des connaissances inaccessibles par ailleurs sur notre corpus.

6 Conclusion

Une réflexion que nous proposons ici est celle de la posture générale adoptée sur le terrain, mais aussi dans l'analyse. En effet, il nous semble que l'engagement du chercheur sur son terrain d'étude, notamment en tant que chercheur-ressource, est particulièrement intéressant dans le cadre d'une démarche ethnographique et d'une immersion longue sur le terrain. Cette posture, que nous avons ici toutes deux acceptée, a constitué une caractéristique constitutive de la situation observée, prise en compte dans l'analyse de nos données, au même titre que les autres éléments de la situation pour caractériser les engagements et les relations des différents protagonistes en présence, chercheuse incluse. Cette prise en compte d'éléments nous incluant nous-mêmes dans l'analyse nous a placées dans la posture de devenir sujet de notre propre étude et a ainsi, nécessité une prise de recul importante. Un tel travail nous semble donc exiger en parallèle une réflexion et une explicitation méthodologique précise des conditions de présence et d'action sur le terrain de l'observateur-participant.

Il est légitime de nous demander, question qui a d'ailleurs été posée suite à notre présentation lors du colloque, si finalement toute recherche ne constitue pas, d'une façon ou d'une autre, une ressource pour ceux qu'elle étudie. L'intérêt porte alors sur la caractérisation de la manière selon laquelle chaque type de recherche, ethnographique ou autre, peut s'avérer être ressource pour ceux à qui elle s'intéresse et les effets qu'elle produit sur ces personnes et leurs activités. Egalement, deuxième remarque avancée lors du colloque, il est également possible de voir l'engagement du chercheur sur son terrain et sa fonction de ressource pour ce terrain, comme un premier (ou le seul) niveau de restitution, voire de retombée. En impliquant le chercheur, en lui donnant une position et en se servant de sa présence comme d'une ressource, le chercheur se trouve déjà dans une forme de restitution de son activité de recherche au terrain en simultané. Le chercheur apporte, dans un premier temps, avant même ses résultats d'enquête, une expertise ou une aide « dans le feu de l'action » à ses enquêtés.

Dans un contexte social dans lequel il est recherché plus de lien et de collaboration entre monde de la recherche et terrain, il nous semble intéressant de mettre en lumière que les acteurs savent tirer partie de la présence du chercheur sur le terrain, y compris dans des étapes du dispositif d'enquête qui n'étaient pas nécessairement pensées comme collaboratives.

Bibliographie

Alcade C. (2017). *« Le solfège du service ». Transmission-appropriation des compétences interactionnelles dans la formation aux métiers de service en restauration gastronomique.* Thèse de Doctorat en Sciences de l'éducation, Université Lumière Lyon 2 / Laboratoire ICAR, Lyon.

Baude O. (coord.) (2006). *Corpus oraux : guide des bonnes pratiques.* CNRS Éditions / Presses Universitaires d'Orléans.

Beaud S., Weber F. (2010). *Guide de l'enquête de terrain* (4e édition), Paris : La Découverte.

Billett S. (2009). Modalités de participation au travail : la dualité constitutive de l'apprentissage par le travail. In M. Durand & L. Filliettaz (éds), *Travail et formation des* adultes, Paris : PUF, p. 37-63.

Billett S. (2011). Learning in the circumstances of work: the didactics of practice. *Education & didactique*, vol. 5, n° 2, p. 125-146.

Bourdieu P. (1993). Comprendre. In *La misère du monde*, Paris : Points

Buob B. (2009). Filmer, montrer, entendre des savoir-faire. Regards et écoutes croisés dans la médina de Fès. *Ateliers d'anthropologie*, 33.

Kaufmann J.-C. (2011). *L'entretien compréhensif* (3e édition), Paris : Armand Colin.

Lallier C. (2009). *Pour une anthropologie filmée des interactions sociales*, Paris : Éditions des Archives contemporaines.

Lallier C. (2011). L'observation filmante. *L'Homme*, vol. 198-199, p. 105-130.

Lallier C. (2015). De la légitimité de l'observateur-filmant. *Anthrovision. Vaneasa Online Journal*. [https://journals.openedition.org/anthrovision/1933].

Lieberman A. (1986). Collaborative research: Working with, not working on…. *Educational Leadership*, vol. 43, n° 5, p. 28-32.

Olivier de Sardan J.-P. (2001). L'enquête de terrain socio-anthropologique. In J. Boutier, J.-L. Fabiani et J.-P. Olivier de Sardan (éds), *Corpus, sources et archives*, Rabat : Institut de recherche sur le Maghreb contemporain, p. 63-81.

Olivier de Sardan J.-P. (1995). La politique du terrain. *Enquête*, vol. 1, p. 71-109.

Pelé-Peycelon M. et Veillard L. (2017). Des configurations comme ressources pour devenir tuteur. *Recherche & Formation*, vol. 83, n° 3, p. 69-84.

Vinatier I. et Rinaudo J.-L. (2015). Rencontres entre chercheurs et praticiens : quels enjeux ? *Carrefours de l'éducation*, vol. 39, p. 9-18.

La discussion à visée philosophique : un dispositif pédagogique au service d'une éducation plurilingue et interculturelle

"Philosophically oriented discussion": a pedagogical device for a multilingual and intercultural education

Anne-Sophie Cayet[1] [a]

[1]*DILTEC - Didactique des langues, des textes et des cultures (EA 2288)*
Université Sorbonne Nouvelle - Paris 3, 4 rue des Irlandais, 75005 Paris, France

Résumé. L'appréhension de l'altérité linguistique et culturelle par l'institution scolaire tend souvent à renvoyer les individus à de supposées origines et à les y cantonner. La pédagogie interculturelle, bien qu'elle puisse engendrer des effets de reconnaissance non négligeables, se caractérise souvent, dans la pratique, par des démarches comparatistes relativement artificielles. La mise en œuvre de Discussions à Visée Philosophique (DVP) auprès d'élèves allophones nouvellement arrivés en France cherche à éviter la tendance culturaliste qui fait de la langue-culture une ressource en elle-même. Elle favorise les échanges plurilingues et interculturels mais toujours au travers des subjectivités individuelles. L'organisation interactionnelle et collaborative de la DVP rend les élèves acteurs de leur apprentissage : ils deviennent les premières ressources de la réflexion philosophique. Ils la co-construisent avec l'aide de leurs camarades et de l'enseignant, à travers un discours qu'ils interrogent constamment. Un outil particulier vient également soutenir les échanges : le « dessin réflexif » (Molinié, 2010). Ce dispositif pédagogique pourrait alors participer à la formation d'une « éducation plurilingue et interculturelle », telle qu'elle est promue par le Conseil de l'Europe (Beacco *et al.*, 2010).

Abstract. In the school system, linguistic and cultural alterity generally refers to putative cultural background. Individuals are often locked into this representation. Even though intercultural pedagogy can be a valuable source of recognition, it is often characterized in practice by comparative and relatively artificial process. Philosophically oriented discussions (DVP in French) with newly arrived allophone students tries to avoid culturalism which counts culture as a resource itself. Nevertheless, DVP encourages plurilingual and intercultural exchanges, but always through individual subjectivities. DVP's interactional and collaborative organization makes students prime players in their learning. They become the first resources of the philosophical reflection. They co-construct it with classmates and the teacher through a constant questioning of their speech. A specific tool also sustains

---

[a] Auteure de correspondance : annesophie.cayet@gmail.com

the reflection and the discussion: the "reflexive picture" ("dessin réflexif", Molinié, 2010). This pedagogical device could contribute to the implementation of the "multilingual and intercultural education", which is promoted by the Council of Europe (Beacco *et al.*, 2010).

1 Introduction

Dans un contexte d'enseignement-apprentissage des langues, les ressources mobilisées en interaction peuvent être analysées à différents niveaux. Deux, entre autres, peuvent être distingués : l'un que je qualifierais de théorique, l'autre de pratique. À un niveau théorique, il s'agit d'envisager la Discussion à Visée Philosophique (DVP) comme une ressource pour la recherche en didactique des langues et des cultures : elle propose des modalités d'interactions singulières qui pourraient ouvrir des pistes didactiques pour l'enseignement des langues et pour l'accompagnement des processus de socialisation. À un niveau pratique, expérientiel, la DVP est elle-même constituée d'une multitude de ressources pédagogiques pour les acteurs du dispositif (enseignants et apprenants).

Ces deux niveaux de lecture et d'analyse sont indissociables et s'alimentent mutuellement. Ce continuum théorie-pratique, global-local, est fondamental dans cette étude. En effet, mon expérience professionnelle est le point de départ de ma réflexion puisque j'ai été enseignante de français langue seconde en Unité Pédagogique pour les Élèves Allophones Arrivants (UPE2A) pendant une dizaine d'années. Méthodologiquement, un maillage étroit entre mes analyses de praticienne et des apports théoriques a progressivement permis d'élaborer un projet de recherche-action. La DVP a ainsi semblé être une réponse possible à une question qui traversait depuis longtemps ma pratique professionnelle : Quelles ressources permettraient de développer les échanges plurilingues et interculturels en classe de français langue seconde ?

La problématique qui nous intéresse concerne l'inclusion des élèves allophones nouvellement arrivés et, dans cette optique, interroge la manière dont la diversité linguistique et culturelle est appréhendée. Dans l'ouvrage *Chocs de cultures*, M. Abdallah-Pretceille (1989 : 232) signalait déjà très clairement que la culture, si elle est considérée comme une ressource éducative, peut engendrer des biais culturalistes néfastes. Les effets de reconnaissance, s'ils peuvent être bienvenus, renforceraient un déterminisme socio-culturel clivant et ne permettraient pas le désamorçage des stéréotypes, bien au contraire. Si la variété des démarches et des projets pédagogiques mis en œuvre dans les établissements scolaires invite à la nuance, on constate néanmoins, dans la pratique, que l'approche interculturelle s'apparente souvent à la comparaison de langues-cultures présumées stables et bien circonscrites. La prise en compte par l'institution de l'altérité linguistique et culturelle risque donc de participer à une forme de réification des langues-cultures présentes dans l'espace scolaire. L'organisation interactionnelle et les sujets de discussion travaillés dans le cadre d'une DVP ont paru être un levier intéressant pour des échanges interculturels et plurilingues qui n'éludent pas la subjectivité individuelle.

La recherche-action que j'ai menée en 2015 (en Master 2 de didactique des langues) a permis l'expérimentation de quinze « ateliers philo », que j'ai personnellement animés dans l'UPE2A d'un collège des Bouches-du-Rhône. Chaque atelier a duré entre une heure et une heure et demie. Ils ont été enregistrés, parfois filmés, et entièrement transcrits. Je suis intervenue auprès de deux groupes d'adolescents, qui avaient entre 12 et 17 ans : un groupe d'élèves allophones nouvellement arrivés, mais où il n'y avait pas de débutants complets en langue française (10 ateliers), et un groupe d'élèves allophones présents au collège depuis plus d'un an (5 ateliers). Cette étude est amenée à se poursuivre et à s'amplifier dans le cadre de ma thèse de doctorat, actuellement dirigée par Muriel Molinié, qui a pour titre « Les ateliers de philosophie en classe de français langue seconde (et première) – Enjeux et implications d'une approche interculturelle sociobiographique ».

2 La discussion à visée philosophique : quel dispositif pédagogique ?

La Discussion à Visée Philosophique (DVP) est un dispositif conçu dans les années 1980 par Michel Tozzi, professeur émérite en sciences de l'éducation de l'université de Montpellier. Par le biais d'une question existentielle, interrogeant notre condition humaine et notre rapport au monde (par exemple : qu'est-ce qu'être libre ?), les élèves sont invités à pratiquer la philosophie par la discussion et ainsi à développer des compétences réflexives (Tozzi, 2002), argumentatives et « conversationnelles » (Habermas, 1992)[1]. Pour ce faire, la DVP s'inspire largement de la pédagogie Freinet (Giauque & Tièche Christinat, 2015) puisque des rôles sont attribués aux participants afin de développer l'autonomie et la collaboration.

Le schéma de communication mis en œuvre dans une DVP adaptée pour des élèves allophones s'apparente à une forme de « modèle orchestral » de communication (Bateson, 1972). Grâce à la posture réflexive proposée et à la répartition des rôles, elle fait le pari d'une auto-régulation. Les participants sont majoritairement des « élèves-discutants » mais certains médiateurs viennent jouer un rôle déterminant dans la DVP : les « reformulateurs » et d'éventuels « traducteurs » (dans le contexte de la classe de français langue seconde), le « président de séance » et l'enseignant-animateur (voir schéma ci-après). Les rôles sont endossés par des élèves volontaires qui changent à chaque séance. Les reformulateurs peuvent intervenir spontanément pour soutenir l'expression d'un camarade ou être sollicités par l'enseignant afin d'expliciter ou de souligner une idée. Les traducteurs interviennent spontanément ou à la demande (de l'animateur ou d'un élève) afin de réfléchir avec un camarade à la traduction française la plus adéquate. Quant au président de séance, il est responsable du respect des règles de prises de parole et de leur répartition équitable. Pour assumer sa tâche, il utilise un bâton de parole qui, symboliquement et concrètement, témoigne d'une attribution pleine et entière de la parole à celui qui le possède.

3 Les personnes-ressources

Les premières ressources du dispositif sont les individus eux-mêmes puisque la DVP cherche à respecter « le principe de l'interlocuteur valable » (Lévine et Develay, 2003) qui constitue l'un des fondements de « l'éthique de la discussion » (Habermas, 1992) selon lequel tout sujet peut *a priori* participer à la discussion. Les élèves allophones arrivants deviennent ici producteurs de savoirs. Ils constituent alors une ressource pour leur propre apprentissage, en collaboration avec les autres et avec l'aide de « l'étayage » de l'enseignant (Bruner, 1983). Le rapport s'inverse : d'un constat négatif récurrent dans le cadre scolaire (les lacunes) auquel il faut remédier, on passe à un apport positif sur lequel l'enseignement-apprentissage peut s'appuyer.

---

[1] Laurent Jaffro (2001) rappelle à juste titre qu'« à la différence de la philosophie pratique kantienne, l'éthique de la discussion [d'Habermas] n'est pas une formulation de la moralité commune, mais une procédure de second degré qui permet d'évaluer a posteriori les maximes de l'action et, plus généralement, de constituer une théorie critique de la société ».

La DVP tente aussi de respecter le principe d'une pensée libre. En début d'atelier, l'enseignant-animateur propose un questionnement philosophique mais ne présume pas des résultats auquel il mènera. Il étaye les propos des élèves, alimente la réflexion individuelle et collective et favorise le travail de conceptualisation, de problématisation et d'argumentation, central dans l'exercice philosophique. Il veille également au maintien de l'intercompréhension, notamment en sollicitant les élèves reformulateurs et les éventuels traducteurs, qui eux-mêmes peuvent être considérés comme d'autres personnes-ressources.

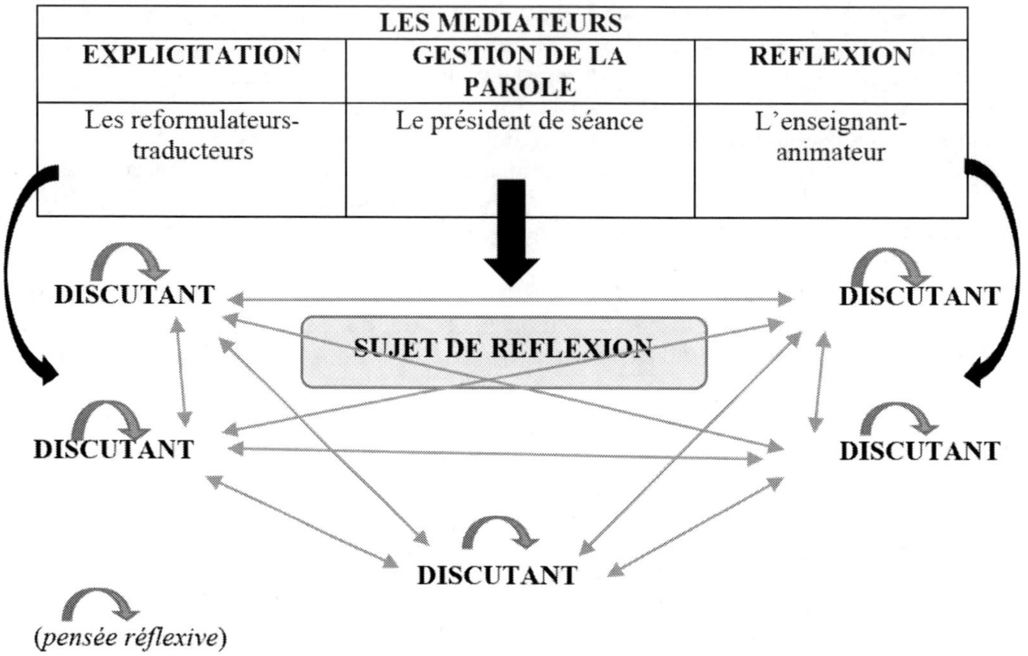

Figure 1. Schéma de communication d'une discussion à visée philosophique en classe de français langue seconde

L'attention accordée à la réflexion et aux idées de chacun favoriserait le développement de l'estime de soi, au sens qu'en donne Rousseau : l'estime ou l'amour de soi favorise le souci d'autrui et la capacité à se mettre à sa place. Par effet de réciprocité, la reconnaissance de soi par autrui développe à son tour l'estime du sujet pour lui-même. Dans l'un des questionnaires de retour d'expérience, un élève signale ainsi que « dans les ateliers philo, tout le monde il est quelque chose d'important ». Cet élève, en grande insécurité linguistique en début de session, est devenu l'un des participants les plus actifs des ateliers. Le dispositif pourrait donc valoriser les individus et libérer leur parole. Plusieurs élèves expriment également des sentiments de bien-être. Le déploiement institutionnel de la DVP dans les établissements scolaires pourrait ainsi lutter contre l'insécurité que vivent fréquemment ces élèves à leur arrivée dans un établissement scolaire. Il s'agit de dépasser les particularismes pour fonder sa singularité au travers de préoccupations universelles. Ces jeunes sont appréhendés ici comme des sujets universels-singuliers, par-delà les déterminismes culturels.

4 Les langues et les discours

Dans sa dimension réflexive, dans le cours des échanges entre les participants comme dans les retours d'expérience, le discours lui-même est aussi une ressource pour l'enseignement-apprentissage. Il est constamment interrogé afin de maintenir l'intercompréhension. La correction linguistique n'est pas systématique. La DVP offre alors un espace d'expression à l'interlangue[2], au parler bilingue et aux stratégies périphrastiques. Le discours devient à la fois une production et un support pour la réflexion philosophique et l'apprentissage de la langue.

Dans la DVP conçue pour les élèves allophones, des contraintes linguistiques ont été introduites : une dizaine d'expressions à utiliser lors de chaque atelier. Elles visent trois objectifs : enrichir l'expression de l'opinion (*Personnellement* ; *Ma conviction est que*...), développer les compétences argumentatives (exprimer l'opposition, l'ajout, la conséquence...) et favoriser les échanges entre pairs (*J'aimerais connaître ton opinion* ; *qu'en penses-tu ?*...). Ce dernier point a été long à mettre en œuvre mais il s'est développé progressivement, comme l'illustre la réplique de Djenis lors du neuvième atelier : « Tu as raison Wassim. Djouariat, je voudrais connaître ton opinion ».

La DVP s'inscrit dans une démarche co-constructive et contextuelle de l'apprentissage (au sens étymologique du latin *contextere*, « entrelacer, tisser ensemble »). Elle « s'actualise par des processus intellectuels de conceptualisation des notions (savoir de quoi on parle, définir, opérer des distinctions conceptuelles), de problématisation (mettre en question les évidences, dégager les enjeux, interroger les présupposés et les conséquences), d'argumentation (fonder, déconstruire, objecter, savoir si ce qui est dit est vrai) » (Tozzi, 2000, cité in Calistri *et al.*, 2007 : 91). La diversité linguistique et culturelle de l'UPE2A, loin d'être envisagée comme un obstacle, est considérée comme la possibilité de multiplier les points de vue, de complexifier la compréhension du monde des sujets et d'accéder à des moments de « saisissement ontologique » (Chirouter, 2015 : 168) qui donnent soudain plus de sens à l'expérience individuelle.

Le désir de « faire sens » concerne donc tous les participants et engendre un travail collectif sur le lexique. La DVP semble être un moyen de développer le vocabulaire des élèves allophones qui sont invités à l'utiliser en situation interlocutive. Des réflexions collectives, méta- et épilinguistiques, au service de la discussion en cours, ponctuent régulièrement les ateliers. Les questions existentielles évoquées (amour, bonheur, liberté, violence...) ont ainsi été conceptualisées sur un mode collaboratif. Cette tentative de circonscription des notions s'est appuyée sur plusieurs stratégies pédagogiques : lister, dessiner, distinguer, classer, nuancer.

La liste est un moyen de révéler la complexité d'un concept qui peut paraître simple *a priori*. Ainsi, le fait d'énumérer les différences notables entre les êtres humains a permis la distinction de plusieurs conceptions de la différence entre les participants de la DVP : les « langues », les « origines », les « pays », la « culture », les différences physiques (« la couleur de la peau »), les différences de personnalité, de « goûts », les différences subjectives (« les beaux, les moches »), les différences sociales, au niveau des pratiques (« il travaille, il travaille pas ») et au niveau du genre (« par exemple les hommes et les femmes »).

[2] L'interlangue (Selinker, 1972) peut être considérée comme une compétence intermédiaire dans le cadre de l'apprentissage d'une langue cible. Elle se caractérise par son instabilité et son évolutivité constante. D'un point de vue didactique, cette notion permet d'appréhender « l'erreur », non plus comme un élément à sanctionner et à corriger systématiquement, mais comme une caractéristique essentielle et constitutive du processus d'apprentissage.

Toutefois, l'intérêt de ce travail se situe davantage dans le processus de conceptualisation que dans le concept lui-même qui est protéiforme par nature et est amené à être problématisé. Où commence et où s'arrête un concept ? Quelles représentations les locuteurs projettent-ils sur les notions philosophiques ? Le plurilinguisme devient ici un outil pour l'enseignement-apprentissage en ce qu'il permet à chacun d'expliciter la manière dont il s'approprie un concept, qui parfois n'existe pas dans la langue première de l'élève. Lors d'un atelier que j'ai mené sur l'amitié, il est apparu que la distinction sémantique entre ami et copain n'existe ni en russe, ni en arménien. Un ami, pour un russophone, peut aussi bien être une simple connaissance qu'une personne très proche ; d'où l'intérêt de soulever cette particularité linguistique. Cette réflexion plurilingue autour des concepts donne à penser autrement les rapports de réciprocité sémantique entre les langues. Elle favoriserait alors une appropriation plus nuancée de la langue seconde en remédiant aux mécompréhensions.

La problématisation et l'argumentation sont favorisées par une posture réflexive qui consiste à approfondir, justifier, mettre en perspective et soumettre à la discussion tout ce qui est affirmé. Les élèves sont systématiquement invités à réfléchir aux causes et aux conséquences de leurs positionnements. Ce principe fondamental de la DVP constitue ce que le sociologue Max Weber appelle « l'éthique de responsabilité » (2003 [1959]). D'une manière générale, la DVP entraine une analyse de ce qui relève du social (*Mettre une fessée à un enfant, est-ce acceptable dans notre société ?*), du légal (*Peut-on être poursuivi en justice pour avoir mis une fessée à un enfant ?*), de la morale (*Est-ce bien ou mal de frapper un enfant qui a fait une bêtise ?*) et du possible (*Un adulte peut facilement frapper un petit enfant*).

L'argumentation s'élabore dans un mouvement délibératif et collaboratif, et non polémique. Il ne s'agit pas de confronter mais de mettre en commun. Cette posture réflexive et interrogative s'écarte des finalités du débat, lors duquel on cherche à convaincre la ou les parties adverses, et rejoint davantage le principe de la délibération démocratique. Cette démarche ne va pas de soi, les évaluations scolaires s'opérant généralement sur un mode de (in)validation de réponses ; il s'agit d'avoir raison ou tort, de savoir ou de ne pas savoir. Dans un premier temps, les élèves ont donc souvent tendance à instaurer des rapports de force entre eux. Ils ont besoin de temps pour s'approprier cette posture et l'animateur joue un rôle important dans cette appropriation progressive.

Compte tenu de ces principes didactiques, la DVP pourrait permettre la mise en œuvre d'une réflexion plurilingue métalinguistique contextualisée. Auprès des élèves allophones, elle aurait pour finalité, non seulement de communiquer, mais de (se) penser en langue seconde.

5 Le « dessin réflexif » (Molinié, 2010)

Le « dessin réflexif » est un outil particulier employé notamment dans le cadre de la « méthode biographique », que M. Molinié a contribué à développer en didactique des langues et des cultures (Molinié, 2010 et 2011). J'ai choisi de l'introduire dans la DVP auprès des élèves allophones. Ce dessin est réalisé individuellement, en début ou en fin d'atelier à partir d'une consigne, et présenté par l'élève dessinateur. Il s'agit à la fois d'un objet, produit individuellement, d'un support pour la discussion et d'une ressource pour penser ensemble.

Cet outil est intéressant pour conceptualiser les notions. Lors de l'atelier sur le bonheur, la consigne que j'ai donnée était la suivante : *Dessine quelque chose qui te rend heureux*. Cela a révélé les conceptions du bonheur pour chacun mais, rapidement, les dessins mènent aussi à la problématisation. Grâce à la présentation qu'en font les élèves dessinateurs, ils permettent par exemple de distinguer ce qui relèverait davantage du plaisir (dessin de cadeaux) que du bonheur (dessin d'une famille). Le dessin est aussi un moyen, surtout pour les élèves les plus jeunes, de passer de l'anecdotique à l'abstraction et à la réflexion philosophique. Suite à la consigne *Dessine quelque chose que tu aimes*, un élève s'est dessiné lui-même en train de marquer un but. Cela a été l'occasion d'interroger le groupe sur l'amour de soi. Ils sont ainsi parvenus à une distinction rousseauiste que j'ai explicitée entre l'estime de soi et l'amour propre (Rousseau, 1755).

Le fait de demander aux élèves de dessiner le concept lui-même (*Dessine la liberté*) permet de passer un cap dans le travail d'abstraction et de problématiser plus vite la notion en jeu. Le dessin de la figure 2 le montre clairement. Le personnage exprime par le corps (étiré), le visage (souriant) et la parole (*Liberté – Je peux faire ce que je veux !*) un sentiment de plénitude qui est immédiatement nuancé par l'avertissement de la tortue (*Mais sans déranger personne*). Le groupe peut alors s'interroger sur la nécessité de limiter sa liberté pour vivre en société.

Zobair, un élève réfugié venant d'Afghanistan, a choisi de représenter un combat sanglant, signifiant ainsi la difficulté de conquérir sa liberté (Figure 3). Il appréhende un questionnement philosophique universel (Qu'est-ce que la liberté ?) à travers le prisme de son vécu, de son parcours biographique singulier et complexe (la guerre à Kandahar, un père blessé par les Talibans, la difficulté d'obtenir l'asile en France…). Si cela est assez frappant chez Zobair, cette appréhension personnelle du réel, révélée (à soi-même et aux autres), n'est pas absente dans le dessin d'Ebru (Figure 2), une jeune fille angoissée en quête d'émancipation qui a exprimé à plusieurs reprises son désir de devenir rapidement adulte et autonome. Elle explique d'ailleurs, en parlant de son personnage, que « liberté pour elle, elle se pense qu'elle est comme les oiseaux » car, contrairement aux « chiens », aux « chats », cet animal n'est pas « domestiqué ». La verbalisation apporte un éclairage essentiel pour l'analyse sémiotique du dessin. On comprend ici, par exemple, que le choix des « oiseaux » s'est constitué en opposition aux animaux domestiques. La réflexion philosophique se trouve enrichie par ce dessin et sa verbalisation qui posent la question des conditions d'exercice de la liberté. Un lien pourrait alors être établi avec la dialectique du maître et de l'esclave d'Hegel (2012 [1807]).

Le dessin, dans le cadre d'une DVP, permet de cristalliser la réflexion philosophique par la représentation et d'en faire un objet d'analyse singulier. L'expression métaphorique, par sa fonction heuristique, devient alors un moyen d'explorer les traits significatifs des concepts philosophiques en jeu. La notion de « vérité métaphorique » proposée et problématisée par Paul Ricoeur (1975) paraît tout à fait pertinente pour questionner les rapports entre concepts, perceptions et énonciations du monde d'un point de vue figuratif, linguistique et philosophique. Les dessins semblent également utiles pour signifier la complexité des phénomènes d'acculturation et pour appréhender ces élèves dans leur globalité identitaire et socioculturelle. Les échanges interculturels ont lieu de sujet à sujet et non de « représentant culturel » à « représentant culturel ». L'enjeu de cette approche interculturelle « sociobiographique » (Molinié, 2015) est de se situer à ce niveau intersubjectif : « En introduisant le point de vue du sujet et de l'acteur, il ne s'agit pas de prôner la résurgence de théories individualistes, au sens égotique du terme, mais de prendre en compte le réseau de subjectivités dans lequel il s'insère. […] Les différences culturelles ne correspondent pas à une réalité mais renvoient à la nature des relations entre les individus et les groupes ». Dans une perspective éducative, il s'agit donc d'« apprendre la rencontre et pas [d']apprendre la culture de l'Autre » (Abdallah-Pretceille, 1999 : 55, 58 et 59).

Figure 2. Dessin de la liberté (par Ebru)

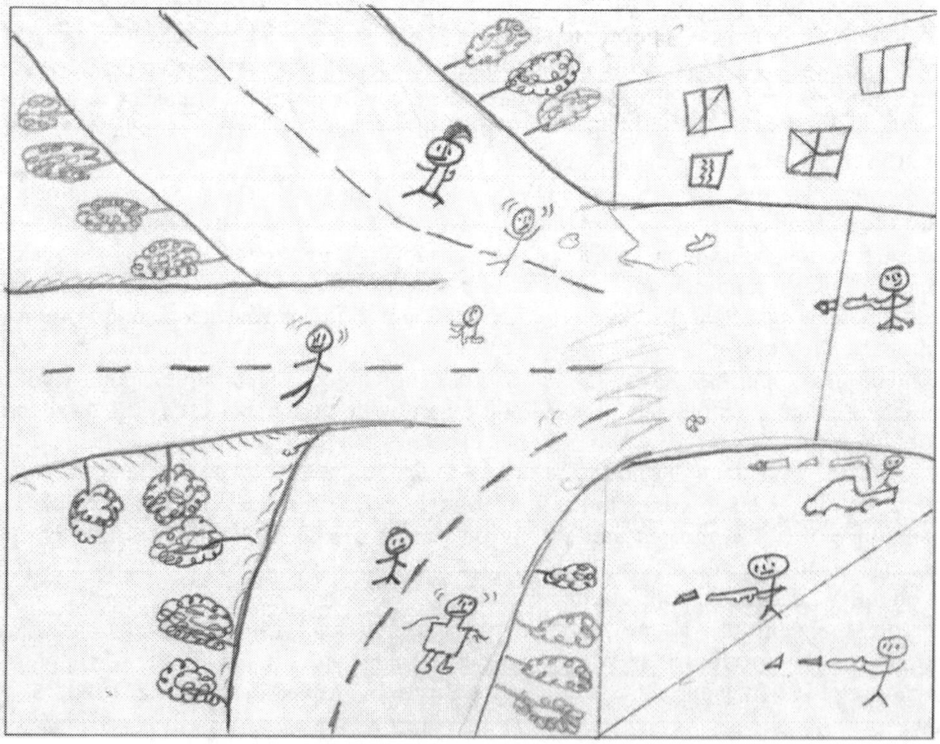

Figure 3. Dessin de la liberté (par Zobair)

6 Conclusion

Cette démarche pédagogique se fonde sur une éthique relationnelle qui vise, non pas un consensus utopique, mais une cohésion sociale qui n'élude pas la diversité de ses membres. Ainsi, cette première « expérienciation » (de Robillard, 2007) montre que la DVP auprès des élèves allophones nouvellement arrivés en France aurait plusieurs effets majeurs :

- La réflexion métalinguistique, parfois plurilingue, qui traverse les DVP engendrerait une appropriation de la langue seconde conscientisée, personnalisée et contextualisée.
- La DVP réhabiliterait les élèves en tant que sujets pensants universels-singuliers et ainsi, transformerait leur rapport au savoir. Ils le co-construisent de manière collaborative et interactive, ce qui participerait à réduire leur insécurité linguistique.
- Les représentations individuelles, révélées par les dessins réflexifs et discutées en langue seconde, mettent en lumière des réflexions marquées par des parcours biographiques singuliers et complexes, ce qui évite l'écueil du déterminisme culturel.
- La DVP favoriserait également l'expression et la conscientisation d'une acculturation active à travers le discours et les productions matérielles.

Ainsi, ce dispositif pédagogique interactionnel pourrait être une médiation adaptée pour la mise en œuvre d'une approche interculturelle « sociobiographique » en didactique des langues et des cultures. Désormais encouragée dans le cadre du nouvel enseignement moral et civique, au programme depuis 2015 dans les établissements du primaire et du secondaire, la DVP est amenée à se développer dans les années à venir auprès des élèves des classes « ordinaires ». Il serait souhaitable que le paradigme interculturel qui traverse cette nouvelle pratique soit pris en considération par les enseignants et les formateurs et qu'il devienne même central. Cela permettrait peut-être de contrecarrer certaines postures, moralisatrices et injonctives, et de favoriser, au contraire, un positionnement interrogatif et réflexif sur notre rapport au monde.

Bibliographie

Abdallah-Pretceille M. (1989). L'École face au défi pluraliste. In C. Camilleri & M. Cohen-Emerique (éds), *Chocs de cultures : concepts et enjeux pratiques de l'interculturel*, Paris : L'Harmattan, p. 225-245.

Abdallah-Pretceille M. (1999). *L'Éducation interculturelle*, Paris : PUF.

Abdallah-Pretceille M. & Porcher L. (1996). *Éducation et communication interculturelle*, Paris : PUF.

Bateson G. (1972). *Steps to an Ecology of Mind: Collected Essays in Anthropology, Psychiatry, Evolution, and Epistemology*, Chicago: University of Chicago Press.

Beacco J.-C., Byram M., Cavalli M., Coste D., Egli Cuenat M., Goullier F. & Panthier J. (2010). *Guide pour le développement et la mise en œuvre de curriculums pour une éducation plurilingue et interculturelle*. Division des Politiques linguistiques, Conseil de l'Europe, Strasbourg : Éditions du Conseil de l'Europe.

Bruner J. S. (1983). *Le développement de l'enfant : savoir faire, savoir dire*, Paris : PUF.

Calistri C., Martel C., Bomel-Rainelli B. & Rispail M. (2007). *Apprendre à parler, apprendre à penser : les ateliers de philosophie*, Nice : Canopé – CRDP de Nice.

Chirouter E. (2015). *L'enfant, la littérature et la philosophie*, Paris : L'Harmattan.

Giauque N. & Tièche Christinat C. (2015). *La pédagogie Freinet. Concepts, valeurs, pratiques de classe*, Lyon : Chronique sociale.

Habermas J. (1992). *De l'éthique de la discussion*. Traduit de l'allemand par M. Hunyadi (Parution initiale : 1991), Paris : Cerf.

Hegel G. W. F. (2012). *Phénoménologie de l'esprit*. Traduit de l'allemand par J.-P. Lefebvre (parution initiale : 1807). Paris : Flammarion.

Jaffro L. (2001). Habermas et le sujet de la discussion. *Cités*, vol. 5, p. 71-85.

Lévine J. & Develay M. (2003). *Pour une anthropologie des savoirs scolaires. De la désappartenance à la réappartenance*, Montrouge : ESF Éditeurs.

Molinié M. (dir.) (2010). *Le dessin réflexif : élément pour une herméneutique du sujet plurilingue*, Cergy-Pontoise : CRTF-Belles Lettres.

Molinié M. (2011). La méthode biographique : de l'écoute de l'apprenant de langues à l'herméneutique du sujet plurilingue. In P. Blanchet & P. Chardenet (dir.), *Guide pour la recherche en didactique des langues et des cultures*, Paris : Éditions des Archives Contemporaines, p. 144-155.

Molinié M. (2015). *Recherche biographique en contexte plurilingue. Cartographie d'un parcours de didacticienne*, Paris : Riveneuve Éditions.

Ricœur P. (1975). *La métaphore vive*, Paris : Éditions du Seuil.

de Robillard D. (2007). La linguistique autrement : altérité, expérienciation, réflexivité, constructivisme, multiversalité : en attendant que le Titanic ne coule pas. In P. Blanchet, L.-J. Calvet & D. de Robillard (éds), *Un siècle après le Cours de Saussure : la linguistique en question* (Carnets d'Atelier de Sociolinguistique, vol. 1), Paris : L'Harmattan, p. 81-228.

Rousseau J.-J. (2011). *Discours sur l'origine et les fondements de l'inégalité parmi les hommes* (parution initiale : 1755), Paris : Flammarion.

Tozzi M. (dir.) (2002). *Nouvelles pratiques philosophiques en classe. Enjeux et démarches*, Rennes : Canopé – CRDP de Rennes.

Weber M. (2003). *Le savant et le politique*. Traduit de l'allemand par C. Colliot-Thélène (parution initiale : 1959), Paris : La Découverte.

La transmission explicite des connaissances ordinaires des enseignants expérimentés comme ressource de la formation continue

Explicit transmission of the ordinary knowledge of experienced teachers as a resource for in-service training

Stéphane Talerien[1 a] et Stefano Bertone[1]

[1]*Université de La Réunion, Laboratoire IRISSE (EA 4075)*
97430 Le Tampon, La Réunion, France

Résumé. Cette étude de cas s'inscrit dans un programme de recherche sur la formation professionnelle dont les principaux postulats théoriques sont empruntés à une théorie générale de l'apprentissage (Nelson, 2008) et de l'action collective (Wittgenstein, 2004). Ce travail de recherche propose une méthode permettant d'accéder aux connaissances ordinaires des enseignants expérimentés en vue de leur transmission dans le cadre d'un dispositif de formation. L'étude montre que l'enseignement ostensif de ces connaissances ordinaires et l'accompagnement de leur mobilisation en situation de travail permet d'améliorer l'efficacité des apprentissages informels et d'optimiser le développement professionnel.

Abstract. This case study is part of a research program on professional training, the main theoretical postulates of which are borrowed from a general theory of learning (Nelson, 2008) and collective action (Wittgenstein, 2004). This work proposes a method allowing the access to the ordinary knowledge of the experienced teachers with a view to their transmission within the framework of a training device. The study shows that the ostensive teaching of this ordinary knowledge and the accompaniment of its implementation in the workplace makes it possible to improve the efficiency of the informal learning and to optimize the professional development.

[a] Auteur de correspondance : stephane.talerien@ac-reunion.fr

1 Favoriser le développement professionnel par la prise en compte des apprentissages informels au sein des dispositifs institutionnels de formation continue

En France, selon le Ministère de l'Éducation Nationale les compétences professionnelles attendues en matière de développement professionnel des enseignants « s'acquièrent et s'approfondissent au cours d'un processus continu débutant en formation initiale et se poursuivant tout au long de la carrière par l'expérience professionnelle accumulée et par l'apport de la formation continue » (Arrêté du 1er juillet 2013 définissant les compétences professionnelles des métiers du professorat et de l'éducation, 2013 : 1). Cette conception institutionnelle du développement professionnel suppose qu'après la formation initiale, les apprentissages des enseignants s'opèrent au cours de la « formation continue » et par « l'accumulation d'expériences professionnelles ».

La littérature internationale condamne les modalités de formation continue des enseignants fondées sur l'apport magistral de connaissances par conférence ou par la participation à des ateliers à thème où ils ont parfois un rôle de consommateurs de savoirs (Little, 1993). Elle correspond à une vision archaïque de l'école où « le rôle des enseignants consistait à démontrer les procédures, attribuer des tâches, et classer les élèves », (Stein *et al.*, 1999 : 3) alors que la pratique d'enseignement est davantage indexée à des connaissances qui ne peuvent être apprises que dans les circonstances du travail ordinaire, (Ball et Cohen, 1999). Ainsi « au lieu de créer les conditions pour que les enseignants (...), soutiennent leurs pairs, et approfondissent leurs connaissances au sujet de leurs élèves » on les fait participer à « une série d'ateliers de développement professionnel *one size fits all* [1] qui nient la variabilité de la façon dont les enseignants enseignent », (Lieberman et Pointer-Mace, 2008 : 227). En somme, ce format traditionnel de formation continue est perçu comme trop fragmenté, éloigné de la pratique réelle des enseignants en classe et non aligné avec les théories actuelles de l'apprentissage, (Borko *et al.*, 2011). En France, la formation continue relevant de ce paradigme est également remise en cause. Elle est jugée insuffisante à la fois quantitativement et qualitativement (Pochard *et al.*, 2008) et peu adaptée aux besoins et aux pratiques professionnelles des enseignants (Cour des comptes, 2013 ; 2015).

La littérature condamne non seulement le paradigme traditionnel de la formation continue, mais également la simple « accumulation d'expériences professionnelles ». Cette notion renvoie aux activités d'apprentissage informel sur le lieu de travail auxquelles se livrent les enseignants. Au sein de l'établissement scolaire, les enseignants apprennent notamment par la collaboration avec leurs pairs (Rytivaara et Kershner, 2012), par la recherche d'informations (lectures professionnelles, Internet), par l'expérimentation d'activités pédagogiques, par la réflexion sur la pratique (Grosemans *et al.*, 2015), ou encore par les interactions avec leurs élèves (Kwakman, 2003). Toutefois ces activités d'apprentissage informel présentent plusieurs limites. Pour Consuegra *et al.* (2014) : (a) les occasions de partager de l'expertise sont fortuites et rares, (b) la réflexion quotidienne est trop superficielle et ne mène pas à une compréhension profonde, (c) la résolution des problèmes est basée sur le bon sens, l'intuition et non sur des preuves et (d) la lecture professionnelle reste rare et peu approfondie.

Devant les limites qui affectent ces activités informelles d'apprentissage, certains auteurs proposent de prendre en compte les apprentissages informels au sein de dispositifs institutionnels de formation continue afin d'en améliorer l'efficacité et d'optimiser le développement professionnel (Grosemans *et al.*, 2015 ; Rytivaara et Kershner, 2012). En

[1] « Taille unique », ici utilisée dans le sens d'une formation identique pour des enseignants avec des besoins différents.

effet, ignorer ces apprentissages informels équivaut à ignorer la partie immergée de l'iceberg des apprentissages des enseignants (Livingstone, 1999), et à négliger une pratique d'auto-formation des enseignants bien réelle. Un enjeu crucial de la formation continue est donc la prise en compte des connaissances ordinaires impliquées dans les pratiques quotidiennes des enseignants dans les dispositifs de formation. Ceci devrait avoir pour effets d'améliorer l'efficacité des activités d'apprentissage informel ainsi que d'optimiser le développement professionnel. Cette étude a pour principal objet de proposer une méthode permettant d'accéder aux connaissances ordinaires des enseignants expérimentés et d'interroger le caractère fécond de leur prise en compte pour la formation continue au moyen de la recherche. Pour ce faire, l'étude propose (i) une conceptualisation théorique à partir de laquelle les connaissances ordinaires peuvent être perçues, (ii) l'illustration de cette conceptualisation à partir de résultats empiriques et (iii) une discussion des apports envisageables de cette conceptualisation à la formation continue.

2 Choix théoriques permettant de percevoir les connaissances ordinaires

Cette étude s'inscrit dans un programme de recherche anthropoculturaliste centré sur la formation professionnelle (Bertone, 2016) dont les principaux présupposés sont empruntés à la philosophie du langage ordinaire (Wittgenstein, 2004). Compte tenu de l'objet de l'étude, seulement trois postulats théoriques sont ci-dessous présentés : (i) l'acteur qui agit est soumis à un double régime de réflexivité, (ii) la vision synoptique d'une « pratique » permet d'accéder aux conceptualisations ordinaires des acteurs, (iii) l'enseignement et l'apprentissage de ces connaissances ordinaires nécessite leur enseignement ostensif et l'accompagnement de leur mobilisation en situation de travail.

(i) Pour Ogien (2007), l'acteur qui agit est soumis à un double régime de réflexivité : une réflexivité de l'ordre de « l'inhérence » et une réflexivité de l'ordre de « l'appréhension de l'inhérence ». L'inhérence concerne le lien logique entre l'intention et l'action. Dans le cas du régime de réflexivité de l'ordre de l'inhérence « la réalisation d'un acte est son intention » (Ogien, 2007 : 51). Dans ce cas de figure, l'action est gouvernée par des règles et l'acteur agit selon ces règles. Dans le cadre de sa pratique professionnelle, l'enseignant expérimenté peut agir en se situant dans ce régime de réflexivité. Les règles sont alors soit préconscientes mais potentiellement dicibles, car apprises lors d'une formation réflexive, soit non conscientes, car apprises de façon implicite par participation au sein de la communauté de pratique (Lave et Wenger, 1991). Dans ce dernier cas, elles ne sont dicibles que moyennant un apprentissage ultérieur au sein d'une situation dialogique à propos des actions réalisées. L'appréhension de l'inhérence concerne précisément ces dialogues qui rendent possible l'appréhension du lien logique entre l'intention et l'action. Au cours de ces dialogues « l'intention est une attribution *ex post actu* » (Ogien, 2007 : 51) où l'enseignant apprend à énoncer une règle et à l'invoquer pour justifier le sens de son action. Cette conceptualisation d'Ogien (2007) du double régime de réflexivité permet d'avancer que la pratique de tout enseignant expérimenté est régie par une somme de règles qui sont, pour une part, conscientes et, pour une autre part, non conscientes et qui peuvent faire l'objet d'énoncés et de formalisations permettant un partage de connaissance et une formation professionnelle située.

(ii) L'énoncé de ces règles à vocation de formation est rendu possible par la méthode de la vision synoptique (Wittgenstein, 2004). Cette méthode a une double dimension dans le cadre de cette étude.

(a) Dans sa dimension transformatrice réflexive, elle consiste en un entretien d'autoconfrontation (EAC) de l'acteur à sa propre pratique. Lors de cet entretien, l'acteur est en mesure d'identifier, échantillonner et juger des expériences vécues. La visée transformatrice de l'EAC a été modélisée dans le cadre d'un programme de recherche technologique sur la formation des enseignants (Bertone et Chaliès, 2015). Dans cette conception, le chercheur tente de participer à l'activité de l'acteur afin de comprendre les raisons de ses actions. À cet effet, le chercheur se fait instruire par l'acteur sur la signification de ses actions. Lors de cette instruction, l'acteur livre les règles ordinaires qu'il suit dans sa pratique. Pour Ogien (2007) ces règles énoncées correspondent à ce que les individus apprennent ou ont appris à dire de ce qu'ils font. Par ailleurs, l'EAC permet à l'acteur de s'exprimer au sujet de sa pratique en tant que membre de sa communauté de pratiques. Cette pratique appartenant à une communauté de pratiques, elle est intelligible par les membres de cette communauté. Le chercheur place alors l'acteur dans des conditions qui lui permettent de s'exprimer au sujet de ce qui ne lui viendrait pas à l'esprit ordinairement d'exprimer. C'est en ce sens que l'acteur est amené à exprimer les connaissances ordinaires non énoncées, mais énonçables. Ces connaissances ordinaires correspondent aux règles apprises de façon non consciente, mais dicibles.

(b) Dans sa dimension épistémique, à partir de l'énoncé des règles conscientes et non conscientes, la méthode de la vision synoptique permet d'instruire une vision d'ensemble simplifiée des systèmes de règles qui régissent la pratique de l'acteur, autrement dit des « jeux de langage » (Wittgenstein, 2004). En effet, les jeux de langage sont des « objets de comparaison, qui doivent éclairer, au moyen de ressemblances et de dissemblances, les conditions qui sont celles de notre langage » (Wittgenstein, 2004 : § 130). En ce sens c'est « à travers la mise en évidence des connexions, des différences et des analogies entre les jeux » (Pastorini, 2011 : 213) qu'il est possible de décrire les connaissances ordinaires impliqués dans la pratique professionnelle. Ainsi, la vision synoptique obtenue permet une appréhension simplifiée et claire des différentes dimensions de l'activité de l'acteur. Il s'agit alors d'une modélisation isomorphe à la pratique. Cette seconde dimension de la méthode de la vision synoptique permet donc de capitaliser les connaissances ordinaires d'un acteur et rend possible leur transmission.

(iii) La transmission des savoirs ordinaires s'appuie d'abord sur une activité d'enseignement ostensif (Wittgenstein, 2004) des règles régissant la pratique. Pour chaque règle, le formateur fonde un lien de signification entre (a) l'expérience langagière d'énonciation de la règle, (b) les circonstances expérientielles identifiées et montrées ostensivement et (c) le résultat associé au suivi correct de la règle enseignée. Le formateur accompagne ensuite le formé dans les premiers suivis des règles. Il se livre alors à une activité de contrôle (Nelson, 2008) lors de laquelle il valide le suivi correct des règles ou se livre à des explications ostensives (Wittgenstein, 2004) en multipliant les exemples, si le suivi est incorrect. L'apprentissage de la règle pourra théoriquement être considéré comme finalisé lorsque le formé pourra suivre correctement la règle enseignée en s'attendant au résultat qui lui est associé. La possibilité du développement professionnel est alors engagée (Nelson, 2008 ; Ogien, 2007).

Sur la base de ces postulats théoriques, deux hypothèses ont été construites puis testées empiriquement par la mise en place d'un dispositif transformatif au sein duquel un enseignant expérimenté (le pair formateur) doit transmettre ses connaissances ordinaires à un autre enseignant expérimenté (le pair formé) : (H1) l'enseignement de systèmes de règles par le pair formateur nécessite au préalable son accès à une vision d'ensemble des règles régissant sa propre activité et (H2) l'apprentissage et le développement de nouveaux systèmes de règles par le pair formé nécessite leur enseignement ostensif de la part du pair formateur, mais également l'accompagnement de leurs premiers suivis par ce dernier.

3 Dispositif de formation proposé et méthodologie

Le dispositif transformatif mis en place pour tester la fécondité des hypothèses consistait en un aménagement de sorte qu'un enseignant expérimenté (le pair formateur) soit amené à transmettre ses connaissances ordinaires à un autre enseignant expérimenté (le pair formé). Le pair formateur devait au préalable énoncer les règles régissant sa pratique puis il devait enseigner ces règles au pair formé et accompagner leurs premiers suivis ainsi que leur apprentissage. Pour ce faire, le dispositif de formation articulait 6 étapes :

1. Le pair formateur filmait sa propre pratique puis vivait un EAC avec le chercheur afin de verbaliser les règles régissant sa pratique ;
2. Le pair formateur enseignait ostensivement au pair formé les règles régissant sa pratique en s'appuyant sur la vidéo ;
3. Le pair formé mettait en œuvre une première fois la pratique en se filmant ;
4. Le pair formateur contrôlait la première mise en œuvre du pair formé à partir de la vidéo ;
5. Le pair formé mettait en œuvre une seconde fois la pratique en se filmant ;
6. Le pair formateur contrôlait la seconde mise en œuvre à partir de la vidéo.

Le pair formateur était une enseignante expérimentée de 48 ans et avait 20 ans d'expérience professionnelle. Elle était titulaire du CAFIPEMF (Certificat d'aptitude aux fonctions de professeur des écoles maître formateur), elle était rompue à l'exercice de la formation d'enseignants et/ou d'enseignants stagiaires et avait suivi elle-même une formation sur le conseil en formation de terrain. Le pair formé était une enseignante expérimentée âgée de 37 ans et avait 10 ans d'expérience professionnelle. Les deux enseignantes officiaient dans la même école maternelle et les deux collègues avaient une classe de cycle avec des élèves de petite section, de moyenne section et de grande section. Depuis plusieurs années, le pair formateur avait développé une pratique de classe intitulée « Bernie passeur de savoirs » lors de laquelle une marionnette « Bernie » présentait aux élèves les ateliers d'apprentissage de la matinée. Le pair formé jugeait cette pratique efficace et voulait elle aussi l'utiliser avec ses élèves. C'est dans cette perspective que les deux enseignantes sétaient engagées dans le dispositif de formation.

Deux catégories de données ont été recueillies. (a) Les données d'enregistrement du travail : afin de documenter au mieux les actions de métier, les enseignantes avaient capturé leur activité au moyen de 2 GoPro (petites caméras d'action) qu'elles avaient installées et qu'elles avaient démarrées elles-mêmes. (b) Les données d'entretien d'autoconfrontation (EAC) : afin de recueillir les significations attribuées par les acteurs à leurs différentes actions lors de chaque étape du dispositif, chacune des 6 étapes avait fait l'objet d'EAC (EAC du pair formateur et/ou EAC du pair formé), 9 entretiens (d'une durée approximative de 1h à 2h) avaient ainsi été effectués. Par ailleurs le questionnement semi-structuré du chercheur devait permettre aux enseignantes d'énoncer les règles identifiées et/ou de les aider à formuler ces règles (pour chacune des actions de l'acteur, les questions principales étaient « que fais-tu ? », « qu'est-ce que tu en penses ? » et « pour quelle(s) raison(s) fais-tu cela ? »). Le chercheur incitait également les acteurs à opérer des reformulations lorsque cela était nécessaire et engageait parfois une controverse afin de lever les éventuelles incompréhensions de sa part et clarifier les « raisons de leur action ».

Les données de l'enregistrement audio-vidéo des EAC ont été retranscrites *verbatim* afin de pouvoir identifier les règles suivies par les enseignantes. Dans le but de formaliser ces règles, l'ensemble de la retranscription *verbatim* a été traitée en 3 étapes successives (Bertone, 2016). Étape 1 : Le corpus a été découpé en unités d'interaction. Ces unités correspondaient aux objets de significations attribuées par l'acteur (à titre d'exemples, ces objets de signification étaient : « chanter la chanson de Bernie », « capter l'attention des élèves », « Bernie se réveille », « Bernie sort de sa boîte », « changer de voix »). Étape 2 :

Pour chaque objet de signification, l'étayage apporté par l'acteur a été identifié et associé à l'ensemble des circonstances qu'il avait énoncées pour expliquer au chercheur comment signifier correctement les actions visionnées dans ces circonstances. Étape 3 : Pour chaque unité d'interaction, une expression de la règle mobilisée a été formalisée. Par convention, chaque règle a été étiquetée à partir (a) de l'objet de la signification attribuée par l'acteur, (b) de l'ensemble des éléments évoqués par l'acteur pour étayer cette signification et (c) des résultats constatés et/ou attendus. Dans sa forme, chaque règle a été formalisée ainsi : [« Objet de la signification » / vaut pour les éléments où « ensemble des éléments évoqués pour étayer la signification » / ce qui obtient comme résultat « ensemble des résultats constatés et/ou attendus »]. À titre d'exemple [(chanter) « la chanson » / vaut pour « introduire l'arrivée de Bernie (la marionnette) de façon ritualisée » / ce qui obtient pour résultats « de marquer ce moment là de la journée », « d'attirer l'attention de chacun »…].

4 Les connaissances ordinaires comme ressource pour la recherche et pour la formation continue des enseignants

Les résultats présentés dans le cadre de cet article portent d'une part sur (a) la vision synoptique des connaissances ordinaires comme ressource pour la recherche et d'autre part sur (b) les connaissances ordinaires comme ressource pour la formation.

(a) La vision synoptique des connaissances ordinaires comme ressource pour la recherche. Le traitement de l'ensemble des données relatives à l'enregistrement audio-vidéo du segment de leçon intitulé « Bernie passeur de savoirs » et de l'entretien d'autoconfrontation post leçon du pair formateur, ont permis d'identifier de façon chronologique l'enchaînement des raisonnements pratiques auxquels s'est livrée l'enseignante lors de l'activité dialogique d'EAC avec le chercheur. 48 règles ont pu ainsi être identifiées. Ces règles ont d'abord été numérotées par ordre chronologique puis ont été regroupées en fonction de leurs objets de signification. Huit regroupements de règles en fonction de la similitude des objets de signification ont été établis. Au sein de ces huit regroupements, les objets de signification entretiennent des rapports de similitude sémantique. Le maillon intermédiaire est le fait linguistique qui exprime cette similitude. Dans le cadre de l'économie de cettte contribution, le détail d'un seul des huit regroupements est présenté. Il s'agit du regroupement de règles par le maillon intermédiaire « Chanter la chanson de Bernie ». Ce regroupement concerne les règles numérotées R1, R2, R4, et R7. Le tableau 1 présente ces règles, leurs objets de signification ainsi que le maillon intermédiaire permettant de les regrouper.

Tableau 1. Regroupement des règles par le maillon intermédiaire « Chanter la chanson de Bernie »

N° des Règles	Les règles	Objets de signification	Maillon intermédiaire
R1	[« (chanter) Bernie, réveille-toi, Bernie, nous ne sommes pas tous là. Bernie, réveille-toi, Bernie, nous ne sommes pas tous là. Bernie, réveille-toi. »/ vaut pour « une chanson (la chanson de Bernie) »/ ce qui obtient pour résultats « introduit ce temps » et « se rappeler si tout le monde est là »]	« (chanter) (…) »/	Chanter la chanson de Bernie
R2	[(chanter) « la chanson » / vaut pour « introduire l'arrivée de Bernie (la marionnette) de façon ritualisée » / ce qui obtient pour résultats « de marquer ce moment là de la journée », « d'attirer l'attention de chacun »…]	« chanter la chanson de Bernie »/	
R4	[« (chanter à) ce moment-là »/ obtient pour résultat « Bernie sort de sa boîte, Bernie sort de sa maison »]	« (chanter à) ce moment-là »/	

R7	[«(chanter) la chanson»/ obtient pour résultats « amener l'attention des élèves », « réveiller Bernie», « préparer sa venue dans la classe »]	« (chanter) la chanson »/	

L'ensemble des 48 règles énoncées par le pair formateur lors de l'EAC avec le chercheur ont été regroupées par 8 maillons intermédiaires. Ces huit maillons intermédiaires sont : « Chanter la chanson de Bernie », « Obtenir l'attention des élèves », « Réveiller Bernie dans sa maison », « Jouer la voix de Bernie », « Présenter le panneau des ateliers », « Susciter le langage des élèves », « Dépasser Bernie la marionnette » et « Marquer la fin des activités ». Ces huit regroupements constituent une vision d'ensemble des règles régissant la pratique de l'acteur, autrement dit la vision synoptique de la pratique du pair formateur. La Figure 1 propose justement une représentation graphique de la vision synoptique de la pratique du pair formateur « Bernie passeur de savoirs ». C'est sur la base de cette vision synoptique que s'était déroulée ensuite l'activité d'enseignement ostensif à destination du pair formé (PF).

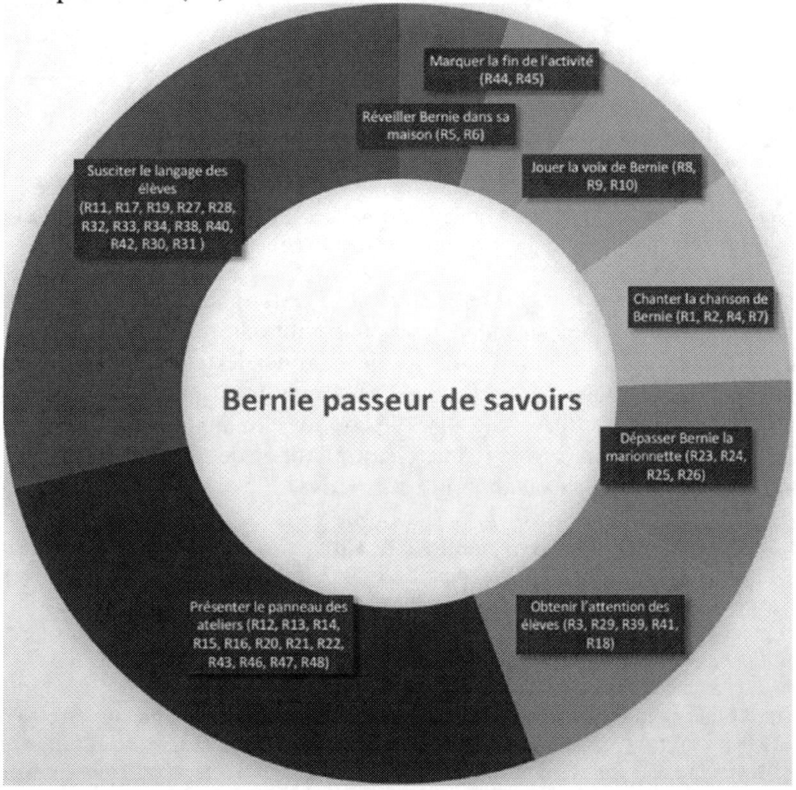

Figure 1. Vision synoptique de la pratique « Bernie passeur de savoirs ». Cette pratique articule 8 maillons intermédiaires identifiés par les ressemblances entre les règles les caractérisant.

(b) Les connaissances ordinaires comme ressource pour la formation.

Les huit regroupements de règles de la pratique « Bernie passeur de savoirs » ont fait l'objet d'un enseignement ostensif du pair formateur en direction du pair formé. L'apprentissage et le développement de cette pratique par le pair formé ont abouti à la pratique intitulée « Les activités d'Épic » (qui est la variante de la pratique « Bernie passeur de savoirs » du pair formateur). Le pair formé a utilisé à son tour une marionnette « Épic » afin de présenter les ateliers d'apprentissage du matin à ses élèves. Le dispositif de formation a permis au pair formé d'apprendre et de développer « Les activités d'Épic » autour de 9 regroupements de règles « Marquer le moment des *Activités d'Épic* sur la bande de la journée », « Chanter la chanson d'Épic », « Jouer la voix d'Épic », « Obtenir l'attention des élèves », « Mettre en scène Épic », « Présenter le tableau des ateliers », « Faire identifier les différents endroits de la classe », « Susciter le langage des élèves » et « Marquer la fin de l'activité ». Dans le cadre de l'économie de cet article l'ensemble des résultats relatifs aux apprentissages et au développement des règles par le pair formé ne peuvent être détaillés. A titre d'illustration, l'exemple ci-dessous detaille l'enseignement et l'apprentissage de l'une des 48 règles de la pratique « Bernie passeur de savoir ». Il s'agit de la règle R2 [(chanter) « la chanson » / vaut pour « introduire l'arrivée de Bernie (la marionnette) de façon ritualisée » / ce qui obtient pour résultats « de marquer ce moment là de la journée », « d'attirer l'attention de chacun »...] relative au chant. En effet, dans le cadre de son activité « Bernie passeur de savoirs », le pair formateur (PFR) utilise une marionnette nommée Bernie afin d'annoncer les activités de la matinée aux élèves. Dès que l'activité démarre, le PFR fait chanter les élèves notamment afin de capter leur attention.

Extrait 1. Enseignement ostensif (PFR-PF)
PF (0'29'') : c'est la chanson ?
PFR : voilà.
PF : nous on n'en a pas.
PFR : c'est une chanson qui nous permet...
PF : donc il nous faut une chanson...
PFR :... ben déjà de marquer le temps, de ce moment-là de la journée, qui permet d'attirer l'attention de chacun sur l'activité dans laquelle on entre quoi. Voilà. En même temps, ça crée le suspense. Et puis l'objectif, c'est que ce soit eux petit à petit qui chantent cette chanson. Donc c'est vraiment quelque chose qui est ritualisée. Et c'est ce qui introduit l'arrivée de Bernie.

Lors de l'étape d'enseignement ostensif, le PFR enseigne ostensivement au pair formé (PF) la règle [(chanter) « la chanson » / vaut pour « introduire l'arrivée de Bernie de façon ritualisée » / ce qui obtient pour résultats « de marquer le temps de ce moment là de la journée », « d'attirer l'attention de chacun », « ça crée le suspense »]. Lors de sa mise en oeuvre 1, le PF décide d'utiliser une marionnette qu'elle appelle Épic et chante en début d'activité. Au cours de l'EAC avec le chercheur à propos de cette action, le PF explique au chercheur (Ch) ce que la chanson apporte à son activité.

Extrait 2. EAC sur la mise en œuvre 1 du PF (PF-Ch)
PF (2'30'') : voilà, là ça y est, là ils attendent Épic. Avant ils attendaient Épic... mais bon... Épic il sortait de je ne sais trop où, il était déjà là... voilà il venait comme ça. Maintenant ça y est, ils attendent Épic. Ils sont impatients, regarde les petits yeux... ça y est, ils sont dedans ! Ils attendent.
Ch : « où il est Épic ? »
PF : ça y est, on a chanté, ça y est, il va se réveiller.
Ch : donc tu dis que ça fait ça, tu dis que ça fait qu'ils peuvent attendre Épic. Ça crée ce moment-là.
PF : oui, là c'est vraiment, ça crée le moment d'attente. Vraiment, là il va se réveiller. Avant il était derrière les livres là-bas... on le sortait, je n'avais pas forcément... là, c'est bien. Franchement c'était top ! Ils étaient tous contents.

Cet extrait révèle une partie de l'histoire des apprentissages informels entre le PFR et le PF. En effet, dans le passé, le PF avait déjà essayé de mettre en place dans sa classe cette pratique avec Épic. Mais cela avait échoué et la pratique avait été abandonnée. Par le dispositif de formation, cet apprentissage informel est optimisé. Le PF constate des résultats lui paraissant satisfaisants. Cet extrait montre également que pour le PF, le fait de chanter la chanson permet d'obtenir différents résultats : les élèves attendent la marionnette, ils sont impatients, la marionnette va se réveiller, le moment d'attente est créé. Le PF constate ici les résultats qui sont associés à son suivi correct de la règle [« ça y est, on a chanté » /

obtient pour résultats « ils (les élèves) attendent Épic », « ils sont impatients », « il (la marionnette) va se réveiller », « ça crée le moment d'attente »]. Lors du contrôle de la mise en oeuvre 1, cet apprentissage a été validé par le PFR.

Extrait 3. Contrôle de la mise en œuvre 1 par le PFR (PFR-PF)
PF (0'58'') : tu as entendu la chanson, tu m'as entendu chanter ça y est ?
PFR : ouais. Bien.
PF : bien ?
PFR : ben oui, on voit qu'ils sont tous… et puis on aperçoit Elsa tu vois l'effet de… l'intérêt accordé… le fait de fédérer tout le monde sur un temps, sur un temps fort. Donc là tu vois que tu captes… on voit que ton auditoire est… (…)
PFR : voilà, c'est un moment qui permet de poser, d'éveiller l'attention de chacun, on sent bien qu'ils sont tous attentifs-là. C'est ce qu'on attend. Qu'ils soient attentifs et disponibles.

Le pair formateur valide ici l'apprentissage de la règle en signifiant explicitement au pair formé que c'est « bien » et en montrant le résultat obtenu par cette action « donc là tu vois que tu captes (l'attention)… on voit que ton auditoire est (attentif)… ». Puisque le PF a suivi correctement la règle qui lui a été enseignée avec l'intention qui lui est associée, il est possible de dire que l'apprentissage de cette règle est terminé et que le développement professionnel à partir de cette règle peut être engagé par le PF. Enfin, ce résultat tend moins à montrer que le pair formé (enseignante expérimentée) apprend la technique professionnelle du chant qu'à montrer que le pair formé apprend les résultats associés à la pratique correcte du chant dans le système de règles caractérisant la pratique « Les activités d'Épic ».

5 Optimiser les apprentissages informels par la formation

Les résultats obtenus en amont permettent de valider la fécondité des hypothèses proposées en début de recherche. Dans le cadre de cette étude, (i) l'enseignement d'un système de règles par le pair formateur a nécessité au préalable son accès à une vision d'ensemble des règles régissant sa propre activité et (ii) l'apprentissage et le développement de nouveaux systèmes de règles par le pair formé a nécessité leur enseignement ostensif de la part du pair formateur, mais également l'accompagnement de leurs premiers suivis par ce dernier.

L'accès du pair formateur à une vision synoptique de sa pratique a été rendu possible par l'aménagement d'une séquence de formation spécifique. Le pair formé a filmé sa propre pratique puis a vécu un entretien d'autoconfronfation avec le chercheur lors duquel il a été amené à énoncer l'ensemble des règles qui régissent sa pratique. Cet entretien a permis au pair formateur d'énoncer ses connaissances ordinaires immédiatement ou potentiellement dicibles (Ogien, 2007). C'est sur la base de cette somme de règles énoncées qu'a pu se dérouler la suite du dispositif de formation. Cependant, si par la méthode utilisée le pair formateur a pu livrer une somme considérable de règles régissant sa pratique, une erreur consisterait à croire que toutes les règles régissant cette pratique ont été énoncées.

Par ailleurs, les résultats de l'étude ont permis de valider la fécondité de l'hypothèse suivant laquelle l'apprentissage de nouveaux systèmes de règles nécessite leur enseignement ostensif, mais également leurs premiers suivis. L'enseignement ostensif s'est appuyé sur l'enregistrement audiovisuel de la pratique du pair formateur. C'est à partir de cet enregistrement que ce dernier a pu dresser les liens de significations entre des expériences d'énonciation de règles, des circonstances exemplaires de suivi de ces règles et des résultats attendus de ce suivi. Cet enseignement ostensif constitue un aménagement fécond des activités d'apprentissage informel collaboratif (Rytivaara et Kershner, 2012). En effet, cet aménagement permet de pallier certaines limites de la formation informelle entre pairs, telles que des occasions rares et fortuites de partager l'expérience ou encore une réflexion superficielle (Consuegra *et al.*, 2014). En cela, le dispositif mis en place dans le cadre de cette étude permet d'optimiser les apprentissages informels des enseignants expérimentés en accordant notamment du temps à ces apprentissages. Ce résultat corrobore les conclusions de l'étude de Rytivaara et Kershner (2012) pour qui, si les enseignants disposent de suffisamment de temps pour la collaboration en dehors de leur salle de classe, cela peut avoir un énorme effet sur leur développement professionnel. Enfin, l'aménagement du dispositif de formation permettant au pair formé de mettre en œuvre la pratique enseignée, de se filmer et de soumettre l'enregistrement au contrôle du pair formateur, suscite l'émergence des conditions théoriques d'un développement professionnel des enseignants expérimentés, qu'il serait ainsi possible de systématiser. En effet, c'est par cet aménagement que non seulement le pair formé a pu constater les résultats de son suivi correct de la règle apprise, mais que le pair formateur a pu valider cet apprentissage du pair formé. C'est en effet à cette double condition qu'il est possible d'avancer que l'apprentissage a été effectif.

Bibliographie

Arrêté du 1er juillet 2013. (2013). *Référentiel des compétences professionnelles des métiers du professorat et de l'éducation. J.O. du 18-7-2013*, http://www.education.gouv.fr/pid25535/bulletin_officiel.html?cid_bo=73066, consulté le 30/08/2017.

Ball D. L. & Cohen D. (1999). Developing practice, developing practitioners: Toward a practice-based theory of professional education. In L. Darling-Hammond & G. Sykes (eds), *Teaching as the Learning Profession: Handbook of Policy and Practice*. San Francisco, CA: Jossey-Bass, p. 3-32.

Bertone S. (2016). *La force des règles dans l'apprentissage du métier enseignant,* Sarrebruck : Éditions Universitaires Européennes.

Bertone S. et Chaliès S. (2015). Construire un programme de recherche technologique sur la formation des enseignants : choix épistémologiques et théoriques. *Activités,* vol. 12, n° 2, p. 53-72. [https://journals.openedition.org/activites/1088].

Borko H., Koellner K., Jacobs J., Seago N. (2011). Using video representations of teaching in practice-based professional development programs. *ZDM Mathematics Education*, vol. 43, n° 1, p. 175-187.

Consuegra E., Engels N., Struyven K. (2014). Beginning teachers' experience of the workplace learning environment in alternative teacher certification programs: A mixed methods approach. *Teaching and Teacher Education*, vol. 42, p. 79-88.

Cour des Comptes (2013). *Rapport public thématique « Gérer les enseignants autrement »*, https://www.ccomptes.fr/fr/publications/gerer-les-enseignants-autrement, consulté le 30/08/2017.

Cour des Comptes (2015). *Référé n° 71653 ayant pour objet la formation continue des enseignants*, https://www.ccomptes.fr/fr/publications/la-formation-continue-des-enseignants, consulté le 30/08/2017.

Grosemans I., Boon A., Verclairen C., Dochy F., Kyndt E. (2015). Informal learning of primary school teachers: Considering the role of teaching experience and school culture. *Teaching and Teacher Education*, vol. 47, p. 151-161.

Kwakman K. (2003). Factors affecting teachers' participation in professional learning activities. *Teaching and Teacher Education*, vol. 19, n° 2, p. 149-170.

Lave J. & Wenger E. (1991). *Situated Learning. Legitimate peripheral participation*, Cambridge: Cambridge University Press.

Lieberman A. & Pointer Mace D. H. (2008). Teacher learning: the key to educational reform. *Journal of Teacher Education*, vol. 59, n° 3, p. 226-234.

Little J. W. (1993). Teachers' professional development in a climate of education reform. *Educational Evaluation and Policy Analysis*, vol. 15, n° 2, p. 129-151.

Livingstone D. W. (1999). Exploring the icebergs of adult learning: Findings of the first Canadian survey of informal learning practices. *The Canadian Journal for the Study of Adult Education*, vol. 13, n° 2, p. 49-72.

Nelson K. (2008). Wittgenstein and contemporary theories of word learning. *New Ideas in Psychology*, vol. 27, n° 2, p. 257-287.

Ogien A. (2007). *Les formes sociales de la pensée. La sociologie après Wittgenstein*, Paris : Armand Colin.

Pastorini C. (2011). *Ludwig Wittgenstein, une introduction*, Paris : Pocket.

Pochard M. *et al.* (2008). *Livret vert sur l'évolution du métier d'enseignant*, http://www.education.gouv.fr/archives/2012/refondonslecole/wp-content/uploads/2012/07/livre_vert_sur_l_evolution_du_metier_d_enseignant_rapport_pochard_janvier_2008.pdf, consulté le 30/08/2017.

Rytivaara A. & Kershner R. (2012). Co-teaching as a context for teachers' professional learning and joint knowledge construction. *Teaching and Teacher Education*, vol. 28, n° 7, p. 999-1008.

Stein M. K., Smith M. S., Silver E. A. (1999). The development of professional developers: Learning to assist teachers in new settings in new ways. *Harvard Educational Review*, vol. 69, n° 3, p. 237-269.

Wittgenstein L. (2004). *Recherches philosophiques*, Paris : Gallimard.

The Impact of Print *vs.* Digital Resources on Moroccan University Students' Reading Habits, Uses, and Preferences

L'impact des ressources imprimées *versus* numériques sur les habitudes, les objectifs et les préférences de lecture chez les étudiants universitaires marocains

Maryem Larhmaid[1 a]

[1] *Faculty of Education, Mohammed V University in Rabat, Morocco*

Abstract. The widespread use of digital resources, the Internet and the development of technology have brought several significant changes in reading practices, preferences and use among information consumers. Readers of the 21st century have many options for reading thanks to the rapid growth of electronic-based reading materials, instead of printed ones, such as online newspapers, electronic books, digital encyclopedias, and online academic journals, as well as the expansion of e-book readers. All of these have contributed to changing readers' reading strategies, reading preferences, and attitudes toward the act of reading. In the field of academia, for instance, there has been a tremendous shift from paper-based reading to screen-based reading. Given the fact that digital devices have become pervasive, and that reading has recently become a digital activity, this article proposes the need to investigate the impact of print *vs.* digital reading materials on Moroccan undergraduate students' reading behaviors, preferences and use.

Résumé. L'utilisation des ressources numériques, Internet et le développement des technologies ont apporté plusieurs changements importants dans les pratiques de lecture et les comportements chez les consommateurs d'informations. Les lecteurs du 21e siècle ont de nombreuses options de lecture grâce à la disponibilité croissante de matériels de lecture électroniques plutôt qu'imprimés, tels que les journaux en ligne, les livres électroniques, les encyclopédies numériques et les revues universitaires en ligne, ainsi que l'expansion des lecteurs de livres électroniques. Tous ces facteurs ont contribué à changer les stratégies de lecture des lecteurs, leurs préférences et leurs attitudes à l'égard de l'acte de lecture. Dans le domaine universitaire, par exemple, il y a eu un passage conséquent de la lecture papier à la lecture basée sur l'écran. Compte tenu

[a] Corresponding author: mlarhmaid@yahoo.fr

du fait que les appareils numériques sont devenus omniprésents et que la lecture est récemment devenue une activité numérique, cet article propose d'étudier l'impact des ressources imprimées et des ressources électroniques sur les comportements, les usages et les préférences de lecture des étudiants marocains.

1 Introduction

The activity of reading has undergone, recently, some technological changes. A huge number of reading materials are available nowadays in electronic form, and many options are available for those who want to read something digitally. One may read from a standard computer screen, a tablet computer, a smartphone, a laptop or a reading specific device, such as the Amazon Kindle; or, one may simply print out the relevant material and read on paper.

Digital technology has become an integral part of today students' daily life, and it is changing their ways of thinking, learning and perceptions. These digital technologies consist of a set of mobile devices (e.g., iPads, notebooks, and tablets), desktop computers, and recording devices, etc. Students, accordingly, use digital technologies to perform a number of learning activities, such as accessing reading materials, sending emails, reading e-journals and e-books, taking online surveys, and participating in online course discussions. These activities are not limited to learning situations, but also over social environments as more students, nowadays, may use new technologies for leisure and entertainment activities, such as chatting, blogging, watching movies, listening to music, and reading newspapers and magazines.

As a result, educational institutions are taking advantage of the development of digital technologies in order to engage their students with up-to-date modes of teaching and learning. One such mode is the use of digital-based reading materials, which accommodates students' reading interests, as well as being more accessible, and portable. As digital technology continues to grow and plays a key role in students' academic performance, very little is known about reading habits, preferences and use of print and electronic resources in the Moroccan higher education learning contexts

This study, in this respect, attempts to investigate the extent to which undergraduate students of ENSET- Mohammedia, University Hassan II, use print and digital resources. Another purpose of this investigation is to examine the effect of subject-discipline on students' reading preferences and use of print and electronic resources. This study also seeks to focus on digital reading habits as well as preferences for print and electronic resources among undergraduate students of ENSET-Mohammedia. Studying these issues would enable us to have a better understanding of the changing patterns of print and digital reading among Moroccan undergraduate students in the era of digital devices.

2 Research background

2.1 Traditional reading and electronic reading

Over the last few years, a great deal of studies has been conducted to investigate people's preferences for and attitudes toward print and digital resources. Most of these investigations were undertaken in the academic environment with special focus given to surveying graduate students and faculty. (e.g., Liu, 2006; Smith, 2003; Lenares, 1999; Dillon & Hahn, 2002).

Traditionally, reading is generally defined as an 'active', 'constructive', 'meaning-making' process (Goldsmith, 2015; Graesser, 2007; Kintsch & Kintsch, 2005; McNamara, 2012), whereby the text, the reader and the activity are of paramount importance (Alexander & Jetton, 2002, Pearson, 2001). Recently, the activity of reading has been reshaped by the expansion of screen-based technologies and reading devices such as e-readers (e.g. Kindle) and tablets (e.g. iPad). All these technologies bring new affordances, when compared with traditional print reading. Hence, reading is undergoing a massive change as new digital technologies continue to expand and bring new characteristics that seek to afford the reader the ease of access, portability and storage of thousands of books and documents in a small mobile device.

In the last few years, the increasing use of electronic devices by university students and adults for academic purposes (e.g., expository text in textbooks, academic journals, research papers, and websites), as well as for pleasure purposes (e.g., novels, newspapers, magazines) (Pew Research Center, 2012) is due to the rapid shift in reading from paper toward electronic formats. The year 2005 is notable, in the history of literacy, whereby the one-billionth individual started using digital technologies to read online. (de Argaez, 2006; Internet World Stats: Usage and Population Statistics, n.d.).

Text digitization has important effects on academic environments. That is to say, learning can be impacted by both the format of the text, and the medium through which the text is consumed (Mayer *et al.*, 2001; Morineau *et al.*, 2001; Vygotsky, 1978). Boroughs (2010), for instance, argues that screen-based technologies and digital reading devices have the potential to affect the way(s) college and university students perceive and engage with books. This means that, students reading digital-based materials may exhibit different states of mind, attitudes and perceptions toward the subject matter.

2.2 Digital literacy

In the field of education, 21th century technologies have generated a new type of literacy, and therefore, new terms have emerged along the way (e.g., digital literacy, digital learning). Today's generations are often tech-savvy; they are familiar with digital media and generally know how to navigate, access, and share digital information (Ting, 2015). Anstey and Bull (2006) note that literate individuals in the 21th century do not only need to be able to search, and to manage digital information, but they also need to have [at their disposal] a large repertoire of literacy skills, and strategies that allow them to navigate "the ever-changing landscape" of new literacies. Similarly, Greene, Yu and Copeland (2014) support the notion that to be digitally literate, one does not just need to know how to use the new technologies to find information on the web, but also to scrutinize, integrate and assemble information from different digital and print sources. According to the European Framework for digital literacy, digital literacy is defined as the following:

"Digital literacy is the awareness, attitude and ability of individuals to appropriately use digital tools and facilities to identify, access, manage, integrate, evaluate, analyze and synthesize digital resources, construct new knowledge, create media expressions, and communicate with others, in the context of specific life situations, in order to enable constructive social action; and to reflect upon this process." (Martin, 2006: 135; cited in Tang & Chaw, 2016: 56).

The above-cited definition sheds light on the importance of individuals' ability to construct meaning and connect with one another through digital technologies. It also emphasizes individuals' ability to search, evaluate, and synthesize information using digital resources. Since readers of the 21th century do not solely limit themselves to either print or digital media, but use both, the following section seeks to understand the possible differences, advantages and imitations of print and digital reading.

2.3 Digital and print reading: advantages and limitations

Print and digital media have specific advantages; and limitations, as different readers use various reading formats in different contexts. Perhaps, one major advantage of print reading is that it offers readers access to the text in its entirety. This access is built up on both visual and tactile cues, whereby the reader can see, as well as "tactilely feel the spatial and physical dimensions" of the text. By contrast, readers using digital media are restricted by the limited access, and the non-physicality of the text; they can access only one page, but not the entire text, at any given time of reading (Mangen, 2010; Sellen & Harper, 2002).

Studies such as Hillesund's (2010) and Mangen's (2008) posit that digital reading is dominated by 'shallow', 'discontinuous', and 'fragmented' forms of reading (e.g. browsing, scanning, skimming), and the digital environment often leads to lower comprehension compared to printed text. Likewise, Goldsmith (2011) found that people perceive print media as more suitable for effortful learning; whereas, the electronic media is best suited for fast and shallow reading of short texts such as news, emails, forum notes...etc.

The digital revolution has also contributed to partial predominance of online reading over traditional print reading in certain situations (but not in all situations) by providing powerful advantages such as non-linearity, immediacy of searching words in the text, immediacy of accessing information, and the convergence of text and images (Landow, 1992; Lanham, 1993; Murray, 1997; Ross, 2003).

Alongside the aforementioned affordances and limitations of digital reading, studies such as Zickuhr *et al.* (2012) claim that people who own electronic devices and e-readers "read on average twice as many books as those who read only in print" (cited in Singer, 2016). Moreover, Rideout *et al.* (2010) found that the amount of time spent on reading printed texts has decreased about 5 minutes between 1999 and 2009 among young users of age 8 to 18, suggesting the predominance of digital reading over print reading. All of these advantages have been cited as major incentives of the recent technological shift of the venerable activity of reading.

Given the advances in screen-based media and digital reading devices, a huge number of Moroccan university students, as well as adults are recently reading online. As a matter of fact, the Moroccan national telecommunication agency (ANRT) conducted recent surveys in 2015 and 2016, and found that more than half of the Moroccan households own a computer, or a tablet (54.8%), whereby tablets constitute 15% (i.e. more than a quarter of the number of computers), and computers constitute 55% of computing devices. The ANRT also argued that nearly 15 million smartphones are in use, and 12 million of Moroccans living in urban areas have access to the Internet, and spend approximately 13h per week online.

The present study explores a selection of Moroccan students' reading behaviors, preferences and use of print vs. digital resources from different perspectives.

3 Method

3.1 Participants and setting

Participants of this study were asked to report on their reading behaviors, preferences for and attitudes toward the use of digital documents, vis-à-vis, print documents by self-reported measures of their overall reading experience, including their academic related reading and leisure reading. The current study uses a convenience sample of 97 undergraduate students enrolled in three different disciplines at ENSET-Mohammedia, Hassan II University. The sample was 55.8 % male with a mean age of 20.96 *(SD = 2.34)* years. The sample represented a variety of three disciplines, notably software engineering (37.9 %), electrical engineering and industrial control of systems (GECSI) (31.6 %), and finance and accounting (30.5 %). Among the 97 questionnaires returned, 95 are complete and 2 are incomplete. The results of the 95 completed questionnaires are presented in tables 1-8 below.

This investigation was conducted in September/November 2017, whereby participants were asked to respond to a cluster of questions designed to gather information about screen-based as well print-based reading habits, preferences and frequency of using print and electronic resources. The questionnaire was mainly about the following key points:

Demographic information: the first step in this investigation was to reveal participants' gender, field of study, and age.

Reading time: as a next step, we asked participants of this study about *time spent* on reading print and digital documents/resources (i.e. more time, less time, do not know).

Medium usage: in order to ascertain students' familiarity with digital materials, two types of questions were inquired: (1) students were asked about *which type* of reading medium (i.e. print or digital) they use for academic and for pleasure reading. (2) And *how frequently* they use print and digital resources for pleasure and academic reading.

Reading habits: respondents were also asked some questions about *how they would describe* their reading process in print and/or digitally in relation to browsing and scanning, sustained attention, in-depth reading, information selection, non-linear reading, and keyword searching, multitasking and highlighting.

Medium preference: after completing the reading pattern section, we asked students to report on *their favorite reading platform* (i.e. print, digital, or both).

These questions were designed with the aims of achieving a deeper understanding of the extent to which Moroccan undergraduate students use and opt for print vs. digital resources for academic and pleasure readings, and exploring whether this use of print and digital resources are determined by subject discipline. Moreover, the specific questionnaire items cited above were guided by a need to find out reading habits and preferences of reading formats (i.e. print vs. digital) among Moroccan university students in an increasingly intensive digital environment. With this in mind, special attention was paid to participants' long-term memories in the design of the questionnaire and answering items (i.e. more time, less time, do not know). This means, in case respondents do not remember specific changes about their overall reading time and reading habits, they can simply select the 'do not know' answering category.

For the purpose of this study, participants were informed about the main objectives of the investigation. In this regard, they were asked to fill out the questionnaires beforehand based on their own experiences with using print and digital resources for academic reading, as well as for leisure reading. For the sake of concreteness, the author provides a copy of the sample items used in this study at the end of the paper (see appendix).

4 Results

4.1 Time allocated on print and digital reading

Table 1 provides basic summary statistics of the percentage of time devoted to reading print and electronic materials across the three disciplines. Overall, an average of nearly 54.5 percent of the 66 respondents (61.1 % in software engineering and 46.4 % in electrical engineering) reported that they spend "more time" on reading digital materials than those in finance and accounting (3.4 %). Table 1 also shows that 77.8 percent of respondents in software engineering, and 60 percent in electrical engineering spend "less time" on print reading compared to 44.8 percent in finance and accounting who spend "less time" on digital reading. Also related, 65.5 percent of respondents in finance and accounting report that they "don't know" how much time they spend on print reading, compared to 13.3 percent of respondents in electrical engineering and 8.3 percent in software engineering who "do not know" how much time they spend on digital reading. In addition, data analysis of this study indicates a positive correlation between participants' age and time devoted to print reading ($r = .35$, $n = 95$, $p < .0005$) (i.e. increased age is associated with increased amount of time spent on print reading).

Type of reading formats	**Software engineering (n = 36)**		**Electrical engineering (n = 30)**		**Finance and accounting (n = 29)**	
	print	*digital*	*print*	*digital*	*print*	*digital*
More time	5 (13.9 %)	22 (61.1 %)	6 (20 %)	14(46.7%)	3 (10.3 %)	1 (3.4 %)
Less time	28 (77.8%)	11 (30.6 %)	18 (60 %)	12 (40%)	7 (24.1 %)	13 (44.8%)
Do not know	3 (8.3 %)	3 (8.3 %)	6 (20 %)	4 (13.3 %)	19 (65.5 %)	15 (51.7 %)

Table 1. Print and digital reading time

4.2 Type of reading formats respondents use for academic and pleasure reading

In our sample, electronic media are more used than print media for academic and pleasure reading. *Table 2* indicates that 73.6 percent of all respondents use electronic media as a reading format for both academic and pleasure reading, compared to only 21.5 percent who use print media. Moreover, our results show that 4.3 percent claim that they use "both" print and digital media for academic and pleasure reading. To investigate which type of reading format is used for academic and for pleasure reading, our findings suggest that there is a significant difference across respondents of the three disciplines. Put differently, nearly 86.1 percent of respondents in software engineering report that they use electronic media for academic reading, compared to 76.7 percent in electrical engineering, and 82.2 percent in finance and accounting who use electronic media for pleasure reading. On the other hand, 40.0 percent of respondents in electrical engineering, and 24.1 percent in finance and accounting report that they use print media for academic reading, compared to 25 percent in software engineering who use print media for pleasure reading.

Type of reading formats	Software engineering (n = 36)		Electrical engineering (n = 30)		Finance and accounting (n = 29)		Total (n = 95)
	academic	*pleasure*	*academic*	*pleasure*	*academic*	*pleasure*	
Print media	1 (2.8 %)	9 (25 %)	12 (40 %)	7 (24.1 %)	7 (24.1 %)	5 (17.2 %)	21.5 %
Electronic media	31 (86.1%)	25 (69.4 %)	16 (53.3%)	23 (76.7%)	21 (72.4 %)	24 (82.8 %)	73.6 %
Both	4 (11.1 %)	2 (5.6 %)	2 (6.7%)	0	1 (3.4 %)	0	4.3 %

Table 2. Type of reading formats

4.3 Frequency of using print and digital formats for studying

Frequency	Software engineering (n = 36)		Electrical engineering (n = 30)		Finance and accounting (n = 29)		Total (n = 95)	
	Print resources	*Digital resources*	*Print resources*	*Digital resources*	*Print resources*	*Digital resources*	*Print*	*Digital*
Very often	3 (8.3 %)	20 (55.6%)	4 (16.7%)	11 (36.7%)	2 (6.9 %)	7 (24.1 %)	9.4 %	40.0 %
Frequently	9 (25 %)	10 (27.8%)	13 (43.3%)	16 (53.3%)	11 (37.9%)	13 (44.8%)	34.7 %	44.2 %
Occasionally	23 (63.9 %)	4 (11.1%)	12 (40.0%)	2 (6.7 %)	10 (34.5%)	3 (10.3 %)	47.3 %	9.4 %
Never	1 (2.8 %)	2 (5.6 %)	0	1 (3.3 %)	6 (20.7 %)	6 (20.7 %)	7.3 %	9.4 %

Table 3. Print and digital platforms frequency of use

Digital resources are more frequently used than print resources for studying. *Table 3* reveals that 84.2 percent of all respondents use digital materials very often" or "frequently" for studying, compared to only 44.1 percent who "very often" or "frequently" use print resources. The use of print and digital materials for studying varies across disciplines. Simply put, students in software engineering and in electrical engineering use digital resources more frequently than those in finance and accounting. More specifically, about 83.4 percent of respondents in software engineering, and 90 percent in electrical engineering report that they "very often" or "frequently" use digital resources for studying, compared to only 72.4 percent in finance and accounting who "frequently" or "occasionally" use print resources for studying.

To investigate the impact of subject-discipline on frequency of using print and digital resources, data analysis of this research indicates that there is a significant difference among different subject disciplines in terms of using print resources ($\chi^2 = 16.967$, ddl = 6, p = 0.009), as well as in terms of using digital resources ($\chi^2 = 12.836$, ddl = 6, p = 0.046). As far as this study is concerned, we argue that subject discipline affects students' frequency of using print and digital resources for studying,

4.4 Participants' electronic reading habits

Percentage of time spent on	*Increasing*	*Decreasing*	*Don't know*
Browsing and scanning	(50) 52.6 %	(30) 31.6 %	(15) 15.8 %
Keyword searching	(31) 33.0 %	(44) 46.8 %	(18) 19.1 %
Reading selectively	(48) 50.5 %	(17) 17.9 %	(30) 31.6 %
Non-linear reading	(33) 35.5 %	(42) 45.2 %	(18) 19.4 %
Sustained attention	(50) 52.6 %	(28) 29.5 %	(17) 17.9 %
In-depth reading	(44) 46.3 %	(36) 37.9 %	(15) 15.8 %

Table 4. Digital reading habits

a) *More browsing/scanning and less keyword searching*. As shown in *table 4*, descriptive statistics of our research indicate that about 52.6 percent of the participants in this study report that a considerable percentage of time is spent on browsing and scanning digital documents. On the other hand, about 46.4 percent claim that they are less likely to search for keywords when they read digital documents.

b) *Increasing selective reading and decreasing non-linear reading*. More than half of the respondents in this study (50.5 %) note that they are selective readers in the digital environment; whereas, 45.2 percent report that their non-linear reading (i.e. skipping lines or portions of text while reading) is "decreasing" when reading digitally.

c) *Increasing sustained attention and in-depth reading*. Roughly speaking, 52.6 percent of the participants in this study indicate increased attention, as well as increased in-depth reading (46.3 %) during electronic reading.

4.5 Frequency of multitasking in print and digital documents

Frequency	*Print materials*	*Digital materials*
Very often	4 (4.2 %)	21 (21.1 %)
Frequently	23 (24.2 %)	36 (37.6 %)
Occasionally	33 (34.7 %)	23 (24.2 %)
Never	35 (36.8 %)	15 (15. 8 %)
Total	100.0	100.0

Table 5. A comparison of multitasking in print and digital materials

https://doi.org/10.1051/shsconf/20185202001

4.6 Frequency of highlighting print and digital materials

Frequency	*Print materials*	*Digital materials*
Very often	17 (17.9 %)	19 (20.0 %)
Frequently	39 (41.1 %)	35 (36.8 %)
Occasionally	21 (22.1 %)	24 (25.3 %)
Never	18 (18.9 %)	17 (17.9 %)
Total	100.0	100.0

Table 6. A comparison of highlighting print and digital materials

According to *Table 5*, approximately 59 percent of the participants in this survey report that they "very often", or "frequently" multitask when using digital resources, compared to only 24.4 percent who "very often", or "frequently" multitask when using print resources. It is also interesting to note that about 37 percent of the respondents report that that they "never" multitask with print materials, while about 16 percent claim that they "never" multitask when reading digitally.

As indicated in *Table 6*, the pattern of highlighting print and digital resources is quite similar among participants of this study. In other words, our findings suggest that our respondents highlight digital materials (57 %) the same way they highlight print materials (about 59 %).

4.7 Frequency of printing electronic materials

Frequency	Software engineering (n = 36)	Electrical engineering (n = 30)	Finance and accounting (n = 29)	Total (n = 95)
Very often	0	1 (3.3 %)	2 (6.9 %)	3 (3.2 %)
Frequently	17 (47.2 %)	7 (23.3 %)	7 (24.1 %)	31 (32.6 %)
Occasionally	12 (33.3 %)	19 (63.3 %)	13 (44.8 %)	44 (46.3 %)
Never	7 (19.4%)	3 (10.0 %)	7 (24.1 %)	17 (17.9 %)

Table 7. Frequency of printing out digital materials

Even though 46.3 percent (33.3 % in software engineering, 63.3 % in electrical engineering, and 44.8 percent in finance and accounting) report that they "occasionally" print out digital materials for reading, the frequency of printing out varies by discipline. *Table 7* shows that 47.2 percent of respondents in software engineering note that they "frequently" print out electronic documents compared to 63.3 percent in electrical engineering and 44.8 percent in finance and accounting who note that they "occasionally" print out electronic documents, in addition to only 6.9 percent in finance and accounting who report "very often" printing out digital documents. However, none of the respondents in software engineering report "very often" printing out digital documents. Further, an average of only 17.9 percent of the participants in this investigation mention that they "never" print out digital materials.

4.8 Frequency of reading media

Reading formats	Software engineering (n = 36)	Electrical engineering (n = 30)	Finance and accounting (n = 29)	Total (n = 95)
Print media	8 (22.2 %)	11 (37.9 %)	5 (17.2 %)	24 (24.5 %)
Electronic media	18 (50.0 %)	6 (20.7 %)	17 (58.6 %)	41 (43.6 %)
Both are good	10 (27.8 %)	12 (40.0 %)	7 (24.1 %)	29 (30.5 %)

Table 8. Types of reading media respondents prefer for reading

According to *Table 8*, we notice that 43.6 percent of the participants in this study report "electronic media" as their favorite reading platform, compared to only 24.5 percent who prefer "print media", and 30.5 percent who prefer both reading formats. More specifically, half of the respondents in software engineering (50.0 %) and approximately 59 percent in finance and accounting mention that they favor digital reading formats; whereas, about 38 percent of participants in electrical engineering note a preference for print reading formats. To examine the importance of subject discipline to choice of reading formats, the analysis of the present study shows that there is a significant relation between students' subject discipline and preference of reading media ($\phi = 0.319, p = 0.048$).

5 Discussion

The present study used a convenience sample of 95 undergraduate students enrolled in three different majors at ENSET-Mohammedia, in an attempt to investigate the impact of print and digital resources on students' reading habits, preferences and use. Our results indicate that undergraduate students spend an increased amount of time on reading digital documents than reading print documents. This finding is consistent with prior research studies such as Liu's (2005) through which 83.2 % of the participants (including young and adults) in a survey reported that they spend more time on reading electronic documents, compared to 67.3 percent of respondents who spend more time on reading print documents, suggesting a trend toward the predominance of digital reading. Perhaps the main factors that contribute to the increase in digital reading time are: (1) information explosion, (2) development of digital technology, and (3) the widespread use of electronic devices. Interestingly enough, this study found that students' age level is positively correlated with the percentage of time spent on print reading than on digital reading. It is conceivable that younger readers prefer to receive information in digital media, compared to adults who still use the old-fashioned way in reading (Strouse, 2004).

Findings of the current study also showed that the majority of the respondents (73.6 %) reported using electronic media more than print media for academic and pleasure reading. However, choosing between print and digital media for academic and for pleasure reading varies among disciplines. In other words, students in electrical engineering and finance and accounting report using electronic media for pleasure reading, and using print media for academic reading. On the other hand, participants in software engineering report using print media for pleasure reading and using electronic media for academic reading. These inconsistent results among participants of this research have been documented in previous studies. For instance, in surveying undergraduate library users at the University of Toronto, Dilevko and Gottlieb (2002) found that although undergraduate students used electronic resources for their assignments and essays, traditional print resources (e.g. books and printed journals) were integral parts of their research due to their reliability and permanent accessibility (cited in Liu, 2006). In this respect, we can postulate that, despite the fact that digital reading of academic texts has recently become a common practice among university students, reading digitally may be suited only for shallower reading such as reading novels and magazines; whereas, effortful and engaged reading is best supported by reading in print. In support of this contention, Foasberg (2014) argued that subjects tended to use electronic formats for shorter and non-academic readings; however, they chose print formats when reading for class-related tasks.

Despite the aforementioned disadvantages of digital reading, participants of this study report a high frequency of using electronic materials than using print materials for studying. This finding is surprisingly inconsistent with previous claims of using print documents more frequently for academic reading than for pleasure reading. This inconsistency could be due to commonly cited factors such as ease of access, low cost of electronic documents (compared to print), searching, storage and portability. These benefits have been reported as major incentives for choosing digital texts over print texts (Liew *et al.*, 2000; Sathe *et al.*, 2002; Stephens, 2010; Creel, 2008).

Based on the high frequency of using digital texts instead of print, this study sought to determine the reading habits and practices of respondents in using these electronic materials. In this respect, the results imply that students' electronic reading is characterized by more browsing, more scanning, and less keyword searching. Such reading habits are likely to occur with the increasing flow of digital information, through which readers feel incapable of keeping pace with the available literature. In this way, they are forced to browse and skim web pages as if they were skimming newspapers (i.e. skimming headings) (Liu, 2005).

Browsing and scanning might indeed be effective ways to filter, and look for needed information during reading in the hypertext environment. For instance, in 2000, the Poynter Institute conducted a study and found that most web users *"do a lot of brief scanning, foraging quickly through many articles, summaries, but when their interests is caught they will dive into a particular topic or article in depth"* (cited in Liu, 2005). Keyword searching, as an online search-reading tool, is also popular and widely adopted in the digital environment. Surprisingly, respondents of this study report that they are less likely to use keyword searching as a way to locate needed information. Such unlikelihood could mean that our participants have at their disposal an enriching set of skills that enable them to cope with the overwhelming amount of information in the digital environment "*digital natives*" (Prensky, 2004). What is more, our respondents are selective readers in the digital environment. With the excessive use of the Internet and the rapid growth of digital information, students of this investigation are very likely to be more alert and more attentive to the trustworthiness and credibility of the information found on the web.

With the information explosion and the development of digital technologies in the 21st century, non-linear reading, a new reading pattern in which the reader generally scrolls frequently between portions of the text, has emerged among users of digital texts. Though non-linear reading is a feature of digital environment par excellence, participants of this study have reported reading digital texts in a linear order (i.e. traditional mode of reading). As we noted earlier, this unusual reading pattern among our students might also be due to their reading skills and familiarity with using digital media. Such familiarity could also be a key factor to their increased sustained attention and increased in depth reading when reading digitally. These findings, however, are inconsistent with previous works such as Eveland and Dunwoody's (2001), which posit that readers using digital media are likely to have difficulties with attentive reading because of multiple texts, multiple hyperlinks, as well as frequent scrolling found in the digital environment (Liu, 2005).

Also related, multitasking is a reading attribute commonly associated with digital than with print reading, as the majority of participants of this study note that they are more likely to multitask when reading digitally than when reading in print. In the same vein, Liu *et al.* (2009) claimed that readers working on a digital device tended to switch activities every 3 to 10 minutes and argued that frequent multitasking could lead to lower engagement with the text (cited in Singer, 2016). It is also conceivable that Internet access combined with multiple information sources and excessive use of social media may increase instances of multitasking among readers (Wallis, 2010; Rowlands *et al.* 2008). Highlighting is another reading pattern commonly associated with print media more than digital media. To demonstrate, Liu (2005) posits that highlighting electronic documents was not a common practice among users of electronic documents. Nevertheless, this research paper shows that highlighting digital texts is indeed a common practice among participants of this study. Based on these results, we postulate that our respondents are "tech savvy", armed with necessary skills and strategies to cope with screen reading.

The question to the frequency of printing out digital materials for reading has generated contradictory results among participants of this study, as students in software engineering report printing out digital documents more frequently than their counterparts in electrical engineering, and finance and accounting, who note "occasionally" printing out electronic materials. These findings are apparently inconsistent with previous self-reports through which participants in software engineering have claimed that they use electronic platforms more frequently than using print for course-related works. In a similar study, Liu (2005) argue that although respondents spent a considerable amount of time on electronic media, they tended to print out digital documents when reading serious papers. By the same token, respondents in other studies claim that printing out electronic documents not only facilitate annotations but also make comparisons among all gathered sources easier (Dilveko & Gottlieb, 2002; cited in Liu, 2006).

Based on our intention to investigate the impact of subject discipline on students' preference for reading media, 50 percent of respondents in software engineering and 59 percent of respondents in finance and accounting reported that they favor digital platforms over print platforms; whereas, 40 percent of participants in electrical engineering mention a preference for both platforms (i.e. print and digital). Recent studies have also documented that students' preference for electronic resources over print resources is dependent on subject discipline (Smith, 2003; Siebenberg *et al.*, 2004). For one, Liu (2006) found that 71.4 percent of students in library and information sciences have a strong preference for library online sources than students in business (42.4 %), computer sciences (37.1 %) and social sciences (52.2 %). The desire for a hybrid of print and digital media has also been reported in a few studies (Dilveko & Gottlieb, 2002; Friedlander, 2002; Dillon & Hahn, 2002; Liu, 2006).

6 Conclusions, limitations and implications

In summary, this investigation was motivated by the excessive use of digital devices for reading purposes in the lives of Moroccan university students. With the overwhelming amount of digital information and ease of Internet access, new reading patterns such as scanning, browsing, key word searching and skimming are likely to emerge among university students. Despite the fact that a great deal of prior research claim that digital environment seems not to be suited for in-depth reading (Mangen *et al.*, 2013; Rideout *et al.*, 2010; Wallis, 2010; Levine *et al.*, 2007), this study showed that, regardless of subject discipline, digital reading is increasingly adopted by Moroccan university students. Interestingly enough, the findings of this research paper imply that increased age is associated with increased amount of time allocated on print reading, suggesting that readers' age plays a key role in choosing between print and digital reading formats.

Based on their own reading practices, this study aimed to examine Moroccan university students' reading practices in the digital age through using self-reported measures. The study beforehand targeted undergraduate students of ENSET-Mohammedia who are enrolled in three different majors notably, software engineering, electrical engineering, and finance and accounting. Results showed that, regardless of subject discipline, the majority of the participants in this study opted for digital media as the best reading platform for both academic and pleasure reading. A hybrid of print and digital materials is also desired by a considerable amount of participants in this study, which could provide users an array of multiple information sources and new access opportunities.

Among the limitations of this study is that the findings of this survey cannot be generalized over large groups of Moroccan university students, as well as cannot be generalized to all academic reading situations due to the small size sample. Therefore, further studies are required to investigate larger groups including not only undergraduate students, but also adults and graduate students in a variety of disciplines.

This study, accordingly, has come up with several recommendations and implications for education, and they are as follows:

- Follow up research is needed to examine the circumstances that affect students' choice of formats of resources along with students' perceived advantages and barriers of using digital resources in academic settings.
- Future research is also needed to investigate the impact of new digital technologies on students' reading habits in relation to language teaching.
- Further work is also required to explore the impact of different subject disciplines on students' preference for reading media.
- It is recommended to conduct additional work on the impact of the reading medium (print or digital) not only on students' cognitive processing such as reading comprehension and recall, but also on motivational and visual factors that may be implicated.
- Set guidelines for using and incorporating digital technologies/texts in reading instruction and teaching/learning environments.
- Develop an awareness of the advantages and disadvantages of using digital reading materials.

Acknowledgements

This study was supported by a grant from the National Center for Scientific and Technical Research in Rabat (CNRST-Rabat) under the funding program "the Excellence Grant for Doctorate Research". Special thanks go to Professor Taibi Nour and Professor Peter Afflerbach for their insightful remarks and feedback. The author also appreciated constructive comments from the anonymous reviewers.

Bibliography

Ackerman R. & Goldsmith M. (2011). Metacognitive Regulation of Text Learning: On Screen Versus on Paper. *Journal of Experimental Psychology: Applied*, Vol. 17, p. 18-32.

Anstey M. & Bull G. (2006). *Teaching and Learning Multiliteracies: Changing times, changing literacies*. Newark, DE: International Reading Association.

Boroughs D. (2010). *Bye the Book: In educational publishing, the only certainty is change*. PRISM. Retrieved from http://www.prism-magazine.org/apr10/feature_01.cfm.

Calcuttawala Z. (2016). *2016 ANRT Survey: Nearly Half of All Moroccans Own a Smartphone*. Retrieved from https://www.moroccoworldnews.com/2016/04/184743/2016-anrt-survey-nearly-half-of-all-moroccans-own-a-smartphone/.

Creel S. (2008). Young Teens on Reading and e-Reading: A Survey. *Youth Voice Advocates*, Vol. 31, No. 3, p. 201–207.

de Argaez E. (Ed.) (2006). *Internet world stats news*, No. 14. Retrieved from http://www.internetworldstats.com/pr/edi014.htm#3/.

Dilevko J. & Gottlieb L. (2002). Print Sources in an Electronic Age: A Vital Part of the Research Process for Undergraduate Students. *Journal of Academic Librarianship*, Vol. 28, No. 6, p. 381–392.

Dillon I. F. & Hahn K. L. (2002). Are Researchers Ready for the Electronic-Only Journal Collection? *Libraries and Academy*, Vol. 2, No. 3, p. 375–390.

Eveland W. P. & Dunwoody S. (2001). User Control and Structural Isomorphism or Disorientation and Cognitive Load? Learning from the Web Versus Print. *Communication Research*, Vol. 28 No. 1, p. 48-78.

Foasberg N. M. (2014). Student Reading Practices in Print and Electronic Media. *College & Research Libraries*, Vol. 75, No. 5, p. 705-723.
[https://crl.acrl.org/index.php/crl/article/view/16382/17828].

Friedlander A. (2002). Dimensions and Use of the Scholarly Information Environment: Introduction to a Data Set Assembled by the Digital Library Federation and Outsell, Inc., *CLIR Report* 11/02. Retrieved from http://www.clir.org/pubs/reports/pub110/contents.html.

Grabe W. (2009). *Reading in a Second Language: Moving from theory to practice*, New York: Cambridge University Press.

Greene J. A., Yu S. B. & Copeland D. Z. (2014). Measuring Critical Components of Digital Literacy and their Relationships with Learning, *Computers & Education*, Vol. 76, p. 55-69.

Hillesund T. (2010). Digital Reading Spaces: How expert readers handle books, the Web and electronic paper. *First Monday*, Vol. 15, No. 4.
Available at http://firstmonday.org/article/view/2762/2504.

Kintsch W. & Kintsch E. (2005). Comprehension. In S. G. Paris & S. A. Stahl (Eds), *Children's reading: Comprehension and assessment*, Mahwah, NJ: Lawrence Erlbaum, p. 71-92.

Landow G. P. (1992). *Hypertext: The Convergence of Contemporary Critical Theory and Technology*, Baltimore, MD: Johns Hopkins University Press.

Lanham R. A. (1993). *The Electronic Word: Democracy, Technology, and the Arts*, Chicago, IL: University of Chicago Press.

Lenares, D. (1999). Faculty Use of Electronic Journals at Research Institutions. In H. A. Thompson (Ed.), *Racing Toward Tomorrow: Proceedings of the 9th National Conference of the Association of College and Research Libraries*. Available at http://www.ala.org/ala/acrl/acrlevents/lenares99.pdf.

Liew C. L., Foo S. & Chennupati K. R. (2000). A Study of Graduate Student End-Users' Use and Perception of Electronic Journals. *Online Information Review*, Vol. 24, No. 4, p. 302-315.

Liu A., Aamodt S., Wolf M., Gelernter D. & Mark G. (2009). Does the Brain Like E-Books? *New York Times*, October 14 2009, p. 17.

[https://roomfordebate.blogs.nytimes.com/2009/10/14/does-the-brain-like-e-books/].

Liu Z. (2005). Reading Behavior in the Digital Environment: Changes in Reading Behavior over the Past Ten Years. *Journal of Documentation*, Vol. 61, No. 6, p. 700-712.

Liu Z. (2006). Print vs. Electronic Resources: A Study of User Perceptions, Preferences and Use. *Information Processing and Management*, Vol. 42, No. 2, p. 583-92.

Mangen A. (2008). Hypertext Fiction Reading: Haptics and Immersion. *Journal of Research in Reading*, Vol. 31, No. 4, p. 404-419.

Mangen A. (2010). Point and Click: Theoretical and Phenomenological Reflections on the Digitization of Early Childhood Education. *Contemporary Issues in Early Childhood*, Vol. 11, No. 4, p. 415-431.

Martin A. (2006). A European Framework for Digital Literacy, *Digital Kompetanse*, Vol. 2, p. 151-161.

McKnight C. (1997). "Electronic Journals: What Do Users Think of Them?", In Proceedings of the International Symposium on Research, Development and Practice in Digital Libraries. Tsukaba, Japan: University of Library and Information Science. Retrieved from http://www.dl.slis.tsukuba.ac.jp/ISDL97/proceedings/mcknight.html.

McNamara D. S. (Ed.) (2012). *Reading Comprehension Strategies: Theories, Interventions, and Technologies*, New York, NY: Psychology Press.

Miall D. S. & Dobson T. (2006). Reading Hypertext and the Experience of Literature. *Journal of Digital Information*, Vol. 2, No. 1.
Retrieved from https://journals.tdl.org/jodi/index.php/jodi/article/view/35/37

Murray J. H. (1997). *Hamlet on the Holodeck: The Future of Narrative in Cyberspace*, Boston, MA: MIT Press.

Poynter Institute (2000). Eye-tracking study conducted by the Poynter Institute and Stanford University.

Prensky M. (2013). Digital Natives, Digital Immigrants. In K. L. Blair, J. Almjeld & R. M. Murphy (Eds.), *Cross Currents: Cultures, Communities, Technologies*, Boston, MA: Wadsworth, p. 45-51.

Reinking D., McKenna M. C., Labbo L. D. & Kieffer R. F. (Eds.) (1998). *Handbook of Literacy and Technology: Transformations in a Post-Typographic World*, Mahwah, NJ: Lawrence Erlbaum.

Rideout V. J., Foehr U. G., & Roberts D. F. (2010). *Generation M^2: Media in the Lives of 8- to 18-Year-Olds*. Menlo Park, CA: Henry J. Kaiser Family Foundation. [https://files.eric.ed.gov/fulltext/ED527859.pdf].

Ross C. S. (2002). Reading in a Digital Age. In G. E. Gorman (Ed.), *The Digital Factor in Library and Information Services. International Yearbook of Library and Information Management 2002/2003*, Lanham, MD: Scarecrow Press, p. 91-111.

Rowlands I., Nicholas D., Williams P., Huntington P., Fieldhouse M., Gunter B., Withey R., Jamali H. R., Dobrowolski T. & Tenopir C. (2008). The Google Generation: The Information Behavior of the Researcher of the Future. *Aslib Proceedings*, Vol. 60, No. 4, 290-310.

Sathe N. A., Grady J. L. & Giuse N. B. (2002). Print versus Electronic Journals: A Preliminary investigation into the Effect of Journal Format on Research Processes. *Journal of the Medical Library Association*, Vol. 90, No. 2, p. 235-243.

Siebenberg T. R., Galbraith B. & Brady E. E. (2004). Print versus Electronic Journal Use in Three Sci/Tech Disciplines: What's Going on Here? *College & Research Libraries*, Vol. 65, No. 5, p. 427-438.

Singer M. L. & Alexander P. A. (2016): Reading Across Mediums: Effects of Reading Digital and Print Texts on Comprehension and Calibration. *The Journal of Experimental Education*, Vol. 85, No. 1, p. 155-172. [https://www.tandfonline.com/doi/full/10.1080/00220973.2016.1143794].

Smith E. T. (2003). Changes in Faculty Reading Behaviors: The impact of electronic journals on the University of Georgia. *Journal of Academic Librarianship*, Vol. 29, No. 3, p. 162-168.

Stephens W. S. (2010). Books are more than files: teens skeptical about ereading. *Voice of Youth Advocates*, June 2010, p. 124-125.

Ting Y.-L. (2015). Tapping into Students' Digital Literacy and Designing Negotiated Learning to Promote Learner Autonomy, *The Internet and Higher Education*, Vol. 26, p. 25-32.

Wallis C. (2010). *The Impacts of Media Multitasking on Children's Learning and Development: Report from a research seminar*. New York, NY: The Joan Ganz Cooney Center at Sesame Workshop, January 2010 [http://joanganzcooneycenter.org/wp-content/uploads/2010/03/mediamultitaskingfinal_030510.pdf].

Appendix

A survey questionnaire on the use of print and digital reading materials in education

Introduction: This questionnaire is part of a doctoral research, which aims to examine university students' reading practices and preferences of using print and digital reading materials in education in Morocco.
Instructions: please answer the following questions by checking (✓) "only" one relevant box among the below options.

Section A: **Demographic information**

Age:
Gender: ☐ Male ☐ Female
Discipline/filière :

Section B **: Reading time**

1. How much time do you spend on reading digital documents/sources?

☐ More time ☐ less time ☐ do not know

2. How much time do you spend on reading print documents/sources?

☐ More time ☐ less time ☐ do not know

Section C: **Medium usage**

3. Which reading platform do you use for academic reading?

☐ Print media (books, handouts) ☐ electronic media (iPads, tablets, smartphones, laptops…etc.)

4. Which reading platform do you use for leisure reading?

☐ Print media (books, handouts) ☐ electronic media (iPads, tablets, smartphones, laptops…etc.)

***Section D*: Frequency of using print and digital resources**

5. How frequently do you use digital resources for your studies?

☐ Very often ☐ frequently ☐ occasionally ☐ never

6. How frequently do you use print resources for your studies?

☐ Very often ☐ frequently ☐ occasionally ☐ never

***Section E:* Screen reading habits**

7. How would you describe your browsing and scanning when using digital texts?

☐ Increasing ☐ decreasing ☐ do not know

8. How would you describe searching for keywords when using digital materials?

☐ Increasing ☐ decreasing ☐ do not know

9. How would you describe your selective reading when using digital materials?

☐ Increasing ☐ decreasing ☐ do not know

10. How is your non-linear reading (reading by jumping from line to line, or section to section) with digital materials?

☐ Increasing ☐ decreasing ☐ do not know

11. How would you describe your attention when using digital materials?

☐ Increasing ☐ decreasing ☐ do not know

12. How would you describe your in-depth reading when using digital materials?

☐ Increasing ☐ decreasing ☐ do not know

13. How would you describe your attention when you using digital materials?

☐ Increasing ☐ decreasing ☐ do not know

Section F: **Frequency of highlighting and multitasking in print and digital materials**

14. How frequently do you highlight print documents during reading?

☐ Very often ☐ frequently ☐ occasionally ☐ never

15. How frequently do you highlight digital documents during reading?

☐ Very often ☐ frequently ☐ occasionally ☐ never

16. How frequently do you print out digital reading materials?

☐ Very often ☐ frequently ☐ occasionally ☐ never

17. How often do you multitask (doing two or more tasks at the same time) when you use print materials?

☐ Very often ☐ frequently ☐ occasionally ☐ never

18. How often do you multitask when you use digital materials?

☐ Very often ☐ frequently ☐ occasionally ☐ never

Section G: **Preference of reading formats**

19. What is your favorite reading platform?

☐ Print media (books, handouts)

☐ Electronic media (tablets, laptops…)

☐ both are good

L'alternance (néo)codique comme ressource communicative dans les formules de salutations : étude des échanges synchrones entre cyberscripteurs algériens

Neo-Code switching as a communicative resource in salutations formulas: study of synchronous exchanges between Algerian cyber-scripters

Hasna Sebiane[1 a]

[1]*Université Abou-Bakr Belkaid Tlemcen / Laboratoire DYLANDIMED (UABB)*
22, Rue Abi Ayad Abdelkrim, Fg Pasteur BP 119 Tlemcen, Algérie

Résumé. Nous nous proposons de contribuer à la réflexion autour de la notion de ressources numériques en nous intéressant à la communication médiée par ordinateur. Nous nous intéresserons particulièrement au fonctionnement de l'alternance (néo)codique comme ressource langagière numérique qui participe lors de l'interaction à distance à l'organisation séquentielle des échanges entre cyberscripteurs algériens. En effet, les ressources langagières et linguistiques constituées à partir de nouveaux corpus de communication numérique écrite sont susceptibles d'intéresser les chercheurs en sciences du langage. Ce travail sera, de fait, consacré à l'analyse de l'alternance codique et de son aspect fonctionnel à partir des échanges synchrones écrits sur Facebook, où le choix des langues s'avère être accompli collaborativement par les cyberscripteurs. Cet accomplissement relève du processus d'alignement et d'ajustement codique, voire parfois de négociations mutuelles qui participent à la co-construction de la communication en ligne.

Abstract. We aim to contribute to the debate concerning the concept of digital resources. We intend to do this by focusing on computer-mediated communication. Since both language and linguistic resources that are built from several written digital communication corpora are likely to attract the attention of researchers in the field of linguistics, we are particularly interested in the functioning of code switching as a digital language resource that plays a part in sequentially organized distant interaction among Algerian cyber-scripters. This work will be devoted to the analysis of code switching and its functional aspects in written synchronous exchanges on Facebook, in which language choice is known to be collaboratively fulfilled by cyber-scripters. This achievement stems from a code adjustment and alignment process, sometimes even from the mutual negotiations that are part of a co-construction of online communication.

[a] Adresse de correspondance : sebiane.h02@gmail.com

1 Introduction

La multiplicité des supports numériques, dans un monde dit de l'information et de la communication, représente « un centre de ressources planétaires dont la seule frontière est constituée par la langue d'expression » (Pothier, 2004 : 19) et un « eldorado » (Pierozak, 2010) de ressources pour les chercheurs qui s'intéressent aux interactions multimodales et plurilingues. Ainsi, la diversification des objets d'études amènent les chercheurs en sciences du langage à interroger les faits émergeants ainsi que les faits et les effets résultant de ce type de communication. Il s'agit, en fait, de ressources numériques en ligne qui, selon leurs configurations et leurs originalités, invitent les chercheurs à repenser la notion de ressource selon des angles de vues différents.

A priori, le paysage des communications numériques se présente comme un (cyber)espace propice à l'alternance des langues en présence, où chacune d'elles remplit des fonctions spécifiques. De même, les cyberscripteurs[1] algériens disposent d'un répertoire « scripto-verbal plurilingue » (Ali-Bencherif, 2016 : 33) qu'ils manipulent en fonction d'autres éléments de la situation de communication (Hymes, 1972). Néanmoins, nous n'allons pas envisager tous les aspects fonctionnels de l'alternance codique, nous nous limiterons aux formules de salutations (à savoir, les formules d'ouverture et de clôture) comme ressources langagières entièrement ritualisées relevant, *de facto*, de la « cyberpolitesse », telles qu'elles ont été abordées par Kerbrat-Orecchioni (2007).

Cette étude sera donc consacrée à l'analyse des formules de salutations – à partir des échanges synchrones sur Facebook entre cyberscripteurs algériens – qui constituent, à notre sens, un aspect important dans la communication médiée par ordinateur. Nous voulons rendre compte des ressources langagières mobilisées à travers cette activité interactionnelle marquée de part et d'autres par l'usage fréquent de l'alternance (néo)codique[2], en termes d'influences subies et d'influences exercées pour la production du sens dans la communication en ligne.

À travers une analyse des ressources d'un corpus composé d'échanges, nous traiterons les questions suivantes : comment des ressources langagières numériques sont-elles co-construites dans les échanges synchrones entre les cyberscripteurs algériens ? Dans quelle mesure l'alternance codique devient-elle une ressource pour l'organisation séquentielle des échanges en ligne ? Comment se fait le choix des ressources langagières dans les formules de salutations ?

Ce travail s'inscrit dans le champ de l'analyse des interactions en ligne, et se focalise sur la question de la mobilisation des ressources langagières numériques provenant de différents systèmes linguistiques dans une communication médiée par ordinateur.

[1] Dans les travaux sur la communication médiée par ordinateur, on retrouve assez souvent l'emploi du terme « internaute ». Le terme de « cyberscripteur » renvoie, de fait, à un locuteur-scripteur qui se trouve dans un cyberespace (Internet) derrière un écran pour échanger avec son interlocuteur en se servant du clavier et des moyens qu'offre la machine pour communiquer.

[2] Nous entendons par l'alternance néo-codique les nouvelles pratiques d'écriture via écran, qui tirent leur marque de la langue parlée, repérée ainsi au niveau de l'orthographe. Autrement dit, c'est une nouvelle forme de langue métissée produite à partir d'un contact entre la technologie et la langue parlée (Develotte et Gee, 2005 : 153). Par ailleurs, nous estimons que ces néo-codages sont le résultat d'une co-construction des cyberscripteurs.

2 Corpus et démarche méthodologique

Nous allons présenter dans ce qui suit, les orientations méthodologiques qui nous ont conduite à définir notre démarche et à constituer notre corpus d'étude.

2.1 La communication médiée par ordinateur : enjeux méthodologiques pour l'analyse des ressources numériques

L'analyse de la communication médiée par ordinateur a un avantage méthodologique qui réside dans la facilité de la constitution d'un corpus représentatif et significatif, enregistrable et « transcrit » préalablement par les participants (Marcoccia, 2016 : 38). En effet, ces corpus naturels et déjà transcrits sont considérés comme des ressources numériques (souvent sous forme textuelle) correspondant intégralement à « l'expérience réelle des participants » (Wascul & Douglass, 1996 ; cité par Marcoccia, 2016 : 38). A fortiori, le chercheur n'est pas confronté au « paradoxe de l'observateur » au sens de Labov (1976) ; au contraire il peut être pratiquement certain d'avoir recueilli un corpus authentique, non influencé et donc significatif de la pratique spontanée des interlocuteurs. De cette manière, on peut ainsi avoir « accès à la façon dont les gens se servent du langage quand on ne les observe pas » (Labov, 1976 ; cité par Pierozak 2010 : 25).

Cependant, nous relevons une sorte de paradoxe lié à l'accès au contexte de production des messages échangés. En effet, la nature « déspacialisée » et donc « déterritorialisée » de la communication en ligne (Marcoccia, 2011 : 96) risque de bloquer les chercheurs qui travaillent sur des corpus constitués à partir de ressources numériques. Or, l'intérêt même d'analyser ce type de communication va de pair avec un ancrage de la production des messages dans un contexte social bien défini (Marcoccia, 2016).

La communication médiée par ordinateur est souvent évoquée en termes de « déspacialisation » et a priori, analysée comme une communication « spatialement décontextualisée » en raison de l'absence physique des participants. Ainsi, traitant les espaces de la conversation visiophonique en ligne, Marcoccia souligne que les participants produisent des demandes de localisation, en utilisant la formule rituelle « t'es où ? » et de cette manière, « les contextes spatiaux dans lesquels se situent les [participants] ont des effets sur la communication en ligne » (Marcoccia, 2011 : 114). À cet effet, nous considérons la communication médiée par ordinateur comme un espace de socialisation langagière où les échanges synchrones entre cyberscripteurs algériens sont bien contextualisés. Néanmoins, les éléments du contexte pris en compte sont ceux qui sont accessibles à travers les ressources langagières numériques.

Toujours est-il que l'alternance des tours d'écriture n'est pas toujours évidente à appréhender. Cette alternance est le résultat des procédés d'affichage du système généré par la machine (en l'occurrence, par le système du réseau Facebook) mais en réalité, cette alternance des messages échangés peut être différente par rapport au processus d'affichage, c'est-à-dire que les messages peuvent être éloignés au moment de leur production.

2.2 Méthodologie

Notre approche sociolinguistique des interactions verbales et de la communication médiée par ordinateur, où l'alternance codique sera abordée en tant que ressource langagière numérique provenant de différents systèmes linguistiques et traitée par les cyberscripteurs dans une relation de contiguïté, nous a conduit à adopter une démarche logocentrée du traitement du corpus des conversations de Facebook.

Toutefois, la constitution d'un corpus textuel, focalisé sur la dimension linéaire et opérant par extraction des matériaux linguistiques isolés de leurs contextes de production, a pour conséquence d'extraire les données de leur environnement numérique. Ce genre de corpus – qualifié de « verbo-centriste » (Marcoccia, 2016 : 59) et construit à partir d'un dispositif de la communication numérique – permet l'archivage des ressources dans un fichier de texte standard. Ce traitement logocentré rend le corpus plus facilement manipulable et permet une analyse centrée uniquement sur les pratiques langagières écrites des cyberscripteurs.

2.3 Description du corpus

Il faut préciser que notre étude suit une démarche exploratoire de l'alternance (néo)codique à visée compréhensive et se base sur un corpus composé de 1066 tours d'écriture[4] bi ou plurilingue, qui a été établi par un tri manuel à partir d'une base de données conversationnelles d'un support numérique : la discussion instantanée du réseau social Facebook. Le recueil s'est fait par le biais d'une requête/sollicitation auprès de sujets âgés entre 20 et 30 ans sans présélection du genre des auteurs des conversations[5]. Effectivement, nous avons cherché à obtenir un consentement des participants (des cyberscripteurs) dont les messages seront analysés.

Par ailleurs, aussi étendu que soit un corpus de la communication médiée par ordinateur, il ne peut être objet d'étude que s'il est limité. A fortiori, notre corpus-échantillon, sélectif et significatif pour l'étude de l'alternance (néo)codique dans les échanges synchrones, nous a conduit à écarter les ressources non-linguistiques (émoticônes, smileys, images, etc.) pour nous focaliser uniquement sur le matériau langagier des cyberscripteurs[6]. En effet, la communication médiée par ordinateur est d'autant plus soumise à une variation orthographique et « permet de comprendre que ce [type de productions écrites] varie des formes les plus standardisées aux formes les plus déviantes »

[4] La communication synchrone se rapproche de la communication face à face, dans la mesure où elle se fonde sur l'alternance des rôles d'émetteur et de récepteur. Ceci dit, la notion de tour de parole, propre à la conversation où deux interlocuteurs interagissent pour construire ensemble une interaction, peut être appliquée à notre corpus. En effet, la messagerie instantanée, de nature dialogale, se réalise à partir de l'alternance des « tours d'écriture », décalés dans le temps et dans l'espace.

[5] Dans le cas de cette étude, nous n'avons pas pris en compte la variable sociale sexe, car nous avons jugé cette variable non-pertinente pour l'analyse des pratiques langagières des cyberscripteurs étudiés.

[6] Il faut noter que ce type de traitement du corpus peut s'avérer limité à quelques cas de figures pour l'étude des salutations à travers une communication médiée par ordinateur. En effet, nous ne prenons pas en compte le matériau sémiotique pour l'étude des formes de salutations, mais nous nous centrons sur les productions écrites des cyberscripteurs, ce qui du même coup, nous facilite la manipulation de traitement du corpus.

(Liénard, 2014 : 147). Les TIC ont permis aux cyberscripteurs qui n'auraient jamais tant écrit, d'écrire tout simplement dans leurs langues maternelles[7] (Liénard, 2014).

Notre corpus échantillonné présente un recueil de conversations bi-plurilingues, comprenant un nombre suffisant de messages, voire de tours d'écriture, et jugé donc significatif pour une analyse exploratoire. Les données numériques collectées ont été anonymisées en utilisant les initiales à la place des noms des auteurs des conversations.

3 Redéfinition de la notion de ressources

Les méthodes de création de ressources langagières via les dispositifs numériques sont aujourd'hui très répandues. La notion de *ressources* a connu une extension avec l'apparition des TIC, ce qui nécessite de clarifier ses différents contextes d'emploi. Il s'agit, en effet, d'une notion trop souvent employée dans les différents domaines qui traitent des questions didactiques et sociolinguistiques (ce qui est le cas de cette étude). Bien qu'elle soit rarement définie, nous cherchons à l'appréhender à partir d'un dispositif de communication numérique écrite (la discussion instantanée de Facebook) afin de rendre compte des nouvelles pratiques (socio)langagières. Quelle est alors la nature de ces changements survenus avec le développement des TIC du point de vue des ressources ?

Il faut d'emblée souligner qu'en essayant de cerner la notion de *ressources* dans le domaine de l'usage des TIC, le problème qui se pose est celui de l'excès des ressources en ligne, voire de ressources numériques, et de trouver les éléments les plus pertinents que nous cherchons.

La notion de *ressources*, entendues comme des données de toutes sortes (écrites, audio, visuelles), quelle que soit leur forme (numérique ou autre), nous en distinguons deux définitions pertinentes, en didactique des langues et en linguistique. Dans sa définition des « ressources d'apprentissage », Holec les considère comme un « ensemble des moyens (documents et tâches) utilisés par un apprenant de langue pour réaliser les acquisitions définies par les objectifs qu'il s'est fixé » (1995, cité par Pothier, 2004 : 18), d'une part. D'autre part, les ressources linguistiques dans le domaine des TIC sont « tous les types de données relatives à la langue, accessibles dans un format électronique, et utilisées pour le développement des systèmes de traitement de la parole et du texte dans des applications en technologies de l'information »[8].

En interrogeant la notion de *ressources* à travers notre corpus, nous pouvons appréhender ce concept de deux façons différentes ; d'abord, il s'agit des nouvelles formes de la communication en ligne (il est question, ici, de la discussion instantanée de Facebook) qui s'appuient sur des solutions techniques qu'offre l'outil informatique pour permettre l'enregistrement d'un nombre considérable de données numérisées, par le biais de l'archivage systématique des messages échangés entre les cyberscripteurs. Ensuite, il s'agit de phénomènes socio-langagiers originaux qui ont émergés de l'utilisation massive des nouveaux modes de la communication informatisée. En outre, les ressources numériques émanent des interactions elles-mêmes dont les productions des messages deviennent à leur tour des ressources potentiellement exploitables.

[7] L'arabe algérien, qui est une langue décrite grâce au développement des TIC, n'est ni enseignée, ni codifiée orthographiquement. Ceci dit, les cyberscripteurs algériens produisent les mots dans leur langue maternelle comme ils les prononcent.

[8] www.technolangue.net

Nous pouvons ainsi représenter la notion de *ressources* et son rapport aux TIC à partir du modèle suivant :

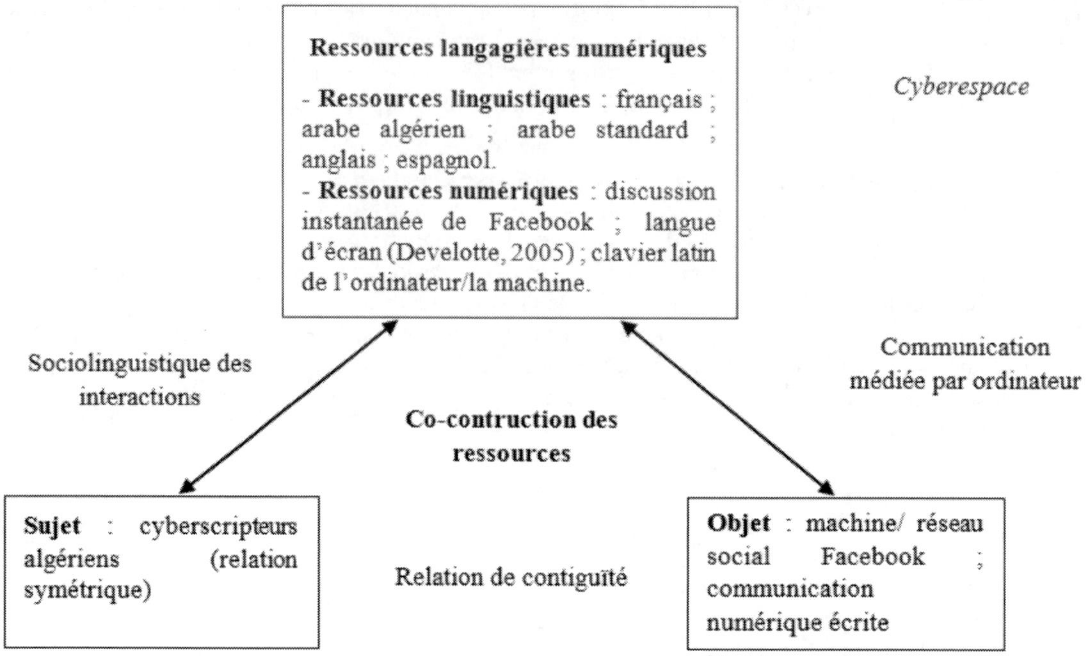

Figure 1. Ressources dans un modèle de dispositif de la communication médiée par ordinateur

Ce modèle schématise les éléments d'une conception systémique du dispositif de la communication médiée par ordinateur et des ressources linguistiques et langagières mobilisées à travers la constitution et le traitement d'un corpus numérique, qui sont une combinatoire de ressources articulées dans une dynamique en fonction des comportements langagiers et des répertoires scripto-verbaux des cyberscripteurs, traitée dans une relation de contiguïté.

4 Analyses et discussion des données

4.1 Choix et gestion des langues dans la discussion sur Facebook, un indice de compétence bi-plurilingue ?

Le contexte sociolinguistique algérien est caractérisé par la coexistence de plusieurs langues et/ou variétés de langues en présence : l'arabe algérien comme langue maternelle des locuteurs et langue de communication au quotidien ; le berbère[9] représente également la langue maternelle des berbérophones et est employée par une communauté linguistique minoritaire ; l'arabe standard, langue officielle du pays, demeure une langue réservée à la religion, à l'administration et aux institutions formelles ; enfin les langues étrangères,

[9] La langue berbère est totalement absente dans notre corpus, nous n'avons rencontré aucune transcription orthographique de cette langue.

comprenant principalement le français, qui conserve une place importante au sein de la société algérienne, l'anglais et l'espagnol, dont l'usage reste encore faible.

Si la situation sociolinguistique en Algérie est marquée par la coexistence et le contact de plusieurs langues, il en est de même pour les situations de communication numérique. Etant bi- ou plurilingues, les cyberscripteurs algériens utilisent au moins deux langues (l'arabe algérien et le français) – dont certaines ne sont pas codifiées orthographiquement[10] – dans leurs échanges en ligne. Nous soulignons, à ce propos, que les TIC jouent le rôle de médiateurs linguistiques (Chardenet, 2005 : 237) et stimulent de part et d'autre l'usage des langues étrangères, et davantage celui des langues maternelles et/ou minoritaires[11].

Dans notre corpus, les langues sont gérées et investies différemment selon les compétences linguistiques caractérisant chaque cyberscripteurs. De même, le parler bi-plurilingue (un phénomène qui résulte des échanges de la communication en ligne) représente un mode commun et permet le maintien de la communication. Ainsi, l'alternance des codes diminuent les asymétries entre les sujets n'ayant pas les mêmes compétences linguistiques, voire le même répertoire scripto-verbal[12].

Le français se trouve principalement alterné avec l'arabe algérien et moins fréquemment avec l'arabe standard. Il faut également rappeler que l'alternance du français avec l'arabe algérien est une pratique courante dans les interactions verbales des locuteurs algériens. Par ailleurs, la première caractéristique notable du corpus qui émane de nos observations générales est la présence dominante du français et de la graphie latine à côté de l'arabe algérien. Cette variété de la langue arabe – utilisée uniquement à l'oral dans les usages ordinaires de la communication face à face – est transcrite/orthographiée par le biais de la graphie latine. Il s'agit, en fait, d'un contact de langue parlée/langue écrite, et d'un indice d'une compétence bi-plurilingue en construction.

4.2 Le fonctionnement socio-numérique et interactif de l'alternance codique

Comme mentionné *supra*, nous nous limitons dans cette étude aux formules de salutations (les séquences d'ouverture et de clôture). L'ouverture constitue un moment crucial pour l'organisation séquentielle de l'interaction (Mondada, 2007 : 184), où le choix des langues est accompli en co-collaboration par les cyberscripteurs. Les alternances (néo)codiques comme ressources analysées à partir des échanges synchrones, sont la plupart du temps retrouvées dans les formules d'ouverture et de clôture, et particulièrement sous forme d'expressions figées ou de mots isolés.

Exemple (séquence 1/S.1) / Pair : [AF - FT]

20/05/2014 18:23
FT 185 : **holla Qué passa** Cv ***Hmdl***?
{Esp : que se passe-t-il} – {Fr : ça va} – {Ar : El hamdoullilah = Dieu soit loué}
20/05/2014 18:24
FT 186 : **muy bien y tu**
{Esp : très bien et toi}

[10] Malgré les contraintes technologiques, les cyberscripteurs algériens se sont appropriés les mécanismes de la communication médiée par ordinateur en employant, à l'aide du clavier « latin », leur langue maternelle (l'arabe algérien). Le choix de cette langue découle de la nature conviviale et amicale de la communication en ligne (Atifi, 2007 : 40).

[11] À ce propos, Calvet (2002) remarque que l'anglais, langue dominante sur Internet, subit une baisse lente de son utilisation pour laisser place aux langues supranationales, ainsi qu'à d'autres langues plus ou moins minoritaires. Seulement, le problème qui se pose est lié au système orthographique des langues et leur respect fluctuants sur Internet.

[12] Le terme de répertoire scripto-verbal, pris dans le sens du répertoire verbal de Gumperz (1982), est employé ici pour désigner une écriture pouvant s'apparenter à celle de l'oral.

L'exemple ci-dessus (**S.1**) illustre un cas d'exception de l'utilisation de l'alternance codique figurant dans le corpus, une adaptation de formes empruntés à une autre langue (l'espagnol : Esp), dont la structure morphosyntaxique est plus ou moins proche de celle du français, d'une part ; d'autre part, l'utilisation d'un élément isolé, d'une expression figée, comme (**S.1**) « *hmdl* » de l'arabe standard, pour invoquer en quelque sorte Dieu, est transcrit dans une graphie latine, sous forme de squelette consonantique. À cet égard, dans son approche du code switching, Auer (1995) attribue aux participants des compétences et des préférences linguistiques auxquelles ceux-ci s'ajustent et leurs interlocuteurs s'alignent avec ce choix en intervenant dans la discussion avec une prise de tour d'écriture en espagnol comme l'exemple (**S.1**) cité ci-dessus « *muy bien y tu* ».

A priori, l'ouverture est le lieu où le choix des langues s'accomplit par les cyberscripteurs au sein des échanges en ligne, leur permettant ainsi de s'aligner mutuellement. L'alternance codique dans les séquences d'ouverture et de clôture[13] concerne surtout des expressions courtes (en arabe algérien ou en français), elle consiste en un seul mot et est produite aussi souvent que possible dans une « langue d'écran »[14] (Develotte et Gee, 2005).

Pour des raisons d'espace, nous ne présentons ci-dessous que quelques exemples des séquences d'ouverture et de clôture de notre corpus qui illustrent la régulation et la ritualisation de choix de ressources linguistiques et langagières :

Exemple S.2 /pair : [NE – IS]

```
04/07/2013 21:56
IS 60 :      je telaisse bon courage beaucoup de reussite in
challah                          bonne nuit
             {Ar : Si Dieu le veut !}
04/07/2013 21:57
NE 61 :      merciiiiii prends soin de toi et salam pour tout le
monde
                                            {Ar : bonjour}
```

Exemple S.3 /pair : [NE - YRmc]

```
15/06/2014 20:31
YRmc 64 :    ysselmek ewa kirik
             {Ar : merci alors comment vas-tu}
15/06/2014 20:31
NE 65 :      bien bien hmd merci
                  {Ar : Dieu soit loué}
```

Exemple S.4

```
08/02/2014 17:21
NE 105 :     bn ma belle je dois quitté maintena a++
                                  {= à plus (langue d'écran)}
YRmc 106 :   ok thalla frassek
             {Ar : prends soin de toi}
08/02/2014 17:21
NE 107 :     merci de meme biz
08/02/2014 17:21
YRmc 108 :   ze t'aime
```

[13] Il faut noter que les salutations dans les séquences d'ouvertures sont plus fréquentes dans notre corpus. Certaines conversations s'achèvent sans séquence de clôture.

[14] Develotte et Gee (2005) font référence à la langue d'écran par opposition aux langues naturelles, il en ressort des alternances néo-codiques caractérisées par des usages langagiers, situées entre l'oral et l'écrit et influencées entre autres par le caractère synchrone de la communication médiée par ordinateur.

Exemple S.5

YRmc 109 : **hellow couz** *chouf had* le site
{Ang : salut} {Ar : regardes ce site}
https://plus.google.com/114922920527535447518/posts/fFvReASWn
eH
10/02/2014 22:02
NE 110 : c réseau google +

Exemple S.6

10/02/2014 22:08
YRmc 117 : oui deja *nekhedmo biha*
{Ar : on travaille avec}
10/02/2014 22:09
NE 118 : **bn** courage **bella**
{Esp : belle}
10/02/2014 22:09
YRmc 119 : merci **couz**

Exemple S.7/ Pair : [AF - FT]

04/05/2014 18:06
FT 205 : **zinoooooooooooooooooooo**
04/05/2014 18:06
AF 206 : ***Slm*** **toiiiii Cv**
{Ar : bonjour}
04/05/2014 18:07
FT 207 : oui très très très bien
04/05/2014 18:07
AF 208 : **Ouuuuaaaaaiiiiiiiiiii** ***hmdl***
{Ar : Dieu soit loué}
04/05/2014 18:10
FT 209 : et toi **cv**
04/05/2014 18:10
AF 210 : ***Hmdl*** **trankil** Au calme
{Ar : Dieu soit loué}
04/05/2014 18:12
FT 211 : c bien *nchalah* toujours comme ça
{Ar : Si Dieu le veut}
04/05/2014 18:12
AF 212 : **Tjr** ***inchaaaaaaaaAllah***
{Ar : Si Dieu le veut}

Exemple S.8

22/05/2014 18:23
AF 214 : *Salam aleykoum* **ptite** sœur **???? T** là?
{Ar : Bonjour}
22/05/2014 18:31
AF 215 : **T** bizarre toi tu vois mon message et tu répond pas
????
23/05/2014 11:48
FT 216 : **dsl j té** répondu mais la connexion **été** faible
fréroooooo

Exemple S.9

28/04/2014 17:54
FT 469 : **slt**
28/04/2014 17:54
AF 470 : Coucou ça va ?
28/04/2014 17:55
FT 471 : oui ***hmd*** et toi **cv ???**
{Ar : Dieu soit loué}
28/04/2014 17:56
AF 472 : ***Hmdl***. Ça va la famille ?
{Ar : Dieu soit loué}
28/04/2014 17:58
FT 473 : oui **cv**
28/04/2014 17:58
AF 474 : ***Hmdl*** Tu raconte quoi?
{Ar : Dieu soit loué}

Exemple S.10 /Pair : [RB - AB]

30/09/2012 00:17
RB 572 : À la prochaine bye Asma !
30/09/2012 00:17
AB 573 : ok bay rachid **bon8** *thala frouhak*
{Fr : bonne nuit (langue d'écran)} {Ar : prends soin de toi}

Exemple S.11

22/07/2014 14:31
AB 746 : **bon jour**
22/07/2014 14:32
RB 747 : Bonjour
22/07/2014 14:32
AB 748 : *rak* **cv??**
{Ar : tu vas bien}
22/07/2014 14:33
RB 749 : Oui ***hmd*** et toi ?
{Ar : Dieu soit loué}
22/07/2014 14:34
AB 750 : ***hmd*** **b1**.*ewa kach jdid*??
{Ar : Dieu soit loué} {Fr : bien (langue d'écran)} {Ar : alors quoi de neuf ?}

Exemple S.12 / Pair : [YCC – SS]

14/10/2014 23:45
SS 970 : yasmin **bon 8** *layla sa3ida nchalah*
{Fr : bonne nuit (langue d'écran)} {Ar : bonne nuit si Dieu le veut}
14/10/2014 23:46
YCC 971 : merci toi aussi
14/10/2014 23:46
SS 972 : **Merciii t** gentil

Exemple S.13

15/10/2014 11:14
SS 973 : ***Sbh*** *nor*
{Ar : bonjour}
15/10/2014 11:15
YCC 974 : **hello**
{Ang : salut}

```
15/10/2014 11:15
SS 975 :      cv ?
15/10/2014 11:16
YCC 976 :     oui et toi ?
15/10/2014 11:16
SS 977 :      oui cv hmd t fait pas l'ecol ?
```
{Ar : Dieu soit loué}

Les séquences d'ouverture et de clôture illustrent une certaine régulation, voire un ajustement codique quant au choix des ressources qui se fait principalement en arabe algérien et en français. Ce choix est relatif à la position des cyberscripteurs et à l'enchaînement séquentiel de l'activité interactionnelle en cours.

Parmi les exemples cités (**S.1, S.5, S.9, S.13**), les occurrences des expressions ou mots isolés de type « salut, coucou, hello, holla » combinés avec des éléments de l'arabe algérien « slm, hmdl » sont fréquents et leur prédominance sur les équivalents en arabe algérien représente un trait distinctif de la communication médiée par ordinateur. Ceci suggère que la prédominance du français est due au clavier latinisé de l'ordinateur/de la machine, mais aussi à la langue « officielle » et/ou de l'interface du réseau Facebook. Il n'en est pas moins que les raisons qui poussent les cyberscripteurs algériens à utiliser ces expressions isolées en français et dans d'autres langues étrangères relèvent d'une question d'économie[15] (Pekarek Doehler, 2011) et ont un effet favorable à l'emploi de ces langues étrangères.

Un autre élément notable au sujet des ressources étudiées est que l'alternance codique, dans les formules de salutations, a également pour effet d'augmenter l'expressivité des messages. Les récurrences de salutation, des vœux, des expressions d'invocation à Dieu (**S.2, S.3, S.7, S.9, S.11, S.12, S.13**) dans les séquences d'ouverture et de clôture des échanges en ligne sont des énoncés souvent figés dans les pratiques langagières numériques des cyberscripteurs algériens (Ali-Bencherif, 2009 : 84) et permettent de distinguer la relation interpersonnelle[16] entretenue entre ces derniers.

Dans les formules de salutations, l'alternance codique se caractérise par des usages à forte dominance phatique, mobilisés particulièrement par des formules de salutation, de vœux et d'expression culturelle (d'invocation à Dieu, comme par exemple « hmdl, inchallah »). Elle consiste le plus souvent en des expressions figées ou en un seul mot isolé. De cette manière, le caractère phatique de l'alternance codique offre la possibilité d'indexer son appartenance à une communauté ou à une culture spécifique. Désormais, l'alternance comme ressource langagière dans la communication numérique écrite est aussi un lieu de manifestation identitaire située au sein de l'activité interactionnelle à distance. Les formules de salutations relevant de l'arabe algérien font partie d'une ritualisation sociale communicative de la communication en ligne, tout comme les usages ordinaires.

En outre, l'emploi de l'alternance (néo)codique dispose ici d'un démarquage à valeur phatique, par rapport aux éléments du reste du message et sont fréquemment accompagnés de ressources typiques de la communication en ligne, comme les étirements graphiques « Merciiiiii, zinoooooooooooooooooooo, Ouuuuaaaaaiiiiiiiiiii, inchaaaaaaaaAllah », les

[15] Le recours à l'alternance codique serait motivé pour des raisons d'économie, de façon à ce que les cyberscripteurs bi-plurilingues puissent raccourcir la longueur de leur message par le choix de lexèmes les plus courts dans une langue (le français) ou une autre (l'arabe algérien) (Bautista, 2004 ; cité par Pekarek Doehler, 2011).

[16] La discussion instantanée de Facebook se particularise par la nature privée des échanges entre les cyberscripteurs et, par conséquent, de la relation interpersonnelle de ces derniers. Nous avons relevé des indices tels que « petite sœur », « cousin », « tata », etc., qui caractérisent la relation interpersonnelle entretenue entre eux.

majuscules, les points d'exclamations[17], les squelettes consonantiques « hmd, hmdl, slm, sbh, bn, cv, slt, cc, dsl, tjr », les logogrammes « b1, a++, bn8 » (qu'on retrouve dans la quasi-totalité des séquences analysées), ayant pour effet d'augmenter l'expressivité des échanges synchrones sur Facebook.

4.3 Discussion : l'alternance codique comme ressource langagière numérique « routinisée »

La communication numérique écrite mobilise de nouvelles pratiques d'utilisation de/s langue/s. Les cyberscripteurs disposent d'un répertoire scripto-verbal bi-plurilingue, leur permettant de développer et de renouveler des ressources qui sont à leur disposition (ressources linguistiques, langagières et numériques) pour atteindre des buts communicatifs communs. Dans les messages analysés et spécifiquement dans les séquences d'ouverture et de clôture, on remarque au minimum deux langues utilisées de manière alternées et parfois sous forme d'insertion, qui sont à leur tour alternées avec des procédés graphiques, de façon à constituer une langue d'écran au sens de Develotte et Gee (2005).

Le choix de langue/s est traité et accompli – dans ce type de contexte de la communication numérique écrite – au cours de l'organisation séquentielle des échanges en ligne (Mondada, 2007 :188). Dans ce sens, le choix des ressources effectué est parfois catégorisé par les cyberscripteurs comme une préférence linguistique, auxquelles des ajustements et des alignements codiques sont attribués à l'initiation d'une nouvelle séquence ou d'une activité interactionnelle.

De manière intéressante, la prédominance du français et d'autres langues étrangères (l'anglais et l'espagnol, par exemple) constituent un trait distinctif des séquences d'ouverture et de clôture de la communication en ligne, du fait du clavier latin de la machine et de la langue de l'interface (le français) du réseau social Facebook. Nous suggérons ainsi que les expressions isolées de type « slt », « hello », « holla » par exemple, font parties des routines communicatives (Pekarek Doehler, 2011 : 11) spécifiques aux conversations instantanées de Facebook, relevant de part et d'autre d'un répertoire propre à la communication en ligne et puisant par-là, dans l'utilisation du français sur les équivalents en arabe algérien. Dans ce cadre, l'alternance (néo)codique est considérée comme une ressource langagière numérique, reconnue comme telle par les cyberscripteurs algériens, traitée par ces derniers dans une relation de contiguïté comme un indice de contextualisation (Gumperz, 1982), celui du cyberespace (par référence à Facebook).

À cet effet, les salutations – configurées pour ce type d'échange spécifique aux TIC – deviennent une séquence qui fonctionne comme une ressource numérique pour vérifier et assurer l'interconnectivité des interactants (nous illustrons par l'exemple **S.8** cité *supra*) « Salam aleykoum (*bonjour*) ptite sœur ???? **T là** ? ». De la même manière, les cyberscripteurs reviennent fréquemment à leur langue maternelle (l'arabe algérien), qui marque une manifestation identitaire et une appartenance socioculturelle (notamment les invocations à Dieu). Les langues alternées dans les formules de salutations en arabe algérien et en français, sont considérées comme des séquences à fonction phatique et des « rituels d'accès mutuels » (Goffman, 1973).

[17] Les majuscules et les points d'exclamations ne figurent pas dans les exemples illustrés *supra* et sont peu fréquents dans les formules de salutations.

5 Conclusion

L'approche sociolinguistique interactionnelle a permis de saisir dans ce mode de communication « déspacialisée », la réalisation des activités interactionnelles et langagières, en mettant l'accent sur la notion de *ressources*. Dans le cadre de cette étude, nous avons tenté d'analyser les alternances codiques qui caractérisent les pratiques langagières des cyberscripteurs algériens – à travers des échanges de la discussion instantanée de Facebook – dans les séquences d'ouverture et de clôture constituant des ressources langagières numériques actualisées. Celles-ci sont l'indice d'une compétence bi-plurilingue co-construite contribuant, *a posteriori* à l'élaboration d'un cadre d'échanges commun de la communication en ligne. En d'autres termes, les ressources langagières numériques peuvent être conçues comme le résultat des phénomènes sociolinguistiques, qui résultent de l'émergence des nouveaux modes de la communication numérique écrite à travers le contact via des écrans interposés.

Cette activité a conduit à de nouveaux comportements langagiers, marqués par des formes linguistiques et langagières, permettant ainsi l'intercompréhension entre des sujets n'ayant pas toujours les mêmes compétences linguistiques. De ce fait, les échanges dans les formules de salutations en ligne matérialisent une certaine organisation de la parole qui amène d'entrée en jeu les cyberscripteurs, à effectuer des choix linguistiques et langagiers. Nous remarquons également une dynamique notable de l'évolution des ressources langagières numériques dans la communication médiée par ordinateur, qui participe à une dynamique d'encodage et de décodage favorisant ainsi, le développement du répertoire « scripto-verbal plurilingue » des cyberscripteurs algériens. Il en ressort de cette étude que le réseau social Facebook privilégie l'usage des langues minoritaires (l'arabe algérien). À cet effet, le phénomène de l'alternance des langues s'explique par la relation amicale et conviviale entretenue entre les cyberscripteurs et/ou les langues (particulièrement l'arabe algérien) qu'ils mobilisent lors des échanges. Mais il permet également à ces derniers de remplir des objectifs identitaires en traçant des contours de la communauté sociolinguistique à laquelle ils appartiennent.

Enfin, l'alternance codique et (néo)codique, comme ressource langagière numérique, montre que le choix linguistique et/ou langagier dans les échanges synchrones sur Facebook est lié à des enjeux pratiques. Employée comme solution qui amène les cyberscripteurs algériens à des ajustements et à l'alignement des ressources langagières, l'alternance (néo)codique relève, *de facto* de formules entièrement ritualisées, de routines communicatives qui semblent être typiques à la communication médiée par ordinateur. Dès lors, peut-on considérer l'alternance (néo)codique comme une pratique spécifique à la communication médiée par ordinateur, et a priori un « we-code » des cyberscripteurs appartenant à une communauté sociolinguistique spécifique ? L'alternance (néo)codique est-elle l'expression des *habitus* comme signe d'appartenance à une communauté virtuelle spécifique à travers la communication en ligne ?

Bibliographie

Ali-Bencherif M. Z. (2009). L'emploi alternatif de l'arabe algérien et du français dans des conversations bilingues : Modes de fonctionnement, régulation et ritualisation dans les séquences d'ouverture. *Synergies Algérie*, vol. 8, p. 79-89.

Ali-Bencherif M. Z. (2016). La cybercommunication : un espace d'échanges plurilingues, néo-pluri-graphiques et multiformes. *Cahiers de linguistique*, vol. 42, n° 2, p. 31-38.

Atifi H. (2007). Choix linguistiques et alternance codique dans les forums diasporiques marocains. In J. Gerbault (éd.), *La langue du cyberespace : de la diversité aux normes*. Paris : L'Harmattan, p. 31-46.

Auer P. (1995). The pragmatics of code-switching: A sequential approach. In L. Milroy & P. Muysken (eds.), *One Speaker Two Languages: Cross-Disciplinary Perspectives on Code-Switching,* Cambridge: Cambridge University Press, p. 115-135.

Calvet L.-J. (2002). Mondialisation, langue et politiques linguistiques. Le versant linguistique de la mondialisation. *Le français dans le monde*, vol. 329, p. 39-42.

Chardenet P. (2005). Effets d'alternance et de mélanges dans les échanges plurilingues en ligne. In V. Pugibet et N. Gettliffe-Grant (coord.), *Pluralité des langues et des supports : descriptions et approches didactiques*, (*Cahiers du français contemporain*, vol. 10), Lyon : ENS Éditions, p. 237-253.

Develotte C. et Gee R. (2005). Contacts de l@ngues sur écran ou comment on donne sa langue à la souris. In C. Van Den Avenne (éd.), *Mobilités et contacts de langues*, Paris : L'Harmattan, p. 147-161.

Develotte C., Kern R. et Lamy M.-N. (dir.) (2011). *Décrire la conversation en ligne : le face à face distanciel*, Lyon : ENS Éditions.

Goffman E. (1973). *La mise en scène de la vie quotidienne. Tome 2. Les relations en public*, Paris : Éditions de Minuit.

Gumperz J. J. (1982). *Discourse Strategies. Studies in Interactional Sociolinguistics*, Cambridge: Cambridge University Press.

Herring S. (1999). Interactional coherence in CMC. *Journal of Computer Mediated Communication*, vol. 4, n° 4, [https://doi.org/10.1111/j.1083-6101.1999.tb00106.x].

Hymes D. (1972). Models of the interaction of language and social life. In J. J. Gumperz & D. Hymes (eds.), *Directions in Sociolinguistics. The Ethnography of Communication*, New York: Holt, Rinehart & Winston, p. 35-71.

Kerbrat-Orecchioni C. (2007). La « cyberpolitesse » formes de l'adresse ouverture et clôture dans les courriers électroniques. *Quaderns de Filologia. Estudis Lingüístics*, vol. 12, p. 35-56.

Liénard F. (2014). Les communautés sociolinguistiques virtuelles. Le cas des pratiques scripturales numériques synchrones et asynchrones mahoraises, *Studii de lingvistică*, vol. 4, p. 145-163.

Marcoccia M. (2011). « T'es où maintenant ? » : Les espaces de la conversation visiophonique en ligne. In C. Develotte, R. Kern et M.-N. Lamy (dir.), *Décrire la conversation en ligne : le face à face distanciel*. Lyon : ENS Éditions, p. 95-115.

Marcoccia M. (2016). *Analyser la communication numérique écrite*, Paris : Armand Colin.

Mondada L. (2007). Le code-switching comme ressource pour l'organisation de la parole-en-interaction. *Journal of Language Contact*, vol. 1, p. 168-195 [www.*jlc-journal.org*].

Pekarek Doehler S. (2011). *Hallo! Voulez vous luncher avec moi hüt?* Le "code switching" dans la communication par SMS. *Linguistik online*, vol. 48, n° 4, p. 49-70. [https://bop.unibe.ch/linguistik-online/article/view/333/499].

Pierozak I. (2010). Les corpus électroniques en sciences du langage : un eldorado ? *Le discours et la langue, Revue de linguistique française et d'analyse du discours*, vol. 2.1, p. 15-31.

Pothier M. (2004). Approche de la notion de ressources. In C. Develotte et M. Pothier (coord.), *La notion de ressources à l'heure du numérique*, (*Notions en questions. Rencontres en didactique des langues* vol. 8), Lyon : ENS Éditions, p. 15-22.

Concevoir des ressources pour enseigner, un levier pour le développement des compétences informationnelles des professeurs ?

Designing resources for teaching, a lever for the development of teachers' information literacy skills?

Anita Messaoui[1 a]

[1]*S2HEP / ACTé - ÉducTice, Institut français de l'éducation (IFÉ)*
ENS de Lyon, 15 parvis René Descartes, BP 7000, 69342 Lyon Cedex 07 - France

Résumé. Les enseignants français conçoivent depuis longtemps leurs ressources d'enseignement. Avec l'accroissement des ressources numériques, ces tâches de conception se sont complexifiées. Quelles sont les compétences informationnelles en jeu dans le travail de conception des ressources d'enseignement ? Peut-on définir une expertise documentaire des enseignants en rapport avec leur travail sur les ressources ? Notre contribution propose de répondre à ses questions en nous basant sur l'analyse du travail documentaire d'une enseignante d'anglais de collège pendant la préparation d'une nouvelle leçon. À partir de l'approche documentaire du didactique et du concept de schème, deux schèmes documentaires ont été identifiés et caractérisés : « sélectionner une ressource » et « garder la trace d'une ressource ». Des connaissances et des règles d'action associées à ces schèmes ont été mises en évidence, prouvant que ces deux schèmes constituent une mise en action des compétences « évaluer une information » et « retrouver une information ».

Abstract. In France, teachers used to design their resources from a long time. With the increase of digital resources, this design task became more complicated. What are the information literacy's skills into play in this design? How could we define a "documentational expertise" in relation to teachers' documentational work? The contribution aims to answer these questions. For this purpose, our analysis is based on the documentational work of an English teacher, in a French secondary school, preparing a new lesson. With the concept of scheme and the documentational approach to didactics, two schemes were identified and characterized, through the teacher's activities: selecting and saving a resource. Associated knowledge and rules of action for these schemes are highlighted. These two schemes constitute a putting into action of information literacy's skills: evaluate information and retrieve information.

[a] Auteur de correspondance : anita.messaoui@ens-lyon.fr

1 Introduction

L'éducation aux médias et à l'information (EMI) est apparue en 2013 dans les textes officiels français. Fin 2015, le ministère de l'Éducation nationale a publié un référentiel de compétences pour l'EMI avec les programmes qui accompagnent la réforme 2016 du collège. Cette « éducation à » est un enseignement transversal intégré au socle commun de connaissances, de compétences et de culture[1]. Elle est fortement sollicitée dans les dispositifs associés à la réforme, comme les Enseignements Pratiques Interdisciplinaires (EPI) et l'Éducation Morale et Civique (EMC). Tous les professeurs sont en charge de la dispenser, avec l'appui du professeur documentaliste. Cependant, les enseignants disciplinaires ne sont pas des spécialistes du domaine. Ils n'ont, le plus souvent, aucune formation dans le champ des médias et de l'information. Warzager (2003) a mené une étude d'envergure dans les IUFM[2] (Institut Universitaire de Formation des Maîtres) qui montre que 87% des professeurs stagiaires du secondaire n'ont pas reçu de formation documentaire[3]. Or, les enseignants ont tous des pratiques informationnelles en lien avec leur activité professionnelle (Liquète, 2001 ; Messaoui, 2016), en particulier lors des activités de préparation des cours. Les ressources sont la matière première du professeur. Il les recherche, les rassemble, les transforme, les nourrit de ses préoccupations didactiques, de sa connaissance des élèves, pour concevoir, au terme de ce travail documentaire, un document qui constitue la matière du travail avec les élèves. Par conséquent, les enseignants ne sont pas dépourvus de compétences informationnelles. Leur expertise, essentiellement basée sur leurs pratiques et leurs expériences, est souvent implicite et relève d'un apprentissage empirique.

L'objet de notre contribution, qui s'inscrit dans l'axe 1 du colloque *faire avec* et *faire sans, les ressources mobilisées*, est de comprendre comment les enseignants développent leurs compétences informationnelles par leur travail documentaire et leurs interactions avec les ressources, en particulier pendant les activités de conception. La problématique traitée dans cette contribution explore deux axes complémentaires : quelles sont les compétences informationnelles qui interviennent dans la conception d'une leçon et comment les compétences informationnelles contribuent-elles au développement de l'expertise documentaire. Le concept d'expertise documentaire est émergent. Nous en proposons une définition à la fin de notre exposé.

La première section présente les concepts et les approches théoriques qui sous-tendent notre analyse. À partir de ce contexte théorique, nous avons mis en place une méthodologie qui s'appuie sur les principes de *l'investigation réflexive* (Gueudet et Trouche, 2010) et défini notre terrain de recherche pour réaliser une étude de cas. Ensuite, nous présentons les premiers schèmes que nous avons identifiés dans une situation de conception d'une nouvelle leçon : *sélectionner une ressource* et *garder la trace d'une ressource*.

---

[1] http://www.education.gouv.fr/pid25535/bulletin_officiel.html?cid_bo=87834

[2] Ces structures de formation des enseignants sont remplacées par les ESPE depuis 2013

[3] La situation a peut-être évoluée en France avec la mise en place du C2i enseignant, mais aucune étude récente ne s'intéresse à la question de la formation documentaire

 https://doi.org/10.1051/shsconf/20185202003

2 Contexte théorique

L'analyse des interactions entre les enseignants et les ressources prend appui sur des concepts issus des sciences de l'éducation et de sciences de l'information et de la communication (SIC). Nous présentons d'abord l'approche documentaire du didactique (écrit ADD par la suite) (Gueudet et Trouche, 2010), puis les apports de la didactique professionnelle avec la théorie de la conceptualisation dans l'action et le concept de schème (Pastré, Mayen et Vergnaud, 2006 ; Vergnaud, 2011) et enfin les compétences informationnelles et *l'information literacy* qui relève du champ des SIC.

2.1 L'approche documentaire du didactique

Le terme de ressource a été beaucoup sollicité au cours de ce colloque et les définitions proposées sont nombreuses. Nous commençons donc par définir ce que nous entendons par « ressource » dans notre contexte théorique. Les travaux d'Adler (2000), repris par Gueudet et Trouche (2010), lui donne une acceptation relativement large : tout ce qui permet de re-sourcer l'activité de l'enseignant. Pour notre part, afin d'observer le développement des compétences informationnelles, nous restreignons cette définition à toutes les ressources matérielles susceptibles de soutenir l'enseignant dans son activité professionnelle, mais nous conservons du verbe « re-sourcer » l'accent mis sur l'usage en contexte de la ressource comme moyen pour l'enseignant de transformer son activité. Les ressources mobilisées par les enseignants sont structurées, en fonction de leurs activités, dans un système de ressources.

Le travail documentaire des enseignants est également un des concepts fondateurs de l'ADD. Gueudet et Trouche (2010) le définissent comme un processus articulant étroitement la conception et la mise en œuvre des ressources d'enseignement par les professeurs. Le travail documentaire englobe en particulier la recherche de ressources, leur appropriation, et leur intégration dans un système de ressources. En interagissant avec les ressources, les enseignants les transforment et se transforment dans un double processus d'*instrumentation* et d'*instrumentalisation*. Au terme de ce processus, nommé genèse documentaire, l'enseignant a conçu un *document*, une entité hybride composée de ressources combinées et de schèmes, c'est-à-dire d'usages potentiels, d'objectif d'enseignement et des connaissances qui sous-tendent ces usages. Le concept de schème est aussi central dans la théorie de la conceptualisation dans l'action (voir §2.2).

Nous émettons l'hypothèse que le développement professionnel, intimement lié à la genèse documentaire (Gueudet et Trouche, 2010), est favorisé lorsque le sujet se trouve dans une situation nouvelle. Les derniers développements de l'ADD (Pepin *et al.*, 2017) accordent une place importante à la capacité de conception des enseignants et à ses composantes : « *teacher design can be described as the creation of "something new" (e.g. combining existing and novel elements) as a deliberate/conscious act in order to reach a certain (didactical) aim.* » (p. 4). En conséquence, l'activité de préparation d'une nouvelle leçon est une situation permettant d'observer la conception de nouvelles ressources et potentiellement, le développement de nouvelle connaissance.

2.2 Conceptualisation dans l'action et schème

Dans leurs travaux de développement d'une didactique professionnelle, Pastré, Mayen et Vergnaud (2006) soutiennent que les connaissances naissent dans l'action. Selon eux, il existe des savoirs basés sur l'expérience, appelés connaissances opératoires, et des savoirs basés sur l'apprentissage, nommés connaissances prédicatives. Les premiers sont dans le registre du faire, les seconds dans celui de l'explicitation. Notre postulat de départ est le suivant : les compétences informationnelles appartiennent à la catégorie des savoirs qui se développent dans l'action.

Tout comme l'ADD, la conceptualisation dans l'action s'appuie sur l'analyse de l'activité, pour identifier les compétences mises en œuvre par les acteurs. Or, si on ne se contente pas de considérer le résultat de l'activité, c'est-à-dire la performance, mais l'activité elle-même ainsi que sa forme, la notion de compétence n'est pas suffisante. Les chercheurs en didactique professionnelle lui préfèrent le concept de schème, qui est alors plus opérationnel pour décrire et analyser les formes d'organisation de l'activité en situation. C'est ce que nous faisons pour le travail documentaire.

Vergnaud (2011) a repris de Piaget le concept de schème, qu'il définit comme une totalité dynamique fonctionnelle, en le couplant au concept de classe de situations : « *le schème est une organisation invariante de la conduite pour une classe donnée de situations* » (p. 283). Le schème pilote l'activité pour réaliser un type de tâches, pour une classe de situations donnée. Vergnaud caractérise le schème selon quatre composants qui interagissent entre eux pour mener à bien l'activité. Le premier composant du schème est intentionnel : un but clairement identifié, des intentions et des sous-buts. Ensuite, la partie générative du schème est constituée des règles d'action, de prise d'information et de contrôle. Troisième composant, les invariants opératoires sont un élément déterminant pour que le schème puisse effectivement conduire l'activité ; ce terme désigne les connaissances-en-acte, c'est-à-dire les propositions tenues pour vraies ou pertinentes dans une classe de situations. Enfin les situations d'une même classe étant proches, mais jamais identiques, le schème se compose également des inférences qui permettent au sujet de s'adapter. Les inférences jouent un rôle majeur dans la dynamique de développement des schèmes.

Nous souhaitons introduire ici une distinction opérée par Rabardel (1995) entre le *schème d'action instrumenté*, entité globale, qui permet de réaliser le but principal de l'activité et le *schème d'usage*, qui conduit les tâches secondaires indispensables à la réalisation du but principal. Par ailleurs, un schème d'usage peut être mobilisé dans différentes classes de situations. Bien que les schèmes documentaires soient impliqués dans toutes les activités du travail documentaires, nous restreignons notre étude à la caractérisation de schèmes d'usages impliqués dans la mise en œuvre des compétences informationnelles.

2.3 *Information literacy* et compétences informationnelles

Nous ne rentrons pas dans les débats de traduction de l'expression *information literacy*, ni sur l'historique du terme (Boustany, 2014 ; Karsenti *et al.*, 2014), nous utilisons dans l'étude le terme de *compétences informationnelles* en nous appuyant sur la vision portée par l'Association of College and Research Libraries (ACRL) et l'*Information Literacy Competency Standards for Higher Education* (ACRL, 2000). Mondialement reconnu, ce référentiel de compétences a servi de socle pour la construction de nombreuses formations de l'enseignement supérieur (ADBU, 2012 ; CREPUQ, 2005). Il définit quatre domaines compétences. Le premier est la capacité à identifier et définir son besoin d'information, c'est-à-dire être capable de cerner précisément son sujet et l'information recherchée. Le second domaine recouvre la démarche de recherche : trouver l'information, savoir la rechercher et la localiser. Le troisième domaine englobe les stratégies d'évaluation et de sélection de l'information et le dernier la capacité à utiliser l'information pour répondre aux besoins initialement identifiés. Ce référentiel, très imprégné du fonctionnement des bibliothèques, propose une vision procédurale des compétences informationnelles.

L'essor d'Internet et surtout des médias sociaux depuis quelques années ont fait évoluer les pratiques informationnelles des étudiants et des chercheurs, cela a conduit cette association à actualiser son référentiel. En 2015, l'ACRL a publié un nouveau cadre pour l'enseignement de *l'information literacy* à l'université (ACRL, 2015). Beaucoup moins orienté vers les procédures, ce cadre pose davantage *l'information literacy* comme une posture intellectuelle : l'autorité, qui est un des critères de l'évaluation, y est envisagée comme une construction, la création du savoir comme un échange, la recherche comme une enquête, la production d'information comme un processus. Or, toutes ces attitudes sont mobilisées dans le travail documentaire.

Malgré la refonte du référentiel de compétences proposée par l'ACRL, l'aspect de la gestion de ses informations n'est pas considéré dans le référentiel de 2015. Pour trouver une description, il faut nous tourner vers le champ de la gestion personnelle de l'information. Jones (2007) définit 3 grands domaines : (1) trouver / retrouver l'information pour répondre à un besoin identifié, selon une conception proche du modèle proposer par l'ACRL, (2) garder l'information au sein de son système personnel d'information (SPI) et (3) gérer et organiser ses collections au sein de son SPI. L'approche de Jones introduit une dimension très présente dans le travail documentaire qui est la conservation et l'organisation des ressources produites et collectées par les enseignants.

Pour conclure, le champ des compétences informationnelles recouvre un large panel d'activités qui inclut aussi bien le processus de la recherche d'information que l'organisation des ressources au sein d'un système structuré. Suivant la proposition de Vergnaud qui substitue le concept de schème à la notion de compétences, notre contribution propose d'identifier des schèmes documentaires associés aux compétences informationnelles dans la situation de préparation d'une nouvelle leçon.

3 Une méthodologie basée sur des études de cas

Cette section présente les principes de l'investigation réflexive avant de décrire les caractéristiques de notre terrain et se conclut sur les méthodes d'analyse mise en œuvre.

La méthodologie élaborée ici prend appui sur l'investigation réflexive (Gueudet et Trouche, 2010) dont les principales caractéristiques sont : un suivi sur le long terme afin de mesurer les éléments de stabilité et de variation dans l'activité ; un suivi dans et hors la classe pour saisir tous les moments du travail documentaire ; une collecte de données étendue, depuis les ressources produites et utilisées par l'enseignant aux vidéos de l'activité de l'enseignant ; une implication de l'enseignant dans le suivi et la collecte des données qui l'amène à expliciter son activité et développer une posture réflexive sur son travail. Dans le respect des quatre principes précédemment évoqués, nous avons construit une méthodologie originale qui se déploie au cours de deux années de suivis.

Afin de prendre connaissance de l'environnement dans lequel évolue l'enseignant, le premier entretien consiste en une visite guidée des ressources. Il s'agit d'un entretien semi-directif, au domicile de l'enseignant, où le chercheur utilise une instruction au sosie pour lui demander de décrire ses ressources, leur organisation et leur usage. Introduite en psychologie du travail par Clot (2001) et reprise par Gueudet et Trouche (2010), l'instruction demande à l'enseignant d'expliquer à une personne qui va le remplacer comment sont organisées ses ressources et comment il les utilise. L'instruction au sosie est « *moyen détourné*, un *contact social* artificiel avec soi-même. Il autorise une *ré-entrée* dans l'action, une répétition sans répétition, la mise au travail de l'action dans une autre activité avec le sosie où elle sert maintenant de ressource. La conscience est ce dédoublement du vécu, revécu pour vivre autre chose » (Clot, 2001 : 261).

Nous proposons ensuite de capter l'activité de l'enseignant à trois moments du travail documentaire : lors de la conception d'une nouvelle leçon, pendant sa mise en œuvre en classe et pendant le processus de révision de la ressource. Dans le prolongement de l'*investigation réflexive*, nous demandons à l'enseignant de se filmer, seul, à son domicile pendant la préparation d'une leçon dont le sujet a été choisi en concertation avec le chercheur. Dans cette phase, l'enseignant devient producteur des données de la recherche. Le dispositif mis en place permet d'enregistrer à la fois ce qui se passe sur l'écran de son ordinateur et son visage avec la webcam ; l'enseignant explique ce qu'il fait en même temps qu'il prépare sa leçon. Ce dispositif vise à renforcer sa posture réflexive. Dans un deuxième moment, le chercheur vient observer la mise en œuvre de la leçon en classe, et réalise un enregistrement vidéo. Dans un troisième moment, un an plus tard, l'enseignant se filme pendant la révision de la leçon.

Notre terrain d'étude s'est constitué autour d'un collège en milieu rural. Nous avons mis en place le suivi longitudinal décrit ci-dessus pour trois enseignantes : deux en anglais et une en mathématique. L'étude de cas exposée concerne la situation de préparation d'une leçon d'une professeure d'anglais, Ludivine, leçon qui porte sur le présent BE+ING pour sa classe de 6e (figure 1).

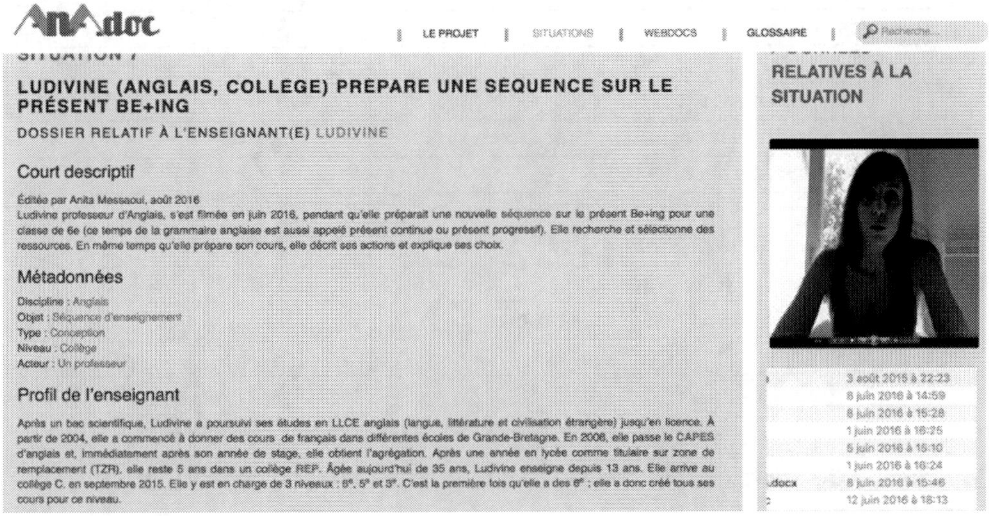

Figure 1. Présentation de la situation de Ludivine sur AnA.doc.

Elle s'est filmée deux fois. Une première fois lors de la création de la séquence et un an plus tard au moment de la révision. En plus des vidéos, Ludivine nous a aussi transmis le dossier contenant toutes les ressources associées à cette séquence. C'était la première fois que cette enseignante, nouvellement arrivée dans l'établissement, était responsable d'une classe de 6e La première année, elle a recherché des ressources, d'abord dans plusieurs manuels scolaires, puis sur YouTube pour obtenir des ressources authentiques. La situation correspond donc à la préparation d'une nouvelle leçon. Suivant la définition donnée plus haut (§2.1), il s'agit d'une activité de conception de ressources pour enseigner. Lors de la révision de la séquence, l'enseignante a surtout vérifié la pertinence des ressources sélectionnées l'année précédente et a cherché des ressources complémentaires pour s'adapter à la nouvelle situation de classe. À partir des données collectées lors de ces situations, nous avons caractérisé des schèmes spécifiques aux compétences informationnelles.

Les données vidéo collectées (discours et actions) sont analysées et codées avec le logiciel Atlas.ti. La grille de codage (tableau 1) croise les compétences informationnelles identifiées, le type de ressource mobilisée (site Internet, manuel, logiciel…) et les différents composants du schème. Elles font ensuite l'objet d'une publication sur la plateforme

AnA.doc[4] (voir la contribution de Rocha à ce colloque). Il s'agit d'une plateforme web, hébergée par l'ENS de Lyon, qui permet de stocker les données de la recherche, publier des analyses et partager l'ensemble avec la communauté de recherche impliquée dans le projet ReVEA[5] (Alturkmani *et al.*, à paraître). AnA.doc est structuré en 3 niveaux. Le niveau situation présente l'ensemble des données associées à une situation de collecte ainsi que la description de la méthodologie et des questions de recherche. Le niveau webdocument présente des analyses de la situation en s'appuyant sur de courts extraits. Le dernier niveau est le glossaire qui propose les définitions des concepts théoriques mobilisés dans les analyses.

Tableau 1. Grille de codage utilisée dans l'analyse des vidéos de Ludivine

Code	Vidéo 1 : préparation	Vidéo 2 : révision
Analyser / Évaluer	5	5
Buts/intention	3	1
Classer / organiser	2	2
Créer une ressource	0	1
Enregistrer/ sauvegarder / prendre en note	6	4
Identifier ses besoins	3	2
Manuels scolaires (papier ou numérique)	2	1
Mise en forme de l'information	0	1
Rechercher / retrouver	4	6
Recyclage de ses ressources propres	1	5
Sélectionner	5	5
Site Internet	2	4

4 Essai de caractérisation de schèmes documentaires

En nous basant sur les situations de préparation d'une leçon de Ludivine et la régularité des actions observées, nous proposons de caractériser deux schèmes documentaires impliqués dans le processus de conception d'une nouvelle ressource : « sélectionner une ressource » et « garder la trace d'une ressource ». Pour chacun nous avons recherché les quatre composants définis par Vergnaud (voir §2.2).

4.1 Le schème « sélectionner une ressource »

Le but de l'activité « préparer une leçon » est de choisir les ressources qui serviront de support à l'apprentissage des élèves. Pour cela, le professeur va évaluer différentes ressources afin de déterminer s'il les sélectionne ou non pour concevoir sa leçon. C'est pourquoi nous affirmons qu'un des sous-buts de cette activité est de déterminer la valeur d'une information.

Tout au long des films d'étude, le professeur explique pourquoi elle retient telle ressource et rejette telle autre, ce faisant, elle explicite ses critères de choix. En relevant ces éléments dans son discours, nous avons déterminé plusieurs catégories de connaissances

[4] Pour des raisons de confidentialité, l'accès à la plateforme nécessite une authentification par des codes. Contactez l'auteure de l'article pour les obtenir.
[5] https://www.anr-revea.fr/

mobilisées par Ludivine pour argumenter ses choix (tableau 2). Il y a tout d'abord les connaissances liées à la discipline enseignée, ici des connaissances sur la langue anglaise (grammaire, vocabulaire, prononciation) pour évaluer la qualité linguistique de la ressource ; ensuite des connaissances d'ordre didactique autour des contenus à enseigner et de leur progression ; les éléments relevant des programmes scolaires (connaissance curriculaire) sont aussi invoqués pour justifier la sélection ; la connaissance des élèves (niveau, difficulté) est également une dimension importante ; enfin, dans la dernière colonne, regroupe les connaissances sur le contexte d'enseignement de Ludivine.

En ayant accès à la vidéo de l'activité, c'est-à-dire en pouvant observer le déroulement de l'action, nous avons également pu déterminer des règles d'action. Tout au long des vidéos de préparation et de révision de la leçon, certaines actions se répètent dans un ordre identique. Nous en inférons des règles d'action, de prise d'information et de contrôle, qui correspondent à l'analyse de la ressource, la décision de sélectionner ou non la ressource étant entièrement dépendante de cette analyse.

Tableau 2. Récapitulatif des connaissances mobilisées par l'enseignante pour la tâche de sélection

Connaissances disciplinaires	**Connaissances didactiques**	**Prescriptions des programmes**	**Connaissances des élèves**	**Connaissances du contexte**
Grammaire Conjugaison Vocabulaire Prononciation	Progression de l'enseignement sur l'année en cours et les années suivantes. Cohérence des exercices par rapport aux buts.	Utiliser une variété de support : texte, vidéo, son. Utiliser des ressources authentiques. Organiser une tâche finale	Capacité d'attention Difficultés généralement rencontrées	Présence d'enceinte et d'un vidéoprojecteur dans la salle de classe

La règle d'action identifiée est la suivante : l'enseignante commence par prendre connaissance du contenu, que ce soit du texte, une piste audio ou une vidéo. Elle compare ensuite ce contenu avec les objectifs d'enseignement qu'elle s'est fixés ou les besoins d'information qu'elle a auparavant identifiés. Après quoi, elle évalue la ressource à l'aune des catégories de connaissances que nous avons mises en évidence dans le tableau 2. Enfin, le professeur décide de sélectionner ou non cette ressource, ou encore de la garder de manière provisoire en attendant une nouvelle analyse. Au travers de cette succession d'action, il s'agit de vérifier la pertinence du contenu des ressources analysées en regard des attentes de l'enseignante. Les connaissances exprimées par l'enseignante guident son action, nous pouvons alors les considérer comme de potentiels invariants opératoires.

Le schème *sélectionner une ressource* met en jeu un processus d'évaluation des informations qui correspond à une des compétences informationnelles définies par le référentiel ACRL : *évaluer l'information*.

4.2 Le schème « garder la trace d'une ressource »

Le second schème que nous avons identifié et caractérisé pour ces situations de préparation d'une leçon est *garder la trace d'une ressource*. Cette action est la première étape de l'intégration d'une nouvelle ressource dans le système de ressource de l'enseignant. Lors du processus de conception d'une nouvelle leçon, l'enseignante sélectionne des ressources et les conserve afin de les combiner à d'autres pour créer son *document*. Un des buts de ce schème est de mettre une ressource sélectionnée en sécurité afin de la retrouver rapidement lorsque le professeur en aura besoin.

Pour atteindre ce but, l'enseignante met en œuvre différentes stratégies qui peuvent être considérées comme autant d'inférence du schème *garder la trace d'une ressource* : elle prend en note sur une feuille des références d'exercices de manuels scolaires, elle enregistre des fichiers sur son ordinateur, elle enregistre aussi des liens vers des pages Internet. L'identification des caractéristiques de ce schème, se base surtout sur la gestuelle du professeur, accessible grâce à la vidéo. Les actions associées à cette tâche ne sont presque jamais commentées par le professeur. Pourtant, ces actions sont bien sous-tendues par des connaissances que nous avons isolées. Nous inférons que les actions de l'enseignante reposent sur des connaissances qui ne sont pas explicitées, nous les qualifions de connaissances opératoires (Pastré *et al.*, 2006). Nous les classons en 3 catégories (tableau 3).

Tableau 3. Tableau récapitulatif des connaissances mobilisées par l'enseignante pour la tâche de garder la trace d'une ressource.

Métadonnées pour identifier une ressource	Propriété d'une ressource digitale	Connaissance du système de classement
Titre Auteur Éditeur Pagination Adresse URL	Copier Enregistrer Nommer/renommer Créer et déplacer des fichiers	Arborescence des dossiers numériques Système de nommage des fichiers

Tout d'abord, l'action du professeur est sous-tendue par la connaissance des métadonnées qui servent à identifier une ressource, l'enseignante note sur une feuille les titres des manuels dans lesquelles elle prélève des exercices, *Round the corner*[6] et *Enjoy English*. Elle écrit également les numéros et les pages auxquelles se trouvent les exercices qu'elle a sélectionnés. D'autres connaissances sont mobilisées comme l'adresse URL d'une page web ou encore la notion d'auteur pour retrouver une vidéo sur YouTube. Par ailleurs, l'usage des ressources numériques mobilise aussi des connaissances en rapport avec les propriétés intrinsèques à une ressource numérique : savoir copier-coller une image ou un texte, renommer un fichier, créer et déplacer un dossier ou un fichier. Toutes ces connaissances non explicitées sont nécessaires à la conduite de l'activité. La dernière catégorie concerne la connaissance de Ludivine au sujet de son propre système de classement (arborescence et système de nommage). Le professeur ne pourrait pas garder la trace des ressources sélectionnées sans toutes ces connaissances, c'est pourquoi nous suggérons de les considérer comme des invariants opératoires.

Nous avons mis en évidence des règles d'actions qui se répètent plusieurs fois pendant les situations de préparation d'une leçon, cependant, nous distinguons des procédures différentes pour les ressources numériques et les ressources papier.

Concernant les ressources numériques, l'enseignante nomme le fichier de manière à ce que son contenu soit immédiatement identifiable, par exemple «*objectifs Unit 7*» ou «*présent continu devoirs*», puis elle enregistre chaque ressource dans un dossier qui regroupe l'ensemble des ressources nécessaires à la séquence d'enseignement. Le nom de ce dossier, *Unit 7 what's going on*, correspond lui-même à une règle d'action bien établie : chaque dossier de séquence est numéroté de *Unit 1* à *Unit 7*, auquel est associé le nom du

[6] http://www.roundthecorner.net/round.php

thème principal de la séance. La recherche d'efficacité pour retrouver les ressources est ici manifeste.

Malgré un large recours aux ressources numériques, les manuels restent pour Ludivine un matériau de base notamment pour les exercices. Ludivine repère les exercices qui correspondent à la notion travaillée et en sélectionne quelques-uns. Comme il s'agit de ressource au format papier, l'enseignante ne peut pas les intégrer directement dans ses ressources numériques. Nous observons alors une sauvegarde en deux temps. La première étape est de noter sur une feuille les références des ouvrages et des exercices afin de pouvoir les retrouver. Dans un deuxième temps, qui a été réalisé hors de l'enregistrement vidéo, le professeur a saisi les exercices dans un traitement de texte, éventuellement en les modifiant, et a enregistré ces fichiers dans le dossier « *Unit 7* ».

Les règles d'action associées au schème *garder la trace d'une ressource*, sont à mettre en relation avec un but exprimé par l'enseignante dans l'enregistrement : accéder facilement et rapidement à ses ressources en classe. Ce schème est donc l'expression de la compétence informationnelle *retrouver l'information*.

5 Éléments de conclusion

Les résultats présentés dans cette étude sont une première étape de l'analyse. Les éléments des schèmes avancés, et en particulier les catégories d'invariants opératoires devront être confirmées et affinées par les analyses du travail documentaire des autres enseignants suivis.

Les premiers résultats de cette recherche montrent que des compétences informationnelles sont bien mises en œuvre dans le travail documentaire des enseignants au moment de la conception d'une nouvelle ressource. Si la notion de développement n'a pas pu être démontrée sur un suivi d'une seule année, l'acquisition des compétences informationnelles semble cependant être issue de l'expérience de l'enseignante puisqu'elle n'a pas reçu de formation spécifique. La poursuite du suivi devrait amener de nouveaux éléments.

Pour le schème « *sélectionner une ressource* », l'évaluation de la valeur d'une information est une aide précieuse à la décision de sélectionner ou non la ressource. Notre analyse a mis en évidence plusieurs catégories de connaissances mobilisées dans les activités de sélection d'une ressource. Nous proposons une catégorisation de ces connaissances : connaissances disciplinaires, connaissances didactiques, connaissance curriculaire, connaissance des élèves et connaissances du contexte. Ces connaissances autour de l'acte d'enseigner sont indispensables pour définir la valeur d'une information. Elles jouent un rôle déterminant dans l'expertise documentaire de cette enseignante. Si les connaissances disciplinaires et didactiques se sont constituées lors de la formation initiale, les autres catégories de connaissances sont issues de l'expérience de l'enseignante.

Pour le second schème, *garder la trace d'une ressource*, les règles d'actions et les connaissances mises en évidence sont en étroite relation avec les activités d'organisation du système de ressource qui permettent notamment de retrouver efficacement les ressources lorsque le besoin s'en fait sentir. Cette activité et les connaissances qui la sous-tendent relèvent de ce que Jones (2007) définit comme le niveau méta-activité de la gestion personnelle de l'information. Gérer son système d'information de manière à pouvoir retrouver efficacement ses ressources est un aspect non négligeable de l'expertise documentaire de Ludivine bien que l'enseignante n'explicite pas ces connaissances pendant l'enregistrement. Là encore, il semble que ce soit l'expérience du travail documentaire qui contribue à leur développement.

Dans les deux schèmes caractérisés dans cette contribution, nous observons une place importante des connaissances disciplinaires, didactiques et pédagogiques dans le travail documentaire. C'est pourquoi nous proposons de définir le concept d'expertise documentaire comme la combinaison et la mise en acte des connaissances disciplinaires, des connaissances didactiques, des connaissances curriculaires et des connaissances de l'environnement informationnelles. Ce concept est en cours de construction et cette définition devra encore être affinée, notamment en déterminant les composantes de l'expertise documentaire.

Bibliographie

Adler J. (2000). Conceptualising Resources as a Theme for Teacher Education. *Journal of Mathematics Teacher Education*, vol. 3, n°3, p. 205-224.

Alturkmani M. D., Daubias P., Loisy C., Messaoui Anita et Trouche L. (à paraître). Instrumenter les recherches sur le travail documentaire des enseignants : le projet AnA.doc. *Education & didactique*.

Association des directeurs et des personnels de direction des bibliothèques universitaires et de la documentation (ADBU) (2012). *Référentiel des compétences informationnelles*. URL : http://www.enssib.fr/bibliotheque-numerique/notices/60368-referentiel-des-competences-informationnelles-adbu, consulté le 25/07/2017.

Association of College & Research Libraries (ACRL) (2000). *Information Literacy Competency Standards for Higher Education* (Text), American Library Association (ALA). URL : http://www.ala.org/acrl/standards/informationliteracycompetency, consulté le 25/07/2017.

Association of College and Research Libraries (ACRL) (2015). *Framework for Information Literacy for Higher Education*, American Library Association (ALA). URL: http://www.ala.org/acrl/sites/ala.org.acrl/files/content/issues/infolit/Framework_ILHE.pdf, consulté le 25/07/2017.

Boustany J. (2014). Le champ de l'information literacy en France à travers les publications scientifiques. In V. Liquète (éd.), *Cultures de l'information*, Paris : CNRS éditions, p. 139-158.

Clot Y. (2001). Clinique du travail et action sur soi. In J.-M. Baudouin & J. Friedrich, *Théories de l'action et éducation*. De Boeck Supérieur. URL : https://doi.org/10.3917/dbu.baudo.2001.01.0255, consulté le 25/07/2017.

Conférence des recteurs et principaux des universités du Québec (CREPUQ) (2005). *Norme sur les compétences informationnelles dans l'enseignement supérieur de l'association of college & research libraries*. URL : http://www.crepuq.qc.ca/IMG/pdf/normeacrl-web-03-05-v4.pdf, consulté le 25/07/2017.

Gueudet G. et Trouche L. (2010). Des ressources aux documents, travail du professeur et genèses documentaires. In G. Gueudet & L. Trouche (Éds.), *Ressources vives : Le travail documentaire des professeurs en mathématiques*, Rennes/Lyon : PUR/INRP, p. 57-74.

Jones W. (2007). Personal Information Management. *Annual Review of Information Science and Technology*, vol. 41, n° 1, p. 453-504.

Karsenti T., Dumouchel G. et Komis V. (2014). Les compétences informationnelles des étudiants à l'heure du Web 2.0 : proposition d'un modèle pour baliser les formations. *Documentation et bibliothèques*, vol. 60, n° 1, p. 20-30.

Messaoui A. (2016). Les pratiques informationnelles individuelles et collectives des enseignants d'un collège rural : une enquête exploratoire. *Spirale, Suppl. électronique au n° 57*, p. 55-82. URL : http://www.spirale-edu-revue.fr/IMG/pdf/messaoui_anita_-_spirale_2016.pdf

Pastré P., Mayen P. et Vergnaud G. (2006). La didactique professionnelle. *Revue française de pédagogie. Recherches en éducation*, n° 154, p. 145-198. [https://doi.org/10.4000/rfp.157].

Pepin B., Gueudet G. et Trouche L. (2017). Refining teacher design capacity: Mathematics teachers' interactions with digital curriculum resources. *ZDM-Mathematics Education*, vol. 49, n° 5, p. 799-812. [https://doi.org/10.1007/s11858-017-0870-8].

Vergnaud Gérard (2011). Au fond de l'action, la conceptualisation. In J. M. Barbier (éd.), *Savoirs théoriques et savoirs d'action* (3e édition), Paris : Presses Universitaires de France, p. 275-292.

Warzager Daniel (2003). Où en est la formation à l'information documentaire dans la formation des enseignants ? *Assises nationales pour l'éducation à l'information*. Paris. URL : http://urfist.enc.sorbonne.fr/anciensite/Assises/Ass-Warzager.rtf, consulté le 25/07/2017.

SHS Web of Conferences **52**, 02004 (2018) https://doi.org/10.1051/shsconf/20185202004
ICODOC 2017

Les trajectoires documentaires, une proposition de modèle pour analyser les interactions des enseignants avec les ressources au fil du temps : *la plateforme AnA.doc, un outil d'instrumentation de cette analyse*

Documentational trajectories, a prospective model for analyzing teachers' interactions with resources over the time: *the AnA.doc platform, a tool for instrumenting this analysis*

Katiane de Moraes Rocha[1] [a]

[1]*École Normale Supérieure de Lyon*
46 Allée d'Italie, Lyon 69007, France

Résumé. Cet article souhaite contribuer à la discussion de la question : comment le chercheur conçoit-il et traite-t-il ses données ? Nous présentons un exemple d'analyse et de traitement des données en nous appuyant sur le développement de la plateforme AnA.doc. Nous présentons ici les réflexions théoriques et méthodologiques qui ont servi de base pour créer cet outil, telles l'*approche documentaire du didactique* et l'*investigation réflexive*. Pour cela nous mobilisons l'exemple d'une enseignante de mathématiques au collège, Sophie, analysé comme une étude de cas dans le cadre d'une recherche doctorale. L'objectif de recherche est de comprendre comment les enseignants construisent leur expérience avec les ressources tout au long de leur carrière. L'analyse partielle montre comment une ressource donnée structure la pratique d'un enseignant. L'objectif de la plateforme est finalement de constituer un incubateur d'analyse du travail documentaire des enseignants.

Abstract. This article contributes to the discussion of the issue: how does the researcher design and process his / her data? We present an example of analysis and data processing based on the development of the AnA.doc platform. We present here the theoretical and methodological reflections grounding the design of this tool, such as the documentational approach to didactics and reflective investigation. For this purpose, we use the example of a high school mathematics teacher, Sophie, as a case study (which is developed as part of a PhD project). Our analysis aims at understanding how teachers build their experience with resources over time. This partial study evidences how a given resource structures the practice of a teacher. The objective of this platform is to set up an incubator of analyses of the work of teachers with resources.

[a] Auteure de correspondance : katiane.de-moraes-rocha@ens-lyon.fr

1 Introduction

Notre proposition vise à contribuer au questionnement : *comment le chercheur conçoit-il et traite-t-il ses données ?* Cette contribution est basée sur la présentation d'un exemple de conception et de traitement des données d'une recherche de doctorat qui se passe en France. Nous présentons la plateforme *AnA.doc* (Analyse de la documentation), outil utilisé par le chercheur pour partager et analyser les données relatives au travail d'un enseignant de mathématiques avec ses ressources. Ce travail dans lequel l'enseignant cherche, développe, met en œuvre et partage des ressources est nommé par Gueudet et Trouche (2008) *travail documentaire*. Ce travail dépasse les limites de la classe et a lieu en plusieurs endroits et en des moments différents : dans une recherche fortuite en ligne, un échange avec un collègue, la participation à une formation, la préparation d'une séance à la maison, etc. La profusion des ressources numériques a bouleversé fortement les types de ressources et d'environnements que l'enseignant utilise : forums, réseaux sociaux, sites, dossiers partagés en ligne, etc. Tout cela rend l'analyse de l'activité des enseignants plus complexe. Cependant, les ressources numériques nous fournissent aussi des nouveaux outils pour capter ce travail : enregistrements audio et/ou vidéo des acteurs en action, captation d'écrans, etc. Dans ce contexte, la question qui se pose est : comment instrumenter l'analyse des données du point de vue de la pratique de l'enseignement des mathématiques ?

Cette question est aussi posée au sein du programme de recherche ReVEA[1]. Ce projet cherche à analyser les questions autour des usages et des productions des ressources par l'enseignant. C'est dans ce projet que la plateforme AnA.doc s'insère. C'est aussi dans ce projet qu'Anita Messaoui[2] inscrit ses analyses sur le développement de l'expertise construite par l'enseignant dans son travail documentaire, qu'elles nomment *expertise documentaire*. Dans le cadre de notre thèse[3], nous cherchons à comprendre comment les enseignants construisent leur expérience au fil du temps dans l'interaction avec ses ressources, à travers le développement des notions d'*expérience* et de *trajectoire documentaire*.

Cet article est partagé en quatre sections. Nous présentons d'abord le cadre théorique qui est la base, à la fois de la création de la plateforme, et de notre travail de recherche avec l'enseignant. Ensuite, nous présentons quelques choix méthodologiques pour le suivi de l'enseignant. Puis, nous présentons les éléments principaux de la plateforme. Après, nous nous appuyons sur un exemple d'analyse du travail documentaire d'un enseignant pour montrer le fonctionnement, les potentialités et les contraintes de cette plateforme pour l'analyse des données. Et pour conclure, nous présentons nos considérations finales en discutant nos choix méthodologiques, les avantages et les contraintes dans l'utilisation de la plateforme.

2 Référentiel théorique

Dans cette section, nous présentons quelques concepts clés de l'approche documentaire du didactique : ressource, système des ressources, documents et schèmes (Gueudet et Trouche, 2008). Nous traitons aussi d'autres concepts qui nous permettent de traiter les questions

---

[1] ANR ReVEA, Ressources vivantes pour l'enseignement et l'apprentissage, 2014-2018 (https://www.anr-revea.fr/).

[2] En écho à l'article d'Anita Messaoui présent dans ces actes d'ICODOC 2017.

[3] Thèse dirigée par Luc Trouche à l'ENS de Lyon, Laboratoire S2HEP, École doctorale EPIC, bourse CNPq.

autour des usages de ressources par l'enseignant (Prieur, 2016 ; Ruthven, 2010 ; Vergnaud, 1994). Pour finir, nous présentons les concepts d'expérience et de trajectoire documentaire.
L'approche documentaire du didactique développée par Gueudet et Trouche (2008) met en lumière le travail des enseignants avec les ressources au cœur de leur activité professionnelle. En effet, c'est l'enseignant qui est responsable de créer et mettre en œuvre ses ressources. Le terme *ressource* est défini par les auteurs à partir du travail d'Adler (2000). Selon elle, la ressource est tout ce qui *re-source* le travail de l'enseignant. Le terme ressource désigne donc tout ce que l'enseignant utilise pour réaliser son travail, par exemple une idée qu'un collègue a proposée, une photocopie, un logiciel, un manuel scolaire, entre autres. Ces ressources utilisées ou créées font partie d'un ensemble de ressources d'enseignement qui est dénommé *système de ressources*. Ce système de ressource est très complexe et nous mettons en évidence ici quatre aspects importants :
- l'entité ressource peut être explicitable par l'enseignant et différents enseignants peuvent utiliser les mêmes ressources. Cependant, une même ressource peut être utilisée de différentes façons par deux enseignants. Chaque sujet élabore ses connaissances par rapport à la ressource, la transforme en ce que Gueudet et Trouche (2008) nomment un *document*. Ainsi, le document est une entité mixte formée par les ressources du sujet ainsi que par les connaissances qui y sont associées ;
- les connaissances d'un enseignant sont construites dans et pour son action. Cette action suppose un ensemble de tâches à accomplir par l'enseignant. L'enseignement de la trigonométrie en 6ème, la recherche de ressources pour l'accompagnement des élèves, la préparation d'une évaluation de géométrie ou de trigonométrie sont des exemples parmi d'autres. La résolution d'une tâche s'inscrit dans le cadre d'une situation particulière. Cependant, certaines tâches sont voisines (par exemple, préparer une évaluation de géométrie et une de trigonométrie) ; ce qui va conduire l'enseignant à élaborer une organisation pour accomplir ces types des tâches. Ces tâches voisines vont composer ce que Vergnaud (1994) désigne par *classe de situations*. Cette organisation qui englobe les connaissances élaborées par le sujet est nommée *schème*. Ces situations dans le cas de l'enseignant sont des situations de travail comme par exemple, préparer une leçon, mettre en œuvre une leçon, etc.... Le schème est, ainsi, défini par Vergnaud (1994 : 180) comme « une totalité dynamique fonctionnelle, c'est-à-dire quelque chose qui fonctionne comme une unité… c'est une organisation invariante de la conduite pour une classe de situations données … » ;
- des ressources peuvent avoir des statuts différents. Comme l'a montré Prieur (2016), certaines ressources rassemblent des principes qui guident la conception des ressources, elle les nomme *métaressources*. Ce type de ressource soutient une posture réflexive du travail documentaire de l'enseignant et « intègre un niveau d'explicitation qui correspond à des descriptions et des justifications du travail documentaire ou encore des prévisions sur les usages des ressources produites » (Prieur, 2016 : 67);
- l'intégration et la conception de certaines ressources structurent la pratique de l'enseignement en classe. Ruthven (2010) présente cinq caractéristiques structurantes de la pratique de l'enseignant :

(1) l'*environnement de travail* qui comprend tous les aspects matériels autour de l'endroit où le cours se réalise ;

(2) le *format d'activité* qui concerne les modèles d'interaction entre les élèves et l'enseignant (routines, règles, etc.) ;

(3) le *système de ressources* qui, selon l'acteur, inclut l'ensemble des outils et supports mathématiques de la classe ;

(4) l'*économie temporelle* qui est l'équilibre entre le temps d'enseignement et le temps d'apprentissage des élèves (appelé aussi temps didactique) ;

(5) le *script curriculaire* qui est considéré au sens cognitif comme une forme d'organisation structurée de l'activité finalisée, et que nous analyserons en relation avec le concept de *schème*.

Le travail documentaire est continu tout au long de la vie professionnelle de l'enseignant, et au fil du temps, les enseignants font face à différentes situations qui les amènent à développer leurs documents pour enseigner les mathématiques : préparer une leçon suite à un changement de programme, participer d'une formation, etc.

Notre analyse du développement professionnel d'un enseignant se centre sur l'analyse de son activité, suivant Pastré (2011 : 48) dans le cadre de la *didactique professionnelle* : « une centration sur l'activité au sens large, c'est-à-dire incluant l'apprentissage ; [...] une centration sur l'importance de la dimension cognitive présente dans l'activité notamment sous la forme de la conceptualisation dans l'action ». Dans ce cadre, le sujet est considéré comme quelqu'un qui s'adapte, au fil du temps, en faisant face à plusieurs situations. Et le développement est compris « comme [la] construction de soi, comme appropriation de l'ensemble des événements vécus par un sujet pour leur donner du sens pour soi » (Pastré, 2011 : 118). Nous émettons l'hypothèse que, au long de leur carrière, les enseignants rencontrent certains événements professionnels qui ont un rôle marquant dans leur travail documentaire en impactant leur façon de produire et d'utiliser leurs ressources. Et c'est à travers ces événements que les enseignants vont construire leur *expérience*. Nous reprenons le terme *expérience* de Pastré (2011), qui le définit comme l'accumulation et l'appropriation du passé par le sujet. Nous allons nommer l'expérience construite à travers des interactions avec les ressources *l'expérience documentaire* d'un enseignant. Nous considérons les événements professionnels dans un sens très large, comme tout ce qui est identifié par le chercheur ou par l'enseignant comme ayant une conséquence sur le travail documentaire de cet enseignant. Nous allons nommer l'ensemble des événements identifiés de *trajectoire documentaire* (TD) de l'enseignant. Le repérage de ces événements nous donne des indices concernant les vecteurs de développement professionnel de cet enseignant.

3 Cadre méthodologique

Dans cette section, nous présentons d'abord nos principes et outils méthodologiques. Ensuite, nous abordons la plateforme AnA.doc et notre questionnement de recherche.

3.1 Principes et outils méthodologiques

Nous présentons ici les principes de *l'investigation réflexive* (Gueudet & Trouche, 2010) qui ont inspiré nos choix méthodologiques et la création de la plateforme. Nous abordons aussi quelques outils employés dans notre suivi des enseignants.

L'investigation réflexive proposée par Gueudet et Trouche (2010 : 61) rassemble quatre principes importants pour suivre le travail documentaire d'enseignant :

(1) *durée longue du suivi*, car les genèses sont développées sur le long terme ; le temps est donc primordial pour analyser la stabilité et les évolutions du travail de l'enseignant ;

(2) *suivi en tout lieu*, en cherchant à accompagner le travail documentaire dès sa préparation jusqu'à sa mise en œuvre, cela concerne aussi le travail hors établissement ;

(3) *recueil étendu des ressources* matérielles utilisées et produites par l'enseignant pour garder les traces du travail documentaire d'enseignant ; relatives aux ressources créées ou mobilisées par l'enseignant ;

(4) *suivi réflexif*, c'est-à-dire promouvant la réflexion des enseignants sur leur travail documentaire, cela nous permet de mieux comprendre comment et pourquoi l'enseignant s'approprie les ressources de son enseignement.

Dans cette perspective, nous avons conçu nos outils méthodologiques, qui peuvent être présentés en trois catégories : observer l'enseignant en action, le suivre à distance et réaliser des entretiens avec l'enseignant suivi. Pour l'analyse de l'enseignant en action, nous avons recueilli les données de deux moments cruciaux pour comprendre son travail documentaire : la préparation d'une séance et la mise en œuvre d'une séance.

Pour accompagner le travail d'enseignant en tous lieux, un suivi à distance vise à compléter les données obtenues à travers de l'observation de l'action. Pour cela nous avons employé deux outils : la *boîte réflexive* et le *journal de bord*. La boîte réflexive est un dossier en ligne sur un espace partagé avec l'enseignant où le chercheur peut poser des questions, solliciter et consulter les ressources que l'enseignant exploite et/ou produit. Le journal de bord, où l'enseignant consigne des événements marquant de son travail documentaire, a été utilisé pour repérer des événements qui ont eu des relations avec le travail documentaire de l'enseignant.

Concernant la dernière catégorie, nous avons mis en œuvre plusieurs entretiens qui visent à faire réfléchir les enseignants sur leur travail documentaire. Nous avons proposé, par exemple, que les enseignants créent des *cartographies réflexives* (Rocha, 2018) soit de leur système de ressources, soit de leur trajectoire documentaire.

Pour le développement de tous ces outils, nous utilisons différents médias : enregistrement en audio et en vidéo captant l'activité de l'enseignant, vidéo captant l'écran de son ordinateur, photo, digitalisation des ressources sur support papier, entre autres. La plateforme AnA.doc nous a fourni un instrument de stockage, de traitement et de partage de ces données hétérogènes (vidéos, audio, photos, images ou encore textes) que nous présentons dans la section ci-après.

3.2 Présentation de la plateforme AnA.doc et du cas d'étude

La plateforme a été créée pour servir de support à l'analyse de la variété des situations du travail documentaire d'un enseignant. Les chercheurs intéressés par l'analyse de ce travail constituent son principal public. Elle rend possible (i) le stockage de données de différentes natures (vidéo, images, audio, etc.), (ii) la création d'analyses mobilisant ces données et (iii) les interactions entre les chercheurs. Ce dernier aspect est très important, car une interaction entre les chercheurs est l'objectif central de son utilisation. En effet, un chercheur qui visite la plateforme peut poser des questions ou même proposer une analyse sur le corpus de données d'un autre chercheur.

La plateforme contient trois niveaux : un niveau de *situations* décrites suivant un modèle donné, et accompagnées des ressources en jeux ; un niveau de *webdocuments* qui proposent des analyses d'une (ou des) situation(s), en s'appuyant sur les données qu'elles intègrent ; un niveau de *glossaire* visant une compréhension partagée des termes utilisés, où les chercheurs présentent les notions en fonction des cadres théoriques utilisés.

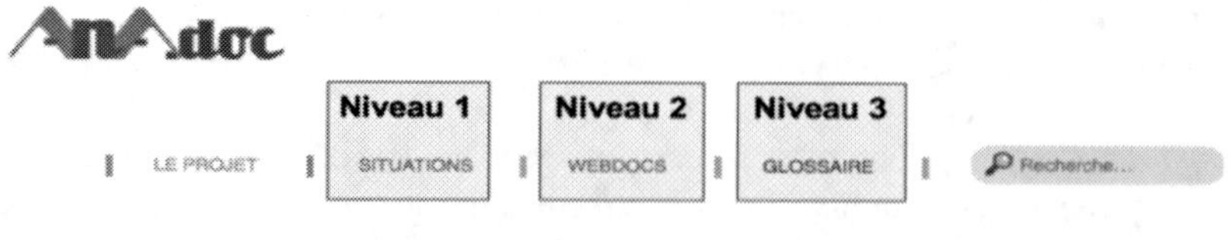

Figure 1. Structure de la plateforme AnA.doc

Dans la plateforme, chaque situation contient un descriptif pour préciser les aspects méthodologiques et la problématique de la recherche : les aspects généraux de la situation, une présentation du sujet et de son contexte, les intérêts de la recherche, les méthodes employées, les liens avec la situation et les données relatives à la situation. La plateforme présente des situations séparées en quatre types : analyse réflexive, conception des ressources, mises en œuvre et révision d'une séance Nous traitons dans cet article un exemple d'analyse de la situation de type « analyse réflexive » qui est intitulé « Sophie (mathématiques, collège), évoque son expérience professionnelle ». Dans la Figure 2, nous présentons une partie de la description de la situation, ce qui nous permet aussi de présenter notre sujet de recherche.

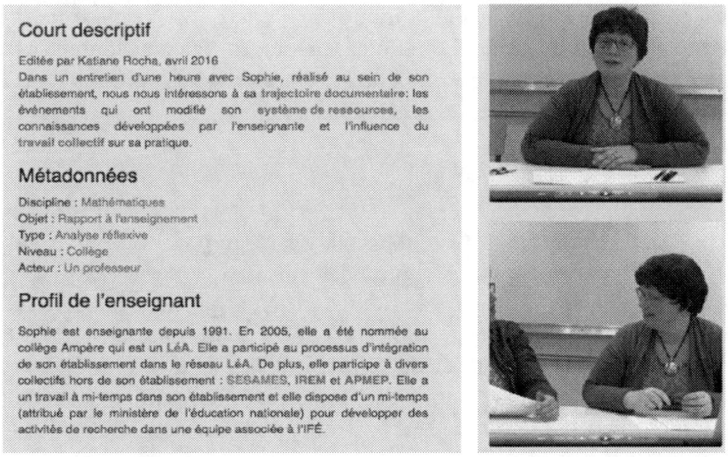

Figure 2. Une situation de préparation d'une leçon par Sophie[4]

Dans AnA.doc, contrairement à une *situation* (niveau 1) qui cherche à présenter les données de manière exhaustive, autant que faire se peut, le *webdocument* (niveau 2) propose l'analyse d'une question précise sur le travail documentaire d'un enseignant. Par exemple, dans cet article, nous présentons le *webdocument* intitulé « L'influence d'une métaressource sur la trajectoire documentaire de Sophie (mathématiques, collège) ». L'analyse suit une structure similaire à celle d'un un écrit qui appartiendrait à la catégorie "article universitaire", c'est-à-dire qu'elle contient un cadrage qui présente les aspects théoriques évoqués, une analyse, une conclusion et des références. Chaque inférence de recherche du chercheur s'appuie sur un petit nombre d'illustrations (extraits vidéo, images, graphiques, etc.) extraites du corpus de données, illustrations les plus concises possibles (des extraits vidéos de moins de 3mn par exemple[5]). Un *webdocument* constitue ainsi un outil pour développer une première analyse d'une situation en fonction d'une question précise. Il donne accès à un forum, qui permet à d'autres chercheurs de commenter ou critiquer l'analyse proposée, à partir des extraits choisis, ou en revenant à l'ensemble du corpus rassemblé au niveau de la situation elle-même. Un webdocument, finalement, constitue un incubateur d'analyses du travail documentaire d'un enseignant donné. Nous

[4] Tous les termes en bleu et gras sont définis dans le glossaire de AnA.doc qui permet à une communauté de chercheurs de préciser le sens des termes utilisés dans les descriptions et les analyses. Ici nous présentons seulement les sigles : (IREM) Instituts de Recherche sur l'Enseignement des Mathématiques, (SESAMES) Situations d'Enseignement Scientifique : Activités de Modélisation, d'Évaluation, de Simulation, (APMEP) Association des Professeurs de Mathématiques de l'enseignement Public et (Léa) Lieux d'éducation associées à l'Institut Français de l'Éducation.

[5] AnA.doc intègre un outil permettant de pointer directement sur le début et la fin d'une vidéo intégrée dans la situation en question.

présentons dans la prochaine section quelques éclairages sur le webdocument que nous avons présenté ci-dessus.

4 Un exemple d'analyse dans la plateforme : *le webdocument*

Ce *webdocument* explore une ressource en particulier dans le travail de Sophie intitulée la Mise En Train (MET). Le mot « train » est un acronyme qui signifie « Travail de Recherche d'Approfondissement avec prise d'INitiative » qui consiste à un ensemble d'activité à donner aux élèves au début d'heure de classe pour travailler une notion. Dans cette section, nous situons cette ressource dans la trajectoire documentaire de Sophie. Ensuite, nous montrons que la MET est une métaressource, car elle guide une partie de son travail documentaire (Prieur, 2016). Nous montrons en quoi elle structure son travail documentaire. Cette entrée dans la TD à travers la métaressource MET soutient le questionnement suivant : « comment une métaressource agit-elle sur la trajectoire documentaire de Sophie ? ».

4.1 Analyse

La ressource MET a été identifiée dans la Cartographie réflexive de la trajectoire documentaire[6] réalisée par Sophie (Figure 3). Elle est apparue associée à l'événement *« Partenariat avec Cindy »* à travers les deux articles qu'elles ont rédigés pour diffuser cette ressource. Elle a été créée au sein du collectif Sésames[7]. MET est une façon de concevoir des ressources en amont et de réfléchir à la façon dont les élèves travaillent au début de chaque séance. Chaque heure de classe est ainsi partagée en deux : le moment MET et le moment cours. Durant la MET, il ne s'agit pas de réaliser des exercices sur le contenu travaillé, mais de créer plusieurs entrées pour construire un concept mathématique ou pour repérer des connaissances déjà travaillées.

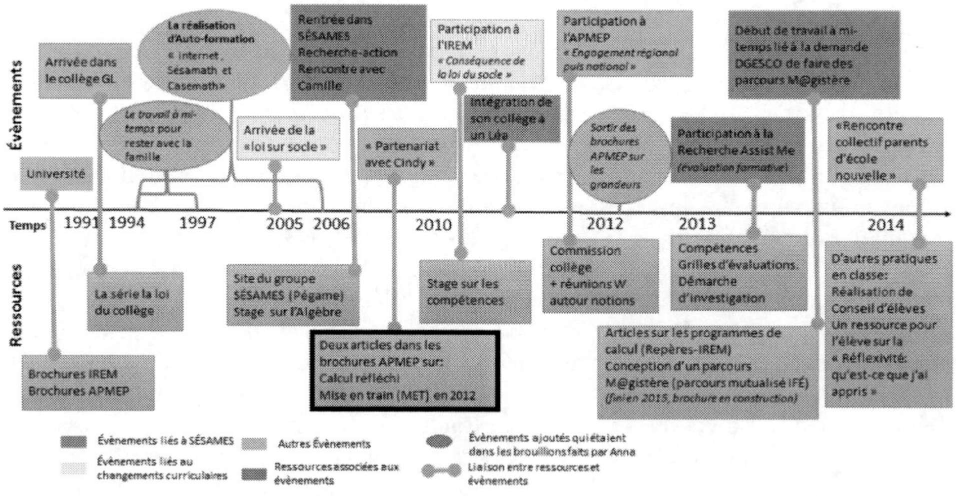

Figure 3. Transposition numérique de la cartographie réflexive de la trajectoire documentaire de Sophie

---

[6] Dans cette figure, sont représentés les événements professionnels (au-dessus de la ligne du temps), identifiés par l'enseignant comme ayant des conséquences sur son travail documentaire, et les ressources associées (au-dessous de la ligne du temps).

[7] Site : http://pegame.ens-lyon.fr/.

Pendant l'entretien de la situation, Sophie nous a expliqué en quoi consiste la MET. Nous présentons dans le *webdocument* un extrait vidéo d'environ 2min de cette explication. Ci-dessous, nous avons transcrit quelques extraits dans lesquels l'enseignante met en évidence des aspects importants qui guident la production de ressources MET : mettre les élèves au travail dès qu'ils rentrent en classe, 'chauffer' (au sens sportif) les élèves, rentrer progressivement dans un problème, favoriser la recherche par les élèves.

> **Extrait 1 :** « C'était vraiment l'idée, c'était comment gérer ce temps pour que le professeur au début de l'heure, il puisse faire son appel, vérifier les devoirs, vérifier s'il y a des absences ou pas, etc., tranquillement pendant que les élèves eux ils sont en train de travailler, pas en attendant, pas que les élèves attendent que le professeur fait tout ce qui est administratif pour pouvoir commencer. (…) on ne voulait plus faire trois heures à réviser la distributivité par exemple. Donc, on se disait que faire par petites touches ah, ça pourrait être intéressant, ils n'étaient pas... (…) on s'est rendu compte que les élèves en fait, bon à part les premiers mois qu'ils sont tout déstabilisés, mais ensuite, ils étaient plutôt contents d'avoir un énoncé et de ne pas savoir de quoi ça allait parler, et d'avoir la surprise et de chercher du coup ».

Nous pouvons noter qu'il y a certains principes au cœur de la conception des activités de MET. Ces principes vont guider la production des ressources par l'enseignant ; autrement dit, la MET est une métaressource pour l'enseignant. En effet, Sophie change la façon de concevoir les ressources, notamment la progression qui est partagée en deux colonnes : cours principal et MET. Cette évolution offre trois possibilités pour aborder un thème donné. La première est de commencer à traiter un thème dans la partie MET et de l'inclure dans un deuxième temps dans le cours principal. La deuxième est de commencer à travailler un thème dans la partie cours et après le passer à la partie MET. Et la troisième et dernière option consiste à exploiter un thème complètement dans la partie MET.

Dans l'extrait 2, Sophie mentionne que la ressource qui organise le cours par thème a aussi changé, car elle contient aussi des alertes pour les MET liées aux thèmes. Nous présentons en bas de l'extrait une séquence d'images de cet extrait vidéo, elle montre des détails qu'on peut voir dans cet extrait : comment elle cartographie son système de ressources, les gestes pendant qu'elle explique et les fenêtres affichées sur son écran d'ordinateur pour nous présenter les ressources qu'elle mobilise.

> **Extrait 2 :** « Ça c'est les ressources comme ça, sinon quand on va dans un chapitre des cours, les Mises en train apparaissent. Un chapitre des cours peut-être de troisième, non pas cette année. Dans nos ressources, si je prends par exemple calcul littéral [elle cherche]. Si je prends…Si je prends mon cours, je vais avoir à chaque fois les programmes et puis derrière comment j'ai leur répartis je vais avoir les Mise en train. (…) Le chapitre il vit autrement, parce qu'il va falloir – et là je ne vais pas trouver comme ça – mais il y a des chapitres qui vont être marqués "*attention il va falloir faire avant telle Mise en train, telle Mise en train, telle Mise train*". Donc, quand on a un chapitre, ces choses-là, elles sont relues ».

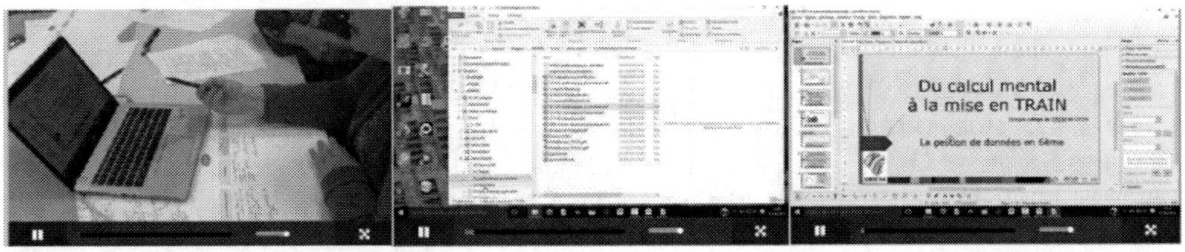

Figure 4. Copies d'écran de l'extrait vidéo

Le *système de ressources* est ainsi transformé et adapté. Nous pouvons observer l'intégration des activités de la MET dans la progression et dans le cours, mais aussi (i) la création d'un bilan personnel des élèves qui est spécifique à la MET, dans laquelle ils vont mettre toutes les activités sur lesquelles ils ont travaillé à ce moment-là ; (ii) la création des nouvelles ressources qui sont mises à disposition dans le site Pégame du groupe Sésames (groupe dans lequel la MET a été développé) ; (iii) la création de ressources pour organiser les activités MET, des diaporamas (Figure 4) qui rassemblent plusieurs entrées possibles d'un même thème (fonction, racine carrée, programme calcul, fractions, entre autres) ; (iv) la création des séquences des activités à traiter une classe dans une ressource séparée par niveau.

Nous avons pu observer quelques éléments qui nous montrent les transformations dans le *système de ressource* de Sophie, mais aussi dans le *format d'activité* en classe, puisque de nouvelles routines sont créées entre les élèves et l'enseignant. De même, l'*environnement de travail* change lorsque les élèves arrivent en classe en retard. Ils échangent avec leurs voisins pour savoir quelle activité la classe est en train de réaliser. Nous attirons par ailleurs l'attention sur *l'économie temporelle*. Cette caractéristique est en effet cruciale pour comprendre le rôle de la métaressource dans le travail en classe : dans un premier temps, les élèves n'ont pas conscience des concepts mathématiques qui sont en jeu ; dans un deuxième temps, ils développent des connaissances tout au long de la mise en œuvre de la MET ; et dans un troisième temps, ils mobilisent ces connaissances pour conjecturer et résoudre les problèmes... Nous pouvons voir à travers des ressources produites par Sophie que la création de la MET a été aussi un processus de genèse des connaissances, que nous allons exploiter dans d'autres cas. Nous pouvons souligner que dans le *webdocument*, nous avons fourni un extrait de vidéo pour signaler les transformations de chaque caractéristique structurante de la pratique d'enseignant.

La métaressource MET a été conçue et formalisée au sein de discussions collectives dans le cadre du groupe SESAMES. Elle a dépassé l'objectif initial d'organisation du temps de classe : elle a fourni une façon de concevoir les ressources et de travailler avec les élèves. Nous ne l'avons pas traité ici, mais cette ressource utilisée par Sophie est partagée au sein de plusieurs collectifs (IREM, APMEP, collège de Sophie, etc.). La création des MET a engendré des mutations dans son travail documentaire à travers la production de nouvelles ressources. Il s'agit bien d'un développement professionnel : ouverture à de nouvelles ressources, partage d'expertise dans des collectifs, une évolution de la perception du métier d'enseignant. Par ailleurs, cette métaressource structure plusieurs ressources utilisées directement en classe (progression, séquences, etc.). D'une manière plus générale, nous avons montré que la "Mise en train" agit sur chaque caractéristique structurante présentée par Ruthven (2010). Ces évolutions sont le signe d'un développement professionnel de Sophie, bien marqué dans sa trajectoire documentaire.

5 Considérations finales et perspectives

Pour finir, nous revenons sur la question proposée dans l'axe 3 : ***comment le chercheur conçoit-il et traite-t-il ses données ?*** Ce que nous avons fait est une articulation entre le cadre méthodologique et la prise des données : investigation réflexive et données diverses. Nous avons exploité les potentialités dans l'utilisation des différents médias pour rendre compte de processus complexes et dynamiques, comme le travail documentaire, dont l'analyse suppose une prise en compte d'un grand nombre de données de différentes. Nous avons comme hypothèse que la plateforme peut faciliter le partage du processus de recueil et d'analyse des données. Ce partage est très enrichissant pour la recherche, car l'on peut échanger différents points de vue d'analyse. L'interaction entre les chercheurs pour construire cette analyse nous amène à une validation collective des résultats tout au long du processus.

La plateforme a quelques contraintes : la première est liée au moment de saisie les données qui exige beaucoup de temps pour les décrire ; la deuxième la partie de partage des données entre divers communautés n'a pas été encore travaillé ; le dernier, ce n'est pas possible de faire l'exportation des *webdocuments* pour autres formats. Cependant, AnA.doc constitue une instrumentation productive, intégrant un ensemble d'outils et soutenant des interactions très riches avec d'autres chercheurs (pour une analyse plus approfondie, voir Alturkmani *et al.*, à paraître).

Bibliographie

Adler J. (2000). Conceptualising resources as a theme for teacher education. *Journal of Mathematics Teacher Education* 3, p. 205-224.

Alturkmani M., Daubias P., Loisy C., Messaoui A., Trouche L. (à paraître). Instrumenter les recherches sur le travail documentaire des enseignants : le projet AnA.doc. *Education & didactique*.

Gueudet G. et Trouche L. (2008). Du travail documentaire des enseignants : genèses, collectifs, communautés. Le cas des mathématiques. *Education & didactique*, vol. 2, n°3, p. 7-33.

Gueudet G. et Trouche L. (dirs.) (2010). *Ressources vives. Le travail documentaire des professeurs en mathématiques*. Rennes : PUR.

Pastré P. (2011). *La didactique professionnelle. Approche anthropologique du développement chez les adultes*. Paris : Presses universitaires de France.

Prieur M. (2016). *La conception codisciplinaire de métaressources comme appui à l'évolution des connaissances des professeurs de sciences*. Thèse de doctorat : Université Claude Bernard Lyon I, https://hal.archives-ouvertes.fr/tel-01364778v1

Rocha K. (2018). Uses of online resources and documentational trajectories: the cases of Sésamath. In L. Fan, L., Trouche, C. Qi, S. Rezat, & J. Visnovska, J. (Eds), *Research on Mathematics Textbooks and Teachers' Resources: Advances and issues*. Berlin : Springer, p. 235-260.

Ruthven K. (2010). Constituer les outils et supports numériques en ressources pour la classe. In G. Gueudet et L. Trouche (dirs.), *Ressources vives : Le travail documentaire des professeurs en mathématiques*. Rennes : PUR, p. 183-199.

Vergnaud G. (1994). Le rôle de l'enseignant à la lumière des concepts de schème et de champ conceptuel. In M. Artigue, R. Gras, C. Laborde, & P. Tavignot (Dir.), *Vingt ans de didactique des mathématiques en France*, Grenoble : La Pensée sauvage, p. 177-191.

A situated analysis of instructions in paraclimbing training with visually impaired athletes

Une analyse située des instructions au cours des entraînements de paraclimbing avec des athlètes malvoyants

Monica Simone[1] [a]

[1]*Department of Philosophy and Communication Studies (FILCOM)*
University of Bologna, Italy

Abstract. Indoor sport climbing performed by athletes with visual impairment is realized by trainer and climber working as a couple and is routinely based on instructions. It can be considered a *perspicuous setting* (Garfinkel, 2002) for investigating how sighted and visually impaired participants coordinate their perception and actions in the material environment while accomplishing mobile tasks. Drawing on previous ethnomethodological and CA studies on instructions in mobile activities, the analysis of an excerpt of a guided climbing session provides the ground for a detailed description of some features of instructions that are specific to this context. The analysis aims at showing that the trainer's instructions are not only timely adjusted to the course of action, but, importantly, that they also display the trainer's orientation to the climber's sensory impairment.

Résumé. L'escalade pratiquée par les athlètes malvoyants est accomplie par le couple athlète-instructeur par le biais des instructions que ce dernier produit au fur et à mesure que l'escalade progresse. Cela peut ainsi être considéré comme un *perspicuous setting* (Garfinkel, 2002) pour étudier comment les participants, voyants et malvoyants, coordonnent leur perception et leurs actions pour accomplir des tâches mobiles dans l'environnement matériel. À partir des études en ethnométhodologie et en analyse de la conversation portant sur les instructions dans la réalisation d'activités mobiles, cette étude propose l'analyse d'un extrait d'une escalade guidée. L'analyse vise à montrer les caractéristiques des instructions spécifiques à ce contexte, y compris comment les instructions de l'entraîneur s'adaptent au mouvement en cours de l'athlète et comment elles traitent la déficience sensorielle du grimpeur.

[a] Corresponding author: monica.simone2@unibo.it

1 Introduction

Climbing is an increasingly popular sport, which will be included among the Olympic disciplines with the 2020 Summer Olympics in Tokyo. In the last decade, the increasing availability of climbing gyms has made this sport more accessible for people with physical and intellectual disabilities. The International Federation of Sport Climbing has been hosting paraclimbing competitions since 2006 and sport climbing has been officially recognized by the Italian Paralympic Committee in 2011. Since the value of this sport for educational and rehabilitation purposes has been recognized, indoor climbing courses have been included in some Italian school programs, and some gyms have provided climbing training specifically designed for people with disabilities.

Indoor climbing consists in reaching the top of an artificial wall specifically designed for reproducing some features of natural rocks. Each climbing wall may include several routes consisting in sequences of holds of the same colour. Insofar as they are designed to be recognizable paths, climbing routes form material *inscriptions* (Garfinkel, 2002; Goodwin, 1997: 116; Ueno, 2000: 61) that provide visual information and instructions for planning and accomplishing the ascent. Indeed, the arrangement and orientation of the holds forming the route configure a sequence of possible climbing actions. According to their size, shape and location, holds provide opportunities and constraints for the climber's movement, and can be used as handholds or footholds, depending on the climber's current position along the route.

In order to allow the participation of visually impaired athletes, indoor climbing is adapted by including a sighted participant (usually a trainer) in the role of guide. While performing the climb, blind and partially sighted athletes are verbally guided by their trainers, both in training and in competitions, particularly in the *Lead game*[1]. Although being an individual sport, climbing performed by athletes with visual impairment is quite similar to a team sport, since it is realized by the trainer-climber couple and is routinely based on instructions. The ability to climb a route as a couple in which one participant (the trainer) verbally instructs the other participant (the climber) implies an accurate interpersonal coordination. Moreover, the asymmetrical distribution of sensory resources (visual for the trainer, haptic for the climber) for accessing the spatial configuration of the climbing route poses the practical problem of establishing and sharing a spatial reference system that is suitable for both participants, as well as adjusted to the changing spatial contingencies due to mobility. For all these reasons, climbing can be considered a *perspicuous setting* (Garfinkel, 2002) for investigating how sighted and visually impaired participants coordinate their perception and actions in the material environment while accomplishing mobile tasks.

Drawing on the theoretical and methodological framework of Ethnomethodology and Conversation Analysis, the paper proposes a situated study of instructions in the context of climbing training. The analysis of an excerpt taken from a guided climbing session provides the ground for a detailed description of some features of instructions that are specific to this context. The paper aims at showing that the instructions display the trainer's orientation to the climber's sensory impairment, in addition to being timely adjusted to the course of action and to the contingencies due to mobility.

---

[1] In the *Lead game* competitors have to climb on an increasingly difficult route trying to reach the top. The performance ranking is established on the basis of the level of difficulty associated to the highest hold reached by the climber. Noticeably, *Lead game* competitions are performed on routes that climbers have never experienced before.

2 Data and Method

The study is based on a corpus of video recorded paraclimbing training, for a total of about 12 hours. Data were collected in 2016, during a three-month ethnographic work in two different gyms in Bologna (Italy). Participants are two sighted trainers (members of the Italian Federation of Sport Climbing, F.A.S.I.) and three élite climbers with visual impairments (one blind climber and two partially sighted ones) who are members of a paraclimbing team. Data were collected after obtaining the participants' written consent according to the Italian law n. 196/2003 "Codice in materia di protezione dei dati personali", concerning the treatment of personal and sensitive data. Data collection also obtained formal approval by the Ethics Committee of the University of Bologna.

The corpus documents 53 guided climbs on different routes. Video recordings were realized by placing a camera behind the trainer, opposite to the climbing wall, in order to frame all the relevant details of the route layout. Verbal instructions provided by the trainer were recorded using a radio-microphone connected to the camera.

For the purposes of the present article, I refer to a sub-corpus of 9 climbs performed on routes that trainer and climber were trying together for the first time. I chose to restrict the analysis to such cases in order to exclude phenomena related to the memorization of the routes, which can occur as a result of repeated practice. Moreover, climbing on new routes is the same condition that athletes and their trainers face when participating in *Lead game* competitions (see note 1).

Data are transcribed according to the conventions elaborated by Jefferson for talk (Jefferson, 2004) and developed by Mondada for embodied conduct (Mondada, 2016). The transcripts are accompanied by screenshots showing the multimodal aspects being analysed.

2.1 Background: instructions and mobile activities

The present study draws on the body of research concerning instructions in social interaction developed in Ethnomethodology and Conversation Analysis. In Conversation Analysis, the term *instructions* refer to certain social actions whose main characteristic is that of being "designed to get someone to do something", as in the definition of directives by Goodwin (2006: 517). As pointed out by the ethnomethodological and conversation analytic literature, regardless of the setting, instructions do not unilaterally determine the corresponding course of actions, rather their projected outcome is fully realized by the following actions (Amerine & Bilmes, 1988), that is, by the *instructed actions* (Garfinkel, 2002), and is tied to the local *contextual configurations* (Goodwin, 2000) and to the sequential environment of the activity. Such indexicality and indeterminacy of instructions means that their efficiency crucially relies on their situated interpretation by the participants. In this respect, it should be noted that various kinds of resources, among which speech, embodied actions and other multimodal resources, can constitute – or better, can be situatedly interpreted as – instructions. Moreover, instructions have been analysed also considering their orientation to the recipient's ability to comply with them (Curl & Drew, 2010; Deppermann, 2015).

Most authors describe instructions and instructed actions as components of an adjacency pair, in which the instruction occurring as the first pair-part projects the instructed action as the complying second pair-part. Instructions-in-interaction have been studied mostly in the context of learning, but they occur in a variety of activities requiring the coordination among participants (for reviews, see Lindwall, Lymer & Greiffenhagen, 2015; Mondada, 2013 and 2014). The present study draws particularly on a recent line of research dealing with instructions in the context of mobile activities carried out both in real environment, such as in driving lessons (Deppermann, 2015; De Stefani & Gazin, 2014) and car conversations (Haddington, 2013), and in virtual environment, like in video-games (Mondada, 2013).

2.2 The *Situated Activity System* of guided climbing

Studying the organization of instructions-in-interaction requires considering the entire praxeological context of the activity, including humans and artifacts. The *Situated Activity System* (Goffman, 1961; Goodwin, 1997) of guided climbing includes a sighted trainer, a visually impaired climber and the material resources of climbing routes.

During the guided climbing sessions, the trainer stands on the ground, opposite to the wall, in a relatively static position, while the climber moves upwards on the route. The trainer's and climber's reciprocal positioning displays a face-to-back orientation, configuring a spatial arrangement that lets the trainer monitor the climber's movements. The trainer instructs the climber by means of a microphone, guiding him/her while climbing on a selected route. The trainer's instructions are verbal, whereas the climber's actions consist of body movements performed mostly in a tacit way.

The ascent on the route is organized stepwise as a series of *moves*, which consist in reaching a foothold and a handhold one after the other. Normally, in accomplishing a move, climbers proceed symmetrically (right foot → right hand). These aspects are part of a shared knowledge between trainer and climber.

3 Instructions and instructed actions in guided climbing

In guided climbing, the organization of the ascent as a series of moves consisting in reaching a foothold and a handhold at a time is reflexively tied to the sequential organization of instructions and instructed actions. Indeed, every move is opened by the trainer, who provides instructions concerning the position of the holds to be reached for proceeding in the climb, and is accomplished by the climber, who moves consistently with the instructions just received. Such sequence is frequently expanded with the insertion of further instructions. This routinely happens in guided climbs performed on new routes. In these cases, while the climber is moving in the previously instructed direction, the trainer provides further instructions, which refer to the current movement.

The excerpt below offers the opportunity to analyse the details of the sequential positioning of instructions and the trainer's orientation and attention to the climber's visual impairment. At the beginning of the excerpt, the climber (CLIMB) is making a stop after the accomplishment of the previous move (see Fig. 1). Then, the trainer (TRA) opens a new instructional sequence. The trainer's opening turn (l. 1-3) configures a set of instructions concerning an entire move, which consists in reaching a foothold (indicated by the red arrow in Fig. 1) and, subsequently, a handhold (indicated by the yellow arrow in Fig. 1).

[Marrone-M-MAH00449]

```
1    TRA     #adesso vai al ginocchio sinistro col piede des↑tro (0.48)
             now go to the left knee with the right foot (0.48)
2            e la prossima è in linea alla mano destra. (.) medio lunga.(0.88)
             and the next is in line with the right hand. (.) medium to long. (0.88)
3            sempre a destra del: del rinvio.
             again to the right of the: the carabiner.
     fig     #1
4    climb   moves right foot -->
5    TRA     sa:li=
             go: up
6    climb   > reaches target foothold
7    TRA     =#↑li
               ↑there
     fig     #2
8    climb   rises, puts upright, adjusts position (horizontal movement) -->
9    TRA     #dritto alla test- #no a de- (0.2)
              straight to the hea- no to the ri- (0.2)
     fig     #3               #4
10           in linea* alla mano °comunque°.
             in line with the hand °anyway°.
11   climb   >        *moves up right hand -->
12   TRA     #sa:li
              go: up
     fig     #5
13   climb   > touches target handhold
14   TRA    quella grossa li.
             that big one there.
```

Figure 1. Position of the climber during the trainer's opening turn.

The first instruction at line 1 is delivered in the form of a directive, opened by the word "adesso/*now*", which marks the beginning of a new sequence. The directive contains a verb of motion ("vai/*go*"), its spatial complement ("al ginocchio sinistro/*to the left knee*") and a prepositional adjunct indicating which limb the climber must move ("col piede destro/*with the right foot*"). By saying "al ginocchio sinistro/*to the left knee*", the trainer maps the position of the target foothold onto the position of a part of the climber's body (the left knee). By assuming the climber's knee as the ground for the spatial reference, she enables the climber to localize the foothold by using his proprioception.

Although being formatted as a syntactically and semantically complete directive, the instruction at line 1 does not obtain as a response the immediate execution of the action. Indeed, the climber remains in the same position while pulling slightly the holds he is grasping with the right and the left hand, as for testing their use in view of the next upward movement. In so doing, he displays that he interpreted the instruction just received for the foot movement as being part of a wider instructional turn which is to be continued. Possibly, it is due to the rising intonation on "des↑tro", which seems to project an extension of the trainer's turn-at-talk. The trainer, for her part, does not solicit a response by the climber. Rather, after a pause, she extends her turn by saying "e la prossima è/*and the next is*" (l. 2), where the adjective "prossima/*next*" is used as a noun (it is preceded by the definite article "la/*the*") and stands for "la prossima [presa]/*the next [handhold]*". Then, the trainer describes the position of the next handhold, by saying "in linea alla mano destra/*in line with the right hand*" (l. 2), which means that the handhold is on the same line as the hold the climber is currently grasping with his right hand. Here again, the trainer assumes the climber's body (i.e., his right hand) as the ground for the spatial reference. Soon after, by saying "medio lunga/*medium to long*" (l. 2), the trainer provides information about the distance of the handhold. Finally, after another pause, by saying "sempre a destra del: del rinvio/*again to the right of the: the carabiner*" (l. 3), she describes the position of the handhold in relation to that of the carabiner, whose location is already known to the climber[2].

Looking at the entire trainer's turn it should be noted that if the first utterance at line 1 configures an instruction whose projected outcome is made explicit, the interpretation of the following part of the trainer's turn – namely, the description at lines 2-3 – as an instruction requiring a corresponding course of action builds upon the climber's skilled interpretation of what the entire trainer's turn is about, that is, it builds upon the climber's knowledge of the internal structure of a move, which consists in reaching a foothold and a handhold one after the other.

The climber starts moving after the trainer's opening instructions are completed. He first moves his right foot (l. 4) attempting to reach the foothold located near his left knee, as required in the first instruction (l. 1). While the climber is approaching the target hold, the trainer utters a directive, "sa:li/*go: up*" (l. 5), requiring the climber to proceed in the ongoing movement, as he actually does. Soon after, the deictic locative "lì/*there*" (l. 7) is pronounced with a higher pitch than the preceding part of the trainer's turn. It occurs simultaneously with the achievement of the foothold and refers to the precise here-and-now of the climber's foot position, which is right on top of the foothold. Consequently, "lì/*there*" is not the spatial complement of the preceding verb, but rather it configures a distinct action: that of signalling that the target foothold has been reached (Fig. 2) and the instructed action is completed.

Figure 2

[2] Indeed, the trainer refers to the carabiner by using a definite noun. The climber knows where the carabiner is because he secured the safety rope at carabiners throughout the previous part of the ascent and because carabiners are placed at equal distance (see Fig. 1).

Once reached the foothold, thereby complying with the first instruction, the climber rises on the right foot until putting himself upright (l. 8) and then he adjusts his position, attempting to re-balance his centre of gravity, moving his upper body horizontally. In doing so, he visibly orients to the accomplishment of the second part of the move, which consists in reaching the handhold. At this point, the trainer intervenes (l. 9) providing further directions that refer to the location of the handhold (the same of the spatial description at lines 2-3) but are adjusted to the current position of the climber's body. When the climber's head is almost aligned with the handhold (Fig. 3), the trainer starts uttering "dritto alla test[a]-/*straight to the hea[d]-*" (l. 9). Soon after, she breaks off and then produces a first self-repair (l. 9: "no a de[stra]-/*no to the ri[ght]-*"), in an attempt to adjust the ongoing directions to the lateral movement of the climber's head (Fig. 4). This further utterance too is left incomplete and the trainer produces a second self-repair (l. 10: "in linea alla mano comunque/*in line with the hand anyway*"), thus recalling the description used at line 2 ("in linea alla mano destra/*in line with the right hand*"). In the meanwhile, the climber starts moving up his right hand (l. 11) toward the handhold, before the completion of the trainer's turn.

Figures 3-4

When the climber's hand is close to the handhold, the trainer utters a further instruction in the form of directive (l. 12, "sa:li/*go: up*"). Here, the trainer's intervention follows the climber's touch of a hold placed near the target handhold (Fig. 5). As already observed for the instruction at line 5, with the directive "sa:li/*go: up*" the trainer requires the climber to proceed moving until reaching the target.

Figure 3

Soon after, when the climber's right hand encounters the target handhold (l. 13), the trainer says "quella grossa lì/*that big one there*" (l. 14). As previously observed at line 7 ("lì/*there*"), the trainer's turn is simultaneous with the climber's achievement of the target hold and signals that the instructed action has come to an end. In both cases (l. 7, "lì/*there*"; l. 14, "quella grossa lì/*that big one there*"), the trainer's verbal acknowledgment seems to function as a means for sharing the completion of the trajectory of action carried out cooperatively. This function of the trainer's closing turn is reinforced by making reference to a physical characteristic of the handhold (its size), which can be accessed both visually and by means of touch.

4 Discussion

The excerpt showed the interactional work carried on by trainer and climber for accomplishing a move which consists in reaching a foothold and a handhold one after the other. The organization of such work reveals that the trainer's instructions have distinct functions depending on their sequential positioning with respect to the climber's movement.

The instructions delivered by the trainer at the beginning of the excerpt (l. 1-3) have the function of locating the foothold and the handhold, thus compensating the lack of visual spatial information needed to the athlete to orient in the climbing space. Central to such instructions is the way spatial information is formatted for being accessible to the blind climber: the trainer uses spatial descriptions which are grounded in the climber's body (l. 1: "al ginocchio sinistro/*to the left* knee"; l. 2: "in linea alla mano destra/*in line with the right* hand") or refer to objects whose location is known to the recipient (l. 3: "a destra del rinvio/*to the right of the carabiner*", see also note 2).

Various kinds of verbal utterances (the directive at line 1 and the space descriptions at lines 2-3) are situatedly treated by the climber as instructions. The indexicality and indeterminacy of the trainer's instructions, which do not specify every aspect of the corresponding actions, builds upon the skilled interpretation of the climber, who autonomously accomplish the projected outcome by means of a series of body movements. This is particularly evident at lines 8 and 11, where the climber prepares and subsequently does the right-hand movement needed to reach the target handhold by using the spatial information provided by the trainer at lines 2-3.

During the climber's movement, the trainer can make relevant changes in the spatial relations between the moving body and the target hold, especially when the body part that is moving is the same taken as the ground for the spatial description previously provided. This is particularly evident at lines 9 ("dritto alla test[a]- no a de[stra]-/*straight to the hea[d]- no to the ri[ght]*) and 10 ("in linea alla mano comunque"/*in line with the hand anyway*"), where the trainer's turn reflexively adjusts to the contingencies of the climber's movement, displaying the trainer's finely tuned analysis of the movement trajectory. Instructions occurring while the climber's movement is underway (l. 5, 9-10 and 12) do not project further instructed actions but refer to the climber's ongoing movement. The aim of such instructions seems to be that of supporting the climber in successfully completing his action, as shown at lines 5 and 12 ("sa:li/*go: up*").

In both cases – instructions opening the sequence and instructions referring to current movements – the focus is on the spatial aspects of the climber's bodily actions rather than on the temporal constraints of the performance, which are central in other kinds of mobile activities and sports requiring the accomplishment of bodily actions in a timely manner. However, given that the participants' sensory access to the environment is asymmetrical, the sequential organization of the trainer's instructions with respect to the climber's movement is central to the participants' coordination, because it contributes to locally establish and maintain the mutuality between what is within the trainer's visual access and what falls under the climber's touch and proprioception. Indeed, the trainer uses time as a resource for grounding spatial information in specific moments of the climber's movements, as suggested also by the analysis of the verbal acknowledgments uttered simultaneously with the climber's achievement of the target hold, such as "lì/*there*" (l. 7) and "quella grossa lì/*that big one there*" (l. 14). In these cases, the deictic locatives and demonstratives, which refer to the climber's touch in a timely manner, display the trainer's 'attunement' to the climber's bodily experience of the material environment.

Appendix: transcription conventions

TRANSCRIPTION CONVENTIONS FOR TALK		TRANSCRIPTION SYMBOLS FOR EMBODIED INSTRUCTED ACTIONS	
(1.0)	Pause in tenth of a second	* *	Movements and their descriptions are delimited between two identical symbols and are synchronized with the preceding talk (usually, the instructinal turn they comply with)
.	Falling intonation		
(.)	Micropause		
wo:rd	Lengthening of the preceding sound		
wo-	Abrupt cut-off, with level pitch	----	Ongoing movement production
°word°	Talk quieter than surrounding talk	*-- >	Movements continues across subsequent lines...
WORD	Talk much louder than surronding talk	---*	...Until the same symbol is reached
↑↓	Marked variations in pitch in the following word/syllable	>	Movement continues from previous lines of transcription
		#	Indicates the exact moment of a screenshot capture

Bibliography

Amerine R. & Bilmes J. (1988). Following instructions. *Human Studies*, Vol. 11, No. 2-3, p. 327-339.

Craven A. & Potter J. (2010). Directives: entitlement and contingency in action. *Discourse Studies*, Vol. 12, No. 4, p. 419-442.

De Stefani E. & Gazin A.-D. (2014). Instructional sequences in driving lessons: mobile participants and the temporal and sequential organization of actions. *Journal of Pragmatics* Vol. 65, p. 63-79.

Garfinkel H. (2002). *Ethnomethodology's Program*, Oxford: Rowman & Littlefield.

Goffman E. (1961). *Encounters: Two Studies in the Sociology of Interaction*. Indianapolis: Bobbs-Merrill Company, Inc.

Goodwin C. (1997). The blackness of black: color categories as situated practice. In L. B. Resnick, R. Säljö, C. Pontecorvo & B. Burge (Eds.), *Discourse, Tools, and Reasoning: Essays on Situated Cognition*. Berlin/Heidelberg/New York: Springer, p. 111-140.

Goodwin C. (2000). Action and embodiment within situated human interaction. *Journal of Pragmatics*, Vol. 32, No. 10, p. 1489-1522.

Goodwin M. H. (2006). Participation, affect, and trajectory in family directive/response sequences. *Text and Talk*, Vol. 26, No. 4-5, p. 515-543.

Haddington P. (2013). Projecting mobility: passengers directing the driver at junctions. In P. Haddington, L. Mondada & M. Nevile (Eds.), *Interaction and Mobility: Language and the Body in Motion*. Berlin/Boston: De Gruyter, p. 179-209.

Jefferson G. (2004). Glossary of transcript symbols with an introduction. In G. H. Lerner (Ed.), *Conversation Analysis. Studies from the First Generation*. Amsterdam/Philadelphia: John Benjamins, p. 13-31.

Lindwall O., Lymer G. & Greiffenhagen C. (2015). The sequential analysis of instruction. In N. Markee (Ed.), *The Handbook of Classroom Discourse and Interaction*. Hoboken, NJ: John Wiley & Sons, p. 142-157.

Mondada L. (2013). Coordinating mobile actions in real time: the timely organization of directives in video games. In P. Haddington, L. Mondada & M. Nevile (Eds.), *Interaction and Mobility. Language and the Body in Motion*. Berlin/Boston: De Gruyter, p. 300-341.

Mondada L. (2014). Instructions in the operating room: how the surgeon directs their assistant's hands. *Discourse Studies*, Vol. 16, No. 2, p. 131-161.

Mondada L. (2016). *Conventions for multimodality (version 3.0.6, July 2016)*, https://franzoesistik.philhist.unibas.ch/fileadmin/user_upload/franzoesistik/mondada_multimodal_conventions.pdf.

Ueno N. (2000). Ecologies of inscription: technologies of making the social organization of work and the mass production of machine parts visible in collaborative activity. *Mind, Culture, and Activity*, Vol. 7, No. 1-2, p. 59-80.

Mobile Learning et vidéo en Français Langue Étrangère : l'environnement matériel comme ressource en production orale

Mobile Learning and Video in French as a Foreign Language: Using Material Environment as a Resource for Oral Production

Laurence Martin[1] [a]

[1]*Laboratoire Praxiling (UMR 5267), Université Paul-Valéry Montpellier*
34090 Montpellier, France

Résumé. L'intégration des caméras dans les objets de la mobilité (ordinateur portable, appareil photo, smartphone, tablette) a conduit à l'émergence de l'autoproduction audiovisuelle comme activité sociale (YouTube) et la didactique des langues s'approprie ces nouvelles pratiques. Les apprenants peuvent se filmer facilement en dehors de la classe dans des environnements variés et transmettre leur production orale numérique à l'enseignant. En nous appuyant sur un corpus de tutoriels audiovisuels réalisés par des étudiants en français langue étrangère, nous montrerons comment les objets de la vie quotidienne participent à la construction du sens dans l'action et constituent ainsi des ressources qui aident l'apprenant à élaborer son discours et l'enseignant à évaluer la production orale. Les apprenants choisissent de se montrer en train d'agir dans des lieux qui étaient jusque-là réservés à l'apprentissage informel (salle de bain, magasin, cuisine etc.) et réalisent un produit audiovisuel en dehors de la salle de classe. L'enseignant peut intervenir sur la vidéo par exemple en repérant des erreurs dans la production orale et en insérant des annotations sur l'image. La vidéo numérique constitue une trace sur laquelle l'enseignant et l'apprenant peuvent agir de façon différée.

Abstract. The integration of cameras in the objects of mobility (laptop, camera, smartphone, tablet) led to the emergence of audiovisual self production as a social activity and the didactics of languages appropriates these new social practices. Learners can easily film themself outside the classroom in varied contexts and send their digital oral production to their teacher. Using a corpus of video tutorials produced by students in French as a foreign language, we will show how objects of everyday life participate in the construction of meaning in action and thus constitute resources shared by learners and the teacher. Learners choose to show themself in places that were previously reserved for informal learning (bathroom, kitchen, shop, etc.) and produce an audiovisual product outside the classroom. Teachers can use the

[a] Auteure de correspondance : laurence.martin@univ-montp3.fr

video as a teaching tool by identifying learners errors and by inserting annotations on the image. Digital video then becomes a trace on which teacher and learners can act together.

1 Introduction

La notion de ressource est polysémique. En didactique des langues-cultures (DDLC), elle peut renvoyer au dispositif pédagogique, à des documents, des données, des outils numériques voire à des tâches pédagogiques, des personnes ou des compétences (Develotte et Pothier, 2004 ; Tomé, 2006 ; Py, 2007). Ce qui est considéré comme une ressource dans l'enseignement des langues dépend de l'évolution du contexte méthodologique institutionnel (Develotte, 2004 : 11). La notion de ressource peut aussi être entendue comme l'ensemble des moyens que les co-participants mobilisent pour rendre la situation *accountable* (Garfinkel, 2007), c'est-à-dire descriptible : « cette descriptibilité (qui ne se confond pas avec la notion de description) est assurée par des moyens qui ne se limitent pas à la parole mais reposent sur des ressources multimodales » (Mondada, 2009 : 26). C'est dans cette dernière acception que nous inscrivons notre réflexion.
En production orale, dans certaines situations, les objets participent à la construction du sens (Day, Wagner, 2014). Nous définissons un objet, à la suite de Gibson, comme « une substance persistante dotée d'une surface close ou presque close » ; il a une forme, une texture et une couleur (Gibson, 2014 : 93-94). On peut le toucher, le saisir et le manipuler. L'usage d'objets dans l'apprentissage des langues est souvent limité aux objets scolaires (tableau, feutre, table, ordinateur, etc.) et peu de salle de classe sont équipées avec des objets du quotidien (comme une assiette ou un bol par exemple). Ces objets interviennent dans les activités didactiques grâce à l'image fixe ou à la vidéo (image en mouvement) ; ils perdent alors leur caractère ergonomique et ne sont plus saisissables, manipulables.
Dans cet article, nous montrerons comment le « tournant audiovisuel » (Stockinger, 2009) modifie la pratique de l'oral en DDLC et comment les objets sont mobilisés comme ressources par rapport à la caméra lors d'une production orale à distance et asynchrone.

2 Cadre théorique

2.1 Production orale, vidéo et mobile learning en didactique des langues.

L'étude de l'oral en français langue étrangère s'inscrit dans l'analyse des interactions en classe de langue, et mobilise la notion de cadre définie par Goffman (1974). Empruntée à Bateson, elle implique que toute activité peut avoir différents cadrages qui ne sont pas nécessairement partagés par les participants. Dans un cours de langue, les activités orales ont généralement lieu dans le cadre primaire, social et institutionnel de la salle de classe, ou dans un cadre secondaire transformé, proche de la dramaturgie (Cicurel, 2002). Des activités sociales, extérieures à la classe sont modélisées et reproduites lors de jeux de rôles, de simulations ou de jeux théâtraux. Lors du changement, des ruptures de cadre peuvent alors mettre l'apprenant en difficulté car il doit comprendre la situation de communication, imaginer un lieu et des objets puis agir dans ce cadre fictif. Les interactions orales sont certes variées mais moins spontanées (Guichon, Nicolaev, 2011 : 71) que celles qui émergent dans le cadre primaire et, pour l'enseignant, l'évaluation de la cohérence entre les énoncés produits et le contexte reste problématique. Toutefois mettre à disposition des apprenants, en classe, des objets pour contextualiser chaque production orale qui a lieu dans un cadre secondaire serait difficilement envisageable notamment faute de place. L'usage de la vidéo permet alors aux apprenants de se filmer en train d'agir (cuisiner, bricoler etc.)

avec des objets à l'extérieur de la salle de classe, dans des environnements variés. Cet usage de la vidéo dans l'enseignement- apprentissage des langues n'est pas nouveau (Compte, 1993), mais un changement dans la culture contemporaine globale est venu modifier les pratiques sociales de communication (web 2.0, peer-to-peer, réseau mobile) donnant ainsi une place importante au médium audiovisuel dans nos vies quotidiennes, privées et professionnelles[1]. L'usage de la vidéo s'est banalisé et « l'appropriation du langage visuel fait assister à une réinvention du quotidien » (Gunthert, 2014 : 13). L'intégration de ces pratiques dans l'enseignement des langues renouvelle la production orale (Li, Gromik, 2012). L'usage de la vidéo est envisagé dans une approche communic'actionnelle (Bourguignon, 2006) ; l'apprenant est un acteur social qui ne réalise pas une tâche scolaire mais une activité sociale. La caméra est un instrument (Rabardel, 1995), qui s'insère dans des pratiques sociales qui ne sont plus réservées à des groupes sociaux bien circonscrits. C'est « une entité mixte » comprenant à la fois un artefact (outil technique) et un ou des schèmes d'utilisation (Rabardel, 1995 : 74). Dans cet article, nous proposons d'analyser comment, dans une pratique sociale précise, impliquant des schèmes d'utilisation spécifiques, l'usager met en image les objets pour construire du sens et rendre la situation *accountable*.

2.2 Les objets dans les interactions orales

Notre analyse de la production orale s'inscrit dans une approche anthropologique de l'activité humaine et nous empruntons des concepts formulés, en dehors de la linguistique traditionnelle. Notre recherche s'inspire de l'analyse ethnométhodologique de l'action située (Suchman, 1987 ; Hutchins, 1995), de l'analyse conversationnelle, de la cognition située (Lave, Lave&Wenger, 1991) avec un intérêt pour le rôle des objets dans les interactions (Conein, 1994, 2005, 2014 ; Quéré, 1997 ; Relieu *et al.*, 2004 ; Licoppe, 2008 ; Morel et Licoppe, 2012 ; Nevile *et al.*, 2014). Il s'agit d'un courant de recherche pluridisciplinaire dont les concepts clés sont ceux d'« action située », de « cognition distribuée », d'« affordance », d'« embodiment », etc. (Quéré, 1997 : 165). Dans ces recherches, l'acteur partage la responsabilité de l'action avec les objets et l'espace. Mais, contrairement aux nombreux travaux sur les interactions hommes-machines, nous entendons par objet les éléments du monde physique que nous pouvons expérimenter de façon sensorielle, sans mode d'emploi car leur usage est lié à une routine c'est-à-dire « une habileté acquise par l'expérience et dont la mise en œuvre ne demande ni réflexion, ni représentation » (Quéré, 1997 : 175). Pour nos analyses, nous utiliserons le concept d'affordance formulé par Gibson (1977) à la suite des travaux de Werner (1937) qui montraient déjà que les objets nous poussent à agir dans nos activités quotidiennes. Gibson construit ce néologisme à partir du verbe to afford (offrir, fournir) pour désigner une complémentarité entre l'animal et l'environnement. Ces objets sont donnés mais ils sont aussi construits dans l'interaction lorsqu'ils sont regardés, montrés, touchés, manipulés : "Their semiotic malleability and phenomenal accessibility provide an undeniable richness to talk, which we are just beginning to understand"[2] (Day & Wagner, 2014 : 123). Nous souhaitons montrer ici comment les objets présents dans l'environnement sont des ressources pour l'apprenant, et pour l'enseignant, c'est-à-dire comment ils sont mobilisés pour construire du sens dans l'action.

[1] Voir le séminaire de Peter Stockinger (2009).

[2] Traduction : « Leur mobilité sémiotique et leur accessibilité phénoménale offrent une richesse incontournable à la conversation, que nous commençons tout juste à comprendre ».

3 Méthodologie et description du corpus

Notre recherche s'intéresse à l'activité de production orale dans un contexte institutionnel d'enseignement/apprentissage du français langue étrangère. Le terrain est celui d'une classe réunissant des étudiants du programme Erasmus, de niveau A2-B1, venus étudier en France pour quelques mois à l'université. Une première approche ethnographique du contexte, en tant qu'enseignante, nous a permis de nous rendre compte que l'évaluation finale permettant de définir le niveau en langue des étudiants accordait une place singulière à la production orale ; contrairement aux autres activités de communication langagière (compréhension écrite, compréhension orale, production écrite), elle ne portait pas sur un produit fini inscrit sur un support et pouvant être annoté. Un projet audiovisuel a alors été proposé aux participants dans une démarche de recherche-action dans laquelle « le chercheur [...] s'intègre dans un groupe et oriente, à sa manière, le changement tout en l'enrichissant » (Duthoit, 2016). Les participants, ont eu pour tâche de réaliser chacun, en dehors du temps imparti à la formation, un tutoriel dans lequel ils devaient se mettre en scène pour présenter un savoir praxique (comme préparer un café, changer un pneu) de leur choix en interaction avec des objets (dans une cuisine, un garage etc.). Le projet consistait à échanger des savoir-faire de la vie quotidienne. Notre corpus se constitue de 17 courtes productions audiovisuelles de 2 à 5 minutes réalisées par les étudiants. Cette activité didactique était nouvelle pour l'ensemble des participants. Certains se sont filmés eux-mêmes, d'autres ont fait appel à un ami proche (petit ami, colocataire etc.) mais aucun n'a rencontré de difficulté pour accomplir cette tâche. Les enregistrements ont été réalisés dans leur lieu de vie : leur studio, leur chambre, leur salle de bain et deux étudiantes ont réalisé l'enregistrement dans des magasins. Un seul étudiant a remis sa production sur une clé USB, les autres ont utilisé une application en ligne. Les 17 tutoriels créés ont été récoltés par l'enseignante en vue d'une évaluation orale individuelle qui a contribué à l'évaluation finale. Quelques vidéos qui ont été ensuite projetées en classe avec l'accord des étudiants concernés ont été annotées par l'enseignante. Des autorisations de droits à l'image ont été signées.

Les locuteurs agissent de façon verbale et corporelle, face à la caméra, dans un environnement matériel familier. Les actions verbales sont coordonnées aux actions praxiques impliquant des objets. Ces objets physiques peuvent être des objets industriels fabriqués (couteau, bouteille, robinet, cafetière, etc.), manuels ou électriques, fixes ou mobiles, des aliments conditionnés ou non, de l'eau, un corps humain ou un élément du corps (cheveux, paupières, etc.).

Nous nous intéresserons ici à une de ces vidéos, pour analyser le rôle des objets dans la mise en image et la construction du sens. Cette vidéo nous semble particulièrement intéressante car l'apprenant met en place des schèmes d'usage à des fins humoristiques. La transcription a été réalisée sans logiciel :

Novembre 2016 Durée : 2 min 54 ETU: étudiant ERASMUS (Langue 1 : allemand)		
1		((claquement de bouche)) salut tout le monde/ je m'appelle marcus et: euh: aujourd'hui je vais vous expliquer
2		comment ouvrir une bouteille de bière/ ((attrape une bouteille et l'apporte dans le champ de la caméra)) avec un concombre ((pose la bouteille de bière puis attrape un concombre))
3		un concombre/ ((montre et pose le concombre))
4		((claquement de bouche)) ok cet événement pourrait être dangereux donc ne pas reproduire en l'absence d'un adulte s'il vous plait\ c'est important/ ok\ ça marche euh: allez euh:m:::
5		((claquement de bouche)) pour cela on a besoin de choses suivantes euh:((attrape et montre le concombre à la caméra)) en premier un concombre euh: le pays d'origine ce n'est pas important ((pose le concombre)) euh:

6		((attrape et montre un couteau à la caméra)) euh un bon couteau ((claquement de bouche)) et ((pose le couteau))
7		évidemment ((attrape et montre une bouteille de bière à la caméra)) une bouteille de bière ((pose la bouteille)) euh: ((claquement de bouche)) étape 1 euh/ ((attrape la bouteille de bière et la bouge face caméra)) j'ai choisi une kronenbourg mais c'est possible avec tous les autres bières\ ok/ ((pose la bouteille))
8		étape 1 euh: ((claquement de bouche)) mettez ((attrape et montre le concombre)) mettez le concombre dans le frigo pour un moins de 30 minutes\ ouais euh et j'ai préparé cela ici\ ok/ euh: ((pose le concombre))
9	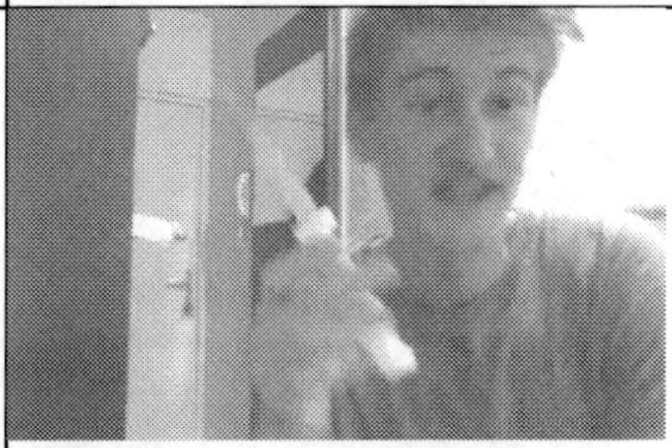	étape 2 euh ((claquement de bouche)) prenez ((attrape et montre le couteau)) le couteau et
10		enlevez enlevez ((attrape le concombre et le place au contact du couteau)) un an bout de concombre\ ((pose le couteau et attrape un bout de concombre))
11		j'ai préparé un bout un bout de concombre ((pose le bout de concombre))

12		Et euh: après coupez comme ça pour obtenir une angle droite ((attrape le bout de concombre et le place sur le concombre)) euh c'est ça/ ouais un angle droite ok ((pose le bout de concombre)) euh: de cette façon euh votre concombre aura la bonne forme\ pour ouvrir des bouteilles/ ok/
13		euh et étape 3 posez la bouteille sur une surface solide ok ((attrape la bouteille, la pose sur une table située en dehors du champ de la caméra)) ok ((déplace légèrement la caméra)) ma table ok euh:: alors
14		maintenant ça va être dangereux donc je ((pose le concombre)) vais ((attrape des lunettes)) mettre mon lunettes de protection\ ok
15		((souffle)) ((déplace la caméra)) ok ((soulève et repose la bouteille)) surface solide ok
16		((souffle)) ok ma concombre avec l'angle droite
17		et euh ok un deux trois

18		
19		et voilà

L'étudiant a choisi d'expliquer comment ouvrir une bouteille de bière avec un concombre. Le thème de sa production orale présente d'emblée un décalage avec ce qui est attendu dans un tutoriel audiovisuel. Il propose une parodie dans laquelle il s'implique corporellement.

4 Analyses

Le participant est face caméra dans un studio (porte et interphone, baguette de pain) et partage généralement le cadre avec des objets situés à droite dans son environnement proche. La vidéo produite est une mise en image d'une situation communicative qui se construit en relation avec l'artefact caméra. L'acteur-locuteur coordonne ses actions verbales à des actions praxiques de manipulation de divers objets pour communiquer. C'est l'annonce verbale de l'intention (1 et 2) qui capte notre attention et nous permet de saisir le sens des diverses manipulations qui vont suivre. Sans son, la situation ne serait pas descriptible ; l'acte verbal est un acte social[3] de transmission de savoir-faire. La production orale est multimodale et l'*accountability* de la situation repose à la fois sur des ressources verbales, non verbales (mimiques, regards, postures, souffle, etc.), des gestes co-verbaux qui impliquent les mouvements des bras et des mains (pointage)[4] et des actions praxiques (taper, casser, etc.) qui incluent des objets et leur positionnement par rapport à la caméra.

Comme dans l'étude de la gestuelle (geste iconique, métaphorique, déictique, ou de battement)[5], nous voyons que la mobilisation des objets peut avoir différentes significations. Leur manipulation peut accompagner le verbal et avoir une signification référentielle iconique, illustrative indéterminée (« une bouteille de bière », « un concombre, 2 et 3) ou déterminée (« un bon couteau », « une Kronenbourg », 6 et 7) par une forme, une marque, une qualité particulière. La présentation verbale d'un référent est généralement accompagnée de l'introduction de l'objet dans le champ de la caméra (2, 3, 5, etc.). L'apprenant agit en fonction de la caméra (postures, regards etc.) mais aussi des objets situés à proximité qu'il va mobiliser. Dès qu'il parle d'un objet mobile, il le saisit pour l'amener à l'intérieur du cadre. Il s'agit d'actes de monstration des objets (Licoppe, Morel, 2012). Cette mise en image met en valeur le caractère référentiel du verbal dans cette activité explicative.

[3] Et non pas un code linguistique autonome.
[4] Voir Di Pastena *et al.* (2015).
[5] Voir Kendon (2004) et McNeill (2000).

La présence des objets donne lieu à des commentaires verbaux (« le pays d'origine ce n'est pas important » ou « j'ai choisi une Kronenbourg mais c'est possible avec tous les autres bières ») qui ont ici encore un caractère comique.

La manipulation des objets peut aussi avoir une signification praxique, dans laquelle l'acteur n'illustre pas un objet mais plutôt une action impliquant un ou plusieurs objets. Les objets sont des repères dans la production verbale et leur présence physique oblige l'apprenant à employer un lexique précis (un bout, un angle droit etc.). Leur arrangement dans l'espace, qu'il a lui-même organisé (11), et leur perception dans l'action (7) guident l'apprenant dans son plan discursif. L'apprenant produit un discours verbal et corporel coordonné à l'environnement matériel. Quand il se réfère non pas à un objet mais à une action impliquant deux objets (10 et 11), il les saisit pour les mettre dans le cadre et les manipuler ensemble, c'est-à-dire l'un par rapport à l'autre. Si le nombre d'objets est supérieur, il bouge la caméra et change de cadre (17). La mise en image montre que l'acteur met le focus sur la manière d'accomplir l'action. Dans cette vidéo, le focus sur la précision des actions, renforce le caractère comique de la situation.

Des manipulations, en revanche, se substituent au langage verbal et construisent du sens à elles-seules. Elles sont souvent accompagnées de déictiques (« comme ça », « voilà »). Ces actions praxiques impliquant des objets participent à l'*accountability* de la situation (17, 18, 19). En effet, c'est la perception visuelle de l'action accomplie avec le concombre sur la bouteille de bière, à la fin de l'explication, qui permet de saisir le sens général de la vidéo réalisée par l'apprenant.

L'étudiant agit dans un environnement familier, un cadre secondaire qu'il a lui-même fait émerger dans un cadre primaire qu'il connaît bien (ici son propre studio) et qu'il a transformé en l'aménageant et en déclenchant la caméra en accord avec la consigne. Il s'agit en apparence d'une « modalisation » (Goffman, 1974). L'apprenant explique un savoir-faire face à la caméra pourtant il détourne ce cadre attendu et le transforme encore ; il s'agit alors d'une « fabrication » à l'initiative de l'apprenant qui « joue un tour » à son public en lui présentant une affordance insolite. L'apprenant produit des énoncés oraux situés, asynchrones et à distance. Les objets montrés et manipulés constituent des ressources cognitives situées (Conein, 1997 ; Nevile, 2014) ; ce sont des repères matériels qui participent à l'accomplissement d'un plan discursif imposé par l'intention annoncée.

L'image en mouvement présentant l'apprenant en train d'agir de façon verbale et corporelle dans un environnement matériel, c'est-à-dire de façon située, permet à l'enseignant de percevoir la cohérence entre ce que dit l'apprenant et ce qu'il fait (12). Il peut revoir la vidéo, et signaler une erreur par une annotation dans le cours de l'action en intégrant une lettre ou un symbole dans la table de montage.

5 Conclusion

Dans ce type de production orale à distance et asynchrone, la mise en images suggère l'importance des objets pour la compréhension partagée de la situation. Ils sont mobilisés de différentes façons ; leur manipulation permet d'illustrer le verbal, de s'y substituer, de faire émerger des commentaires sur leurs caractéristiques mais aussi d'enrichir l'explication verbale par des actions praxiques qui donnent du sens à la situation.

Leur présence contraint l'apprenant à veiller à la cohérence entre la production verbale et l'environnement matériel. La production orale est *située* et les objets sont mobilisés comme une ressource qui participe dans l'action à la construction du sens.

La réalisation de tutoriels audiovisuels est une pratique sociale instrumentée. Son usage dans l'enseignement/apprentissage des langues comme activité de production orale permet à l'apprenant d'agir dans un environnement situé dans un espace familier et d'engager son corps dans des actions coordonnées (verbale, co-verbale, non-verbale, praxique).

Cette activité de production orale fait émerger une autre forme relationnelle entre l'enseignant et l'apprenant. L'apprenant choisit de se montrer en train d'interagir avec des environnements qui étaient jusque-là des environnements réservés à l'apprentissage informel (salle de bain, magasin, cuisine etc.). Il est seul responsable de ce qu'il produit. Il se présente dans un environnement public ou intime, en dehors du contexte didactique ordinaire. Il peut préparer sa production et se mettre en scène, à distance et de façon asynchrone sans affronter directement le regard de l'ensemble de ses pairs et de l'enseignant-évaluateur. Ce regard évaluateur est différé. L'apprenant a en effet la possibilité de recommencer autant de fois qu'il le souhaite puis de choisir la production orale qui sera alors diffusée, en classe ou à l'extérieur, sur une plateforme comme YouTube par exemple.

Conventions de transcription

/ \	ton montant, ton descendant
(( ))	action, production vocale, description
::	allongement

Bibliographie

Bourguignon C. (2006). De l'approche communicative à l'approche communic'actionnelle : une rupture épistémologique en didactique des langues-cultures, *Synergie Europe*, vol. 1, p. 58-73.

Cicurel F. (2002). La classe de langue un lieu ordinaire, une interaction complexe, *Acquisition et interaction en langue étrangère*, vol. 16, p. 145-164.

Compte C. (1993). *La vidéo en classe de langue*, Paris : Hachette.

Conein B. (1997). L'action avec les objets : Un autre visage de l'action située ? *Raisons pratiques*, p. 25-45.

Day D. & Wagner J. (2014). Objects as tools for talk. In M. Nevile, P. Haddington, T. Heinemann, M. Rauniomaa (Eds.) *Interacting with Objects: Language, Materiality, and Social Activity*. Amsterdam/Philadelphia: John Benjamins, p. 101-124.

Develotte C. (2004). Plurilinguisme et multiplicité des ressources. In C. Develotte & M. Pothier (éds), *La notion de ressources à l'heure du numérique*. Lyon : ENS Éditions, p. 9-14.

Develotte C. et Pothier M. (éds) (2004). *La notion de ressources à l'heure du numérique* (Notions en question vol. 8), Lyon : ENS Éditions.

Di Pastena A., Schiaratura L. T. et Askevis-Leherpeux F. (2015). Joindre le geste à la parole : les liens entre la parole et les gestes co-verbaux, *L'Année psychologique*, vol. 115, no. 3, p. 463-493.

Garfinkel H. (2007). *Recherches en ethnométhodologie* (première parution : 1967), Paris : Presses Universitaires de France.

Gibson J. J. (1977). The Theory of Affordances. In R. Shaw & J. Bransford (Eds.), *Perceiving, Acting, and Knowing. Toward an Ecological Psychology*. Hillsdale: Erlbaum, p. 127-143.

Gibson J. J. (2014), *Approche écologique de la perception visuelle* (première parution : 1979), Paris : Éditions Dehors.

Goffman E. (1974). *Frame Analysis: An Essay on the Organization of Experience*, Cambridge, MA: Harvard University Press.

Guichon N. & Nicolaev V. (2011). Influence de certaines caractéristiques des tâches d'apprentissage sur la production orale en L2. In E. Nissen, F. Poyer et T. Soubrié (dir.), *Interagir et apprendre en ligne*. Grenoble : ELLUG, p. 61-76.

Gunthert A. (2014). L'image conversationnelle. Les nouveaux usages de la photographie numérique, *Études photographiques*, n° 31 [https://journals.openedition.org/etudesphotographiques/3387].

Li J., Gromik N. & Edwards N. (Eds.) (2012). *ESL and Digital Video Integration: Case Studies*, Alexandria, VA: TESOL International Association.

Licoppe C. & Julien M. (2012). Video-in-interaction: "Talking heads" and the multimodal organization of mobile and Skype video calls, *Research on Language and Social Interaction*, vol. 45, n° 4, p. 399-429.

Mondada L. (2009). La production de l'intelligibilité de l'action : une approche multimodale des procédés de sélection des locuteurs dans les interactions en classe, *Éla – Études de linguistique appliquée*, vol. 153, p. 25-40.

Nevile M., Haddington P., Heinemann T. & Rauniomaa M. (Eds.) (2014). *Interacting with Objects: Language, Materiality, and Social Activity*. Amsterdam/Philadelphia: John Benjamins.

Quéré L. (1997). La situation toujours négligée ? *Réseaux*, vol. 15, n° 85, p. 163-192.

Rabardel P. (1995). *Les hommes et les technologies; approche cognitive des instruments contemporains*, Paris : Armand Colin.

Stockinger P. (2009). *Analyse sémiotique du texte audiovisuel. Le tournant audiovisuel et participatif dans la culture contemporaine globale*, Séminaire de Master 2009-2010, Paris : INALCO, https://hal.archives-ouvertes.fr/cel-01316383/.

Tomé M. (2006). Vers une typologie des ressources, supports et dispositifs Internet pour le français langue étrangère, *Estudios humanísticos. Filología*, vol. 28, p. 311-326.

Camera fabula. La caméra, outil et objet sémiotique complexe en interaction

Camera fabula. The video camera as a complex semiotic tool and semiotic object in interaction

Julien Thiburce[1 a]

[1]*Université Lumière Lyon 2, Laboratoire ICAR (UMR 5191)*

Résumé. L'enquête sur le sens des pratiques et par les pratiques en interaction se déploie aujourd'hui majoritairement par la mobilisation de la caméra. Les enregistrements audio et vidéo d'un événement offrent au chercheur la possibilité d'observer et d'attester de pratiques langagières et culturelles à différents niveaux de granularité (des traits syntaxiques et sémantiques aux aspects gestuels et corporels).

Néanmoins, son utilisation et son usage ne sont pas sans poser question, tant sur le terrain même de l'enquête que lors de sa programmation et de son traitement *a posteriori*. De la même manière que Umberto Eco (1979) a porté un regard sur le rôle du lecteur dans l'interprétation d'un récit littéraire, notre proposition questionne la place de la caméra dans l'expérience et l'interprétation de la ville en interaction, au cours d'une balade urbaine proposée par les musées Gadagne (Ville de Lyon). À la croisée de l'ethnométhodologie et de la sémiotique, la caméra émerge à l'intersection entre un outil qui permet d'attester d'une interaction et un objet qui participe de son déroulement par une perception instrumentée.

Abstract. Studies on the meaning of practices and through practices in interaction are nowadays predominantly driven by the mobilisation of movie cameras. Audio and video recordings of an interactional event give the researcher the opportunity to observe and document linguistic and cultural practices at different levels (from syntactic and semantic features to gestures and bodily aspects).

Nevertheless, its use and usage methodological and epistemological questions arise, in fieldwork as much as in video editing. Umberto Eco inquired into the role of the reader in the interpretation of literary narratives. Similarly, this work inquires the role of the movie camera in the display and the interpretation of an interaction in a city walk proposed by the musées Gadagne (Ville de Lyon). At the crossroads of ethnomethodology and semiotics, the camera emerges as a tool documenting interaction and an object participating in the unfolding interaction by instrumented perception.

[a] Adresse de correspondance : julienthiburce@gmail.com

1 Introduction

Dans le champ des sciences du langage et des sciences de l'éducation, la caméra s'est massivement imposée en tant que ressource matérielle mobilisée pour l'observation et l'analyse des pratiques culturelles et langagières (Mondada, 2006). Par son utilisation, on dispose d'une trace et d'une conservation d'un événement situé et expérimenté depuis un certain point de vue que l'on peut jouer et rejouer en vue d'en saisir les différents niveaux de complexité – si tant est que le parcours de constitution des données n'a pas été semé d'embûches. Pour un regard allant de la syntaxe discursive au cours d'action des pratiques, les interactions sociales s'avèrent un terrain privilégié de la mobilisation de l'enregistrement audio-vidéo[1].

Pour notre participation à la réflexion collective sur la notion de ressource*s*, on appréhende le rôle de la caméra en tant qu'outil et objet complexe dans la pratique de terrain et dans l'interaction en sémiotique. Ainsi, une attention toute particulière est accordée à la manière dont elle participe de la formation d'un *milieu* spécifique (Ingold, 2013) au cours d'une d'interaction.

Dans le cadre de notre thèse (Thiburce, en cours), nous nous intéressons en effet aux discours et aux énonciations dans la ville en vue de saisir la tension qui se joue entre des usages tacites et conventionnels des espaces publics, d'un côté et des pratiques d'appropriation narrative et affective singulières, de l'autre. Une telle enquête souhaite ainsi accorder une importance majeure à la dimension écologique des pratiques langagières. En vue de procéder à une analyse située, nous avons constitué un corpus vidéo de visites guidées d'une durée de deux heures dans le cadre des *Balades urbaines* organisées par les musées Gadagne (musée d'Histoire de la Ville de Lyon). Nous avons enregistré deux réalisations d'un même itinéraire conçu par deux professionnels de l'image skateboardistique, itinéraire portant sur la pratique du skateboard à Lyon et les enjeux sociaux et politiques qu'elle sous-tend. Ce corpus a été constitué en s'appuyant sur une méthodologie développée au laboratoire ICAR en analyse des interactions, selon une perspective ethnométhodologique : deux caméras mobiles filment un même événement interactionnel depuis deux points de vue complémentaires et synchronisés.
Une première caméra enregistre les échanges multimodaux des interactants : c'est celle que manipule le chercheur en situation d'*observation participante* – ou *filmante* (Lallier, 2009)[2]. Pour ce qui est de la deuxième caméra, dans notre travail, elle n'est gérée ni par un chercheur ni par un ingénieur de recherche comme à l'accoutumée. Confiée aux participants eux-mêmes, nous avons fait l'hypothèse qu'elle favoriserait la saisie de

[1] D'un point de vue pratique, on peut proposer d'opérer une distinction entre *audio-vidéo* (production d'une piste audio et d'une piste vidéo séparées) et *audiovisuel* (production d'une piste audio et vidéo synchronisée).

[2] L'enquête des pratiques sociales par la caméra a été travaillé aux niveaux méthodologique et théorique dans une perspective sociolinguistique chez W. Labov (1972) avec son « paradoxe de l'observateur », en analyse conversationnelle chez H. Sacks (1984 : 21) pour les modalités d'enquêtes qu'elle favorise, chez P. ten Have (1999) dans la section de son manuel consacrée aux pratiques de constitution de données, chez S. A. Speer (2002) pour une problématisation des liens entre données « naturelles » et données « construites » ou « arrangées », chez M. Lynch (2002) pour une étude des liens entre collecte de données en milieu naturel et écologie des pratiques sociales, chez S. A. Speer & I. Hutchby (2003) dans le cadre d'une réflexion sur les orientations et les conduites d'action des participants en rapport au dispositif de constitution de données. Dans une perspective sociologique, les travaux de C. Licoppe offrent un éclairage sur une gestion d'une diversité de médiations technologiques en interaction : du point de vue du chercheur comme depuis celui des acteurs sociaux, ces médiations donnent matière à enquêter sur les *formes de la présence* et leurs résonnances avec une *pluralité* d'acteurs sociaux (Licoppe, 2012).

processus de sémiotisation de l'espace urbain qui émergeraient de leur propre enregistrement[3]. Ce procédé nous semble être une forme privilégiée d'attestation et d'accès à l'expérience sémiotique d'un environnement urbain en interaction.

Et s'il existe un environnement urbain, il est nécessaire d'appréhender sa transformation de manière dynamique, non pas en tant qu'entité sémiotique déjà-là et codée, qui se donne à percevoir et à savoir à des usagers de l'espace public, mais plutôt en tant que forme qui émerge de la négociation de *soi* à l'*autre* selon une *interpénétration actorielle* (Basso Fossali, 2012). À l'aune d'une telle réflexion se développe un regard sur la caméra comme ressource mobilisée par et pour le chercheur, afin de saisir un processus de sémiotisation de la ville en cours d'instauration. Ainsi, par l'analyse d'une collection de trois extraits qui se font suite dans l'interaction, nous verrons en quoi la caméra s'avère être une ressource au statut complexe, voire ambivalent, dans la co-gestion de l'expérience et de l'interprétation.

2 Terrain de recherche et constitution de données

Dans son *Lector in Fabula*, Umberto Eco (1979) a problématisé la place du lecteur dans l'interprétation de textes littéraires. Sa réflexion a notamment porté sur les différents régimes d'*intentionnalité* propres à l'auteur (*intentio auctoris*), au lecteur (*intentio lectoris*) et à l'œuvre littéraire produite (*intentio operis*) envers laquelle il convient de porter un certain « respect » (herméneutique et philologique). Ainsi, il s'est attelé à la systématisation des diverses « stratégies » énonciatives en jeu dans l'opération de *sémiose*[4], tant en production (auteur) qu'en réception (lecteur) : comment l'auteur énonce-t-il un récit ? pour dire/faire quoi ? à qui ? et quelles positions le lecteur prend-t-il dans son parcours du texte ?

À l'instar d'Umberto Eco, par son regard porté sur la « coopération interprétative » du lecteur et de l'auteur dans l'émergence d'une expérience sémiosique, nous proposons ici une réflexion sur le rôle de la caméra dans l'interaction, de manière dialectique. On cherche en effet à questionner la place et le rôle de cette médiation technologique dans le tissage d'une expérience et d'une énonciation collective de la ville.

La caméra est un *dispositif d'attestation* d'une pratique sociale et *de production* d'un *document* dans et sur l'espace urbain[5] : elle permet au chercheur l'enregistrement et l'archivage d'une situation d'interaction en vue d'en produire une analyse *a posteriori*. Son utilisation nécessite alors d'être programmée en amont du terrain, par rapport à une question de recherche propre à une étude. Dans le même temps, la caméra est un *artefact aux positions actorielles et aux rôles actantiels indéterminés* dans un récit co-construit par les interactants : si la projection d'une situation et la formulation d'hypothèses par le chercheur sur la mesure dans laquelle la caméra participerait d'une expérience *in situ* et *in vivo* sont nécessaires à la préparation de l'enquête, il serait en revanche malavisé de statuer *a priori* sur son usage et son utilisation dans le cours d'une expérience à venir.

Ainsi, il nous paraît pertinent de nous attarder sur les diverses *stratégies* mises en œuvre dans la pratique du terrain par le chercheur et sur la *praxis* située déployée par les participants, aux niveaux langagier et praxéologique. Aussi, parfois, nous ferons appel au hors-champ de l'enregistrement en mobilisant des informations nécessaires à la compréhension du contexte et de la situation d'interaction.

---

[3] Notamment par des procédés de *cadrage* (sélection d'un champ et d'un hors-champ), de *focalisation* (sélection et attention particulières portées à une portion de l'espace) de *zoom* (rapprochement ou éloignement d'une portion de l'espace).

[4] L'opération de *sémiose* consiste en l'articulation d'un *plan de l'expression* et d'un *plan du contenu* au niveau *textuel* ainsi qu'en l'articulation d'un *signifiant* et d'un *signifié* au niveau du *signe*.

[5] Cette dialectique entre un récit *dans* l'espace et *sur* l'espace peut être appréciée par une articulation entre un *espace de l'énonciation* (interactionnel) et un *espace énoncé* (en interaction), telle qu'elle a été formulée par A. J. Greimas *Pour une sémiotique topologique* (1976).

Nous illustrons les principaux éléments qui permettent de situer l'interaction étudiée ici :

- au niveau spatio-temporel : elle s'est déroulée à Lyon, le dimanche 19 juin 2016, de 15h à 17h ;
- au niveau thématique : intitulée *Esprit skate*, cette balade urbaine a pour thème la pratique de la ville par les skateurs et les enjeux sociaux et politiques afférents dans la conception et l'aménagement de l'espace public ;
- au niveau actoriel : elle a été conçue et réalisée par deux photographes et vidéastes qui ont fait leurs débuts dans le milieu du skateboard et travaillent à un niveau international, avec des skateurs, dans le monde de la mode (Hermès) ou lors d'événements culturels (Nuits de Fourvière à Lyon) ; les participants sont des particuliers qui se sont inscrits à distance, par téléphone ou par internet, auprès d'un service dédié de la Ville de Lyon.

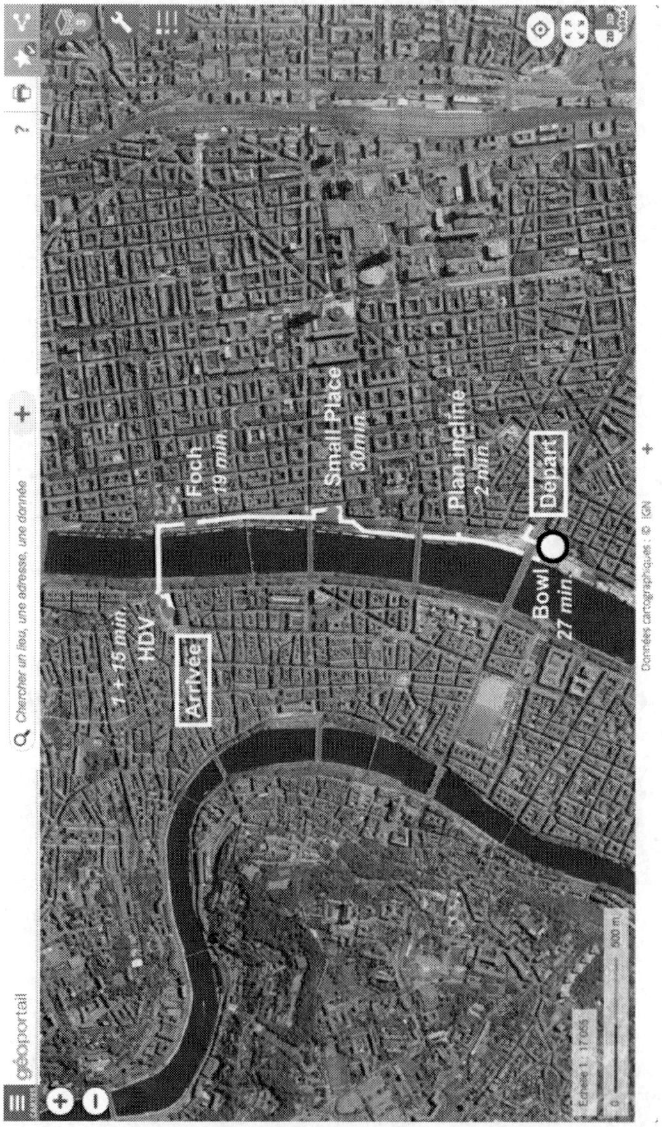

Figure 1. Parcours de la visite guidée *Esprit skate* – 19 juin 2016

Ci-dessus, nous retraçons le parcours de la ville d'une ligne continue dont les points de départ et d'arrêts se situent respectivement dans le 3ème et le 1er arrondissements lyonnais. Les points d'arrêts sont instanciés par un cercle et par le nom que leur ont donné les guides (et d'autres skateurs). La durée de ces arrêts est indiquée à côté de chaque nom.

Les extraits de la collection constituée pour notre analyse sont ceux d'un échange au Skatepark de la Guillotière (7ème arrondissement de Lyon), aussi appelé « le Bowl », marqué d'un point blanc[6]. Jour de match de l'Euro de football 2016 (UEFA), le parcours s'est déroulé dans une ville foulée par nombre de personnes et comptait sept participants initiaux : les deux guides, quatre personnes inscrites et nous-même. Au fil de la balade urbaine guidée, par des rencontres inopinées ou provoquées, des passants que les guides connaissaient se sont trouvés être participants à l'interaction.

Figure 2. Dispositif d'enregistrement

La figure 2 ci-contre est une capture d'écran d'une vidéo des deux caméras synchronisées en post-traitement *via* le logiciel Final Cut®. D'une part, elle permet l'identification des interactants par leur annotation et leur anonymisation[7]. D'autre part, elle présente au lecteur le mode sur lequel l'enregistrement a été réalisé, ainsi que le dispositif conçu et mis en œuvre.

La VUE 1 est celle de l'enregistrement réalisé par nous-mêmes à l'aide d'un steadycam qui sert à rendre plus confortable la pratique d'enregistrement, à stabiliser l'image à analyser, à éviter la nausée à la visualisation.

La VUE 2 est celle de l'enregistrement réalisé par les participants avec la caméra que nous leur avons confiée tenue "au poing" (voir VH1 ci-contre).

Complémentaires, ces deux caméras font entrer en dialogue deux prises de vue de l'expérience en cours : une perspective *étique*, notre regard et notre posture par la caméra, et une perspective *émique*, avec la caméra dans le groupe (Pike, 1967)[8]. Les captures d'écran issues des extraits diffusés lors du colloque, accompagnées d'une transcription, donneront au lecteur un aperçu du film produit et analysé.

[6] Pour réaliser ces annotations, nous avons mobilisé une vue aérienne à l'échelle 1 : 17055 *via* le site www.géoportail.fr. Ce site offre aux utilisateurs un large choix de fonds de carte (vue aérienne, parcelles cadastrales, plan IGN, carte IGN, etc.) et une grande variété d'annotations à différents niveaux thématiques (agriculture, économie, culture et patrimoine, santé et social, etc.).

[7] GU1 signifie GUide 1, VH1 Visiteur Homme 1, VF1 signifie Visiteur Femme 1, VE1 Visiteur Enfant 1 et DOC DOCtorant. L'anonymisation est une étape du traitement de données parmi les annotations et transcriptions, à partir de conventions mobilisées en analyse des interactions par le Groupe ICOR : http://icar.univ-lyon2.fr/projets/corinte/documents/2013_Conv_ICOR_250313.pdf

[8] Néanmoins, la dichotomie n'est pas si nette que cela dans les faits : le chercheur (ici nous-même) est lui aussi renvoyé aux valorisations *émiques* de son propre domaine de travail, autant que de celles de l'espace social dans lequel son travail se déploie. Ainsi, en tant que chercheur, on peut porter un regard *étique* et un regard *émique* sur la scène en cours, et opérer des *traductions* de l'un à l'autre.

3 Faire par et avec la caméra : canaliser l'expérience ?

La notion d'*expérience* est pour nous le tenant d'une réflexion sur les dimensions esthétique et éthique de la vie *quotidienne*. En travaillant sur des pratiques langagières situées, nous tentons d'appréhender l'émergence d'une diversité de rapports à l'espace urbain sur un gradient dont les extrêmes seraient, d'une part, des rapports tacites et normés et, d'autre part, des rapports intimes et singuliers : c'est là une tension entre le caractère hétérogène et le caractère ordinaire des pratiques sociales (Thibaud, 2002).

Si les interactants sont dans la ville en situation de balade urbaine guidée, d'autres personnes à l'entour font du roller, déjeunent ou attendent quelqu'un. Petit à petit, une scène émerge et un espace se tisse à partir de leur activité, en tension avec celles des autres. Pour la première séquence de notre collection – de (00 :26 :14) à (00:27:40) –, nous nous demandons dans quelle mesure la caméra *canalise* l'expérience, terme ici mobilisé dans toute sa polysémie. En effet, *canaliser l'expérience*, ne serait-ce pas passer d'un échange *in situ et in vivo* à l'une des traces possibles par un *canal* audio-vidéo ? Canaliser l'expérience, ne serait-ce pas (faire) orienter et conduire un cours d'action particulier *via* un canal (phénoménologique et passionnel), allant rétrécissant ou s'élargissant au fil de l'échange ? À ce propos, attardons-nous maintenant sur la première séquence qui articule deux phases à travers lesquelles la caméra se révèle être entrave et adjuvant.

3.1 La caméra, une entrave à l'activité de groupe ?

Figure 3. Pratique de la caméra, déplacement et distanciation

Dans la première phase, les guides développent une énonciation sur le rapport que les skateurs entretiennent à l'espace, une « façon d'appréhender la ville [...] complètement différente [...] de quelqu'un qui se déplace normalement » selon GU2.

Dans la figure 3, la caméra émerge comme une entrave à l'activité de groupe. En effet, la pratique de la caméra fait positionner VH2 d'une manière particulière par rapport au groupe : il reconfigure sa position par rapport aux interactants – y compris nous-mêmes – et par rapport à son entour. Sa trajectoire, marquée ci-dessus par une flèche blanche, se dessine dans un environnement où d'autres pratiques en cours participent de la *transformation de l'espace*. VH2 accomplit une multiplicité d'actions de manière simultanée : il filme, il marche, il observe la trajectoire et les pratiques des passants.

C'est là une forme de *body torque* (Schegloff, 1998; Pecqueux, 2014), une *torsion de l'attention* par des actions simultanées n'étant pas exécutées au même niveau de granularité ni au même plan. VH2, en dirigeant son attention vers la dame au vélo qui se trouve au loin et s'approche du groupe (fig. 3, images 2 et 3, encerclée en noir), ne porte plus une grande attention à la manière dont il filme l'interaction en cours : ceci se remarque notamment par la déstabilisation du cadrage (fig. 3, vue 2 de l'image 2). Pour VH2, qui manipule la caméra depuis le début de la visite guidée, être pris dans le cours de l'enregistrement de l'interaction implique ici un *désengagement* de l'activité de groupe et une *distance* (au moins physique) dans le cours de l'interaction. Ce déplacement et ce recul se déploient dans un espace où des pratiques hétérogènes influent sur l'interaction en cours autant qu'elles peuvent être influencées par celle-ci.

3.2 La caméra, un adjuvant de l'expérience esthétique ?

Dans la deuxième phase, les guides proposent une description d'un élément précis : un « antiskate ». Inséré entre deux blocs de pierre, l'antiskate est conçu et mobilisé par les aménageurs de l'espace public pour empêcher la pratique du skateboard sur le mobilier urbain. Dans toute la multimodalité de l'interaction, divers mouvements sont opérés par la parole verbale et celle corporelle qui participent, de concert, à la caractérisation de la ville. Ici, un autre rapport à l'espace se déploie pour VH2 *via* la caméra, en relation à la description que GU1 et GU2 font de l'antiskate (encerclé en blanc ci-après).

1 2 3

Figure 4. Focaliser l'attention et ajuster le regard

```
GU2   =et si vous l` voyez pas on va s'arrêter à des endroits/ où qui sont
      euh des choses pour s'asseoir/ des choses pour marcher\ et qu'on
      s'approprie pour l` skate\ et vous montrer un peu euh:\ que l`
      terrain d` jeu dans une ville est partout\&
GU2   &[(.) du moment qu` ça roule\                                    ]
GU1    [((tape du pied l'antiskate)) j` pro/fi:te\ (.) <juste avant] qu'on
      parte j` vous montre ça là\#1 [(.) pa`ce que]
VH2                                 [((rires))    ]
GU2   i` y en n'aura pas tout l` temps\> ((se penche et touche l'antiskate
      de l'index))
GU1   #2 c'est c` qu'on appelle/ des #3 antiskates\
      (.) qui sont de plus en plus intégrés à::/ au mobilier urbain et
      euh\ au nouveau design\ directement par le:/ les architectes\ euh:\
      (.) mais on en r`parlera plus tard/
```

Transcription 1 – Antiskate

Si la caméra est une entrave à la participation d'un acteur à l'activité de groupe, elle se trouve être également un adjuvant dans l'expérience située de la ville. Par la manière dont VH2 manipule cette caméra, celle-ci émerge en tant qu'instrument favorisant un certain rapport phénoménologique aux objets de la ville et aux objets du discours.

On observe cette « affordance » (Gibson, 1979) de l'objet caméra[9] par les focalisations et les zooms qui peuvent être appréhendés depuis les liens entre les modalités visuelle, corporelle et verbale. En effet, GU2 propose de focaliser l'attention collective sur un antiskate (lignes 26-28)[10] pour le développement d'une énonciation sur un *esprit skate*[11]. Dans la négociation d'une énonciation et d'une perception de cet objet convoqué, VH2 opère un mouvement de son corps et de la caméra vers l'antiskate en question.

Ce mouvement peut se découper en trois phases : une première phase est celle du *recadrage* du champ de l'énonciation et de la perception des interactants vers l'antiskate (#1) ; une deuxième est celle du *zoom* sur l'objet en question (#2) ; une troisième phase est celle de l'*ajustement* et de l'*accommodation* de la perception, en vue d'opérer une focalisation sur l'antiskate pour un champ net et une bonne résolution (#3). Une quatrième phase pourrait être ajoutée : le recadrage de l'attention vers les interactants.

Ainsi, pour une réflexion sur l'expérience esthétique de l'espace urbain et les postures éthiques de chacun, l'attestation de *re-cadrages* aux niveaux *narratif* et *perceptif* donne des indices sur la mesure dans laquelle une *ré-entrée* se déploie entre le langage et la perception. Le discours des guides *dans* la ville (espace de l'énonciation) et *sur* la ville (espace énoncé) influe sur la perception qu'ont les participants de leur entour et, par là même, les objets de la ville émergent non seulement à travers la description qui en est faite, mais aussi par une focalisation attentionnelle réalisée de manière multimodale (gestes, postures, regards) et de manière (re)médiée (recadrages, zooms, accomodations). Que ce soit de manière instrumentée (par la caméra) ou non (par le corps), les interactants tissent leur interaction par une *prise* (Landowski, 2009) aux objets alentour qui évolue au fil du parcours. Entre un détachement du corps et un rapport de proximité maximale à l'objet, une relation presque osmotique, les participants appréhendent l'espace de l'énonciation et développent l'espace énoncé de manière plastique. Par la mobilisation et la co-gestion de ressources multimodales et praxéologiques, les interactants co-construisent et négocient la matérialité même de l'espace.

3.3 Une ambivalence de la caméra sur le terrain

Ainsi, entre entrave et adjuvant de l'expérience *in vivo*, la caméra pour et par le chercheur émerge comme un objet ambivalent sur le terrain. La caméra émerge comme un objet ambivalent dans la négociation de la scène pratique, entre *observation* (*évaluative*) et *participation* (*immersive*) qui implique une co-gestion de l'activité par le chercheur.

D'un côté, cette médiation technologique est un outil pour servir une étude de recherche en sciences du langage sur l'*expérience esthétique et l'appropriation narrative de la ville* : elle favorise une analyse et une description *a posteriori* de l'interaction située. De l'autre, la caméra est un objet dont les caractéristiques se manifestent par (i) une pratique déjà réalisée

[9] Et en cela notre propos s'inscrit en continuité de la réflexion proposée par E. De Stefani au colloque (*Les objets matériels dans l'interaction sociale : ressource disponible ou constituée ?*). L'objet est moins appréhendé dans une matérialité qui se « donne » à voir et à manipuler qu'en tant que forme « constituée » par l'interaction, selon les niveaux et critères de pertinence négociés par les pratiques des acteurs sociaux.

[10] Au niveau syntaxique, on note un aspect tout à fait intéressant dans la mobilisation du pluriel par GU1. Alors qu'il pointe et touche *un* antiskate particulier, il dit qu'il s'agit de ce « qu'on appelle *des* antiskate*s* » : la description de cet antiskate vaut pour d'autres antiskates (contigus) ou non (*in absentia*).

[11] En reprenant des catégories développée en linguistique de l'énonciation, on voit bien que cette *description* participe d'une *énonciation* plus large, en relation à une *argumentation* et à une *narration* dans la co-construction d'un récit social par lequel émergent des tensions des pratiques de l'espace public.

et introjectée (processus de *cadrage*, de *sélection d'un champ* et de gestion de la profondeur par *accommodation*) et (ii) une pratique créative dans une configuration spécifique (qui modifie la configuration en place). Entre ces deux pôles que sont l'introjection et la créativité, la caméra est en tension entre une *caméra-type* (définition encyclopédique et pratique ubiquitaire) et une *caméra-occurrence* (champ de pertinence spécifique de la pratique en relation à un cours d'action).

La caméra permet la constitution de données sur une expérience *in situ et in vivo* en vue d'opérer une *thick description* (Geertz, 1973), une caractérisation *dense* et *fine* d'une interaction locale pour une réflexion sur les pratiques culturelles. À partir de cette *thick description*, on pourrait s'interroger sur la possibilité d'une généralisation de la scène locale par le repérage, le marquage et l'annotation de variants et d'invariants structurels. Autrement dit, à partir d'une mise en perspective de la pratique de la caméra au cours de balades urbaines guidées (et dans d'autres situations), on systématiserait les *modalités* et les *modalisations de présence* en jeu dans la gestion de l'interprétation par la manipulation de la caméra en interaction.

Au-delà de notre recherche, la caméra implique un *positionnement* dans trois phases du travail de terrain :

(i) en amont de l'interaction *in situ* et *in vivo*, en se demandant pourquoi et comment mobiliser cette caméra, en déterminant les instructions ou consignes à (se) donner ;

(ii) dans le cours de l'interaction, en observant l'*ici et maintenant* qui se tisse dans la relation aux participants et à l'environnement interactionnel ;

(iii) en aval, en mesurant l'écart entre la projection de l'utilisation à venir du dispositif et la pratique en acte et réalisée, non seulement afin d'évaluer le caractère *approprié* de ce dispositif, mais aussi de prendre la mesure des modifications à opérer sur ce dispositif pour des utilisations futures dans des configurations semblables (ou non).

Par là même, depuis le point de vue du chercheur, la caméra est un *artefact expérimental et technique* qui permet d'*archiver* et de *documentaliser l'expérience*, en vue d'en faire une analyse *a posteriori*. Afin de questionner la pertinence et de motiver l'utilisation d'une caméra dans une recherche sur la *socialisation de l'expérience* et sur l'*expérience socialisée*, la pratique déployée par le chercheur doit ainsi être évaluée à chacune de ces trois phases. Aussi convient-il d'enquêter sur les modalités par lesquelles cette médiation devient ressource dans l'expérience située, parmi d'autres ressources potentielles. Catalyseur, adjuvant ou entrave à l'interaction en cours pour les participants à qui nous avons proposé de l'utiliser, la caméra joue un rôle qui n'est connu qu'*en partie* : par *une partie en cours*, qui rejoue localement la place de cet outil de la recherche, et *de manière partielle*, parce que toujours en relation avec un acteur social à rencontrer[12].

Dès lors quels *faire* se déploient dans l'expérience de la ville en interaction par la manipulation de cette caméra ? Jusqu'à quel point la caméra participe-t-elle de la modalisation des acteurs sociaux comme celles de l'espace urbain ?

4 La ville et ses (por)traits, entre -notation et -scription

En traçant et en suivant cette piste de réflexion sur la dimension située de l'expérience sémiosique, une analyse sémiotique de l'interaction permettrait d'étudier la manière dont la caméra participe de la co-construction d'un récit social. Maintenant, nous allons essayer de voir quels sont les (por)traits qui émergent pour les acteurs sociaux (coprésents ou non), pour l'espace et pour la caméra dans la scénarisation du récit en interaction (spatialisation,

[12] En cela même, il nous semble que la pratique de terrain ne peut passer que par une « stéréoscopie » non-stéréotypique dans l'articulation des valorisations étiques (du chercheur) et émiques (des acteurs sociaux).

temporalisation, actorialisation, modalisation). Dans la deuxième séquence de notre collection ((de 00:27:40 à 00:28:27)), à la suite de la description de l'antiskate, VH2 propose à VF1 de lui passer la caméra en se dirigeant vers le point deuxième point d'arrêt. Il opère une focalisation sur cette dernière en la thématisant et en la caractérisant d'« engin »[13]. Dans notre analyse, on se concentre sur les ressources mobilisées par les interactants dans l'élaboration d'un faire sémiosique, entre *-notation* et *-scription*.

4.1 Passer et prendre le relais : agentivité et passivité

Cette thématisation de la part de VH2 est tout à fait cruciale dans la structuration de l'échange et la reconfiguration des positions actorielles. Ce passage de relais dans la pratique de la caméra de VH2 vers VF1 implique une forme de négociation de :

(i) ce que l'on peut faire *de* cette caméra et *avec* cette caméra dans la balade urbaine : si VH2 l'a utilisé d'une certaine manière, quelle était cette manière ? VF1 doit/peut/sait-elle faire de même ? comment *se tenir* vis-à-vis des co-participants avec la caméra et comment *la tenir* ?

(ii) la gestion de l'espace de la balade urbaine avec cette caméra : comment gérer son rapport à l'entour et aux autres interactants ? peut/doit/sait-on gérer une interpellation et une sollicitation sur plusieurs terrains de manière simultanée ? dans quelle mesure ce *passage* implique-t-il une gestion de la transformation de sa position actorielle dans le *parcours* éphémère de la ville ?

Même si très succincte, la transcription ci-après illustre bien l'hétérogénéité constitutive de l'expérience, les asymétries entre les performances des participants.

Figure 5. Passer et prendre le relais

[13] Pour lui, l'espace pratiqué avec la caméra serait-il ainsi un chantier où mettre de l'ordre plus qu'un terrain déjà praticable de manière confortable ?

```
 7  VH2  ((à VF1)) #1 je vous passe le::\ l'engin\
 8  VF1  ah/ (.) et i` faut [qu` je (fasse quoi)]
 9  VH2                     [   allez-y\ (.) bah] en fait faut juste filmer/
10       euh\ c` que vous voulez euh\ c'est pour l` monsieur qui fait sa
11       thèse\ derrière/=
12  VE1  =ding\ dong/=
13  VF1  =et j` fais quoi/
14  VH1  eh bah vous:[::           ]
15  VF1              [je filme\] ça [ça tourne là/  ]
16  VH2                             [ça filme ouais\] ça tourne ouais\=
17  VF1  =ah d'accord\ bon bon=
18  VH2  #2 voilà ((à VF1 ; à DOC))
19  VF1  okay
20       (.)
21  GU1  ((à VH1)) ah mais i` y a eu un accident\ j'ai pas vu\ (.) i` y a les
22       pompiers là ((pointe))
23  VE1  aïe
24  GU2  et si #3 nous on la tient c'est euh::/ ((à VH2 ? à DOC ?))
25       pa`ce qu'un moment on peut la t`nir aussi hein/
26  VH2  bah ouais bah sinon on vous la passera
27  GU2  j` ((pourrai ; pourrais)) la t`nir à un [moment/ si tu veux\]
28  DOC                                          [    ouais/ bien sûr\] bah
29       [comme tu veux:\ euh]
30  VH2  [  c'est pas évident] de: (.) de savoir quoi filmer\
31  VF1  c'est sûr
```

Transcription 2 – Engin

Au niveau sémiosique, interprétatif et praxéologique, le cours d'action de VF1 se trouve déstabilisé par la proposition de VH2, entre *falloir* et *vouloir*. D'une part, on voit que VF1 ne sait que faire de cette caméra proposée par VH2 et (se) demande à quel programme d'action elle doit s'adapter (ligne 8) : « i` faut qu` j` fasse quoi » ? D'autre part, on se questionne sur le degré d'agentivité dans la conduite et la tenue de la caméra par VH2 : « allez-y, bah en fait faut juste filmer ce que vous voulez » (lignes 9-10). Pour les participants, la caméra créé une tension dans l'acte filmique[14] entre *manipulation immédiate* et *action programmée*. Cette tension instancie une possible discontinuité entre deux référentiels : le référentiel des performances introjectées et projetées par les participants et le référentiel des attentes du chercheur telles que les interactants peuvent se les projeter.

D'un côté, il y a en effet une *immédiateté* pour les participants – voire un automatisme et une passivité : on repère cette passivité chez VF1 et VH2 dans un énoncé comme « *ça* tourne » (ligne 15) ou « *ça* filme » (ligne 16) et chez GU2, lorsqu'il dit « on la *tient* » ou « on peut la *tenir* » en pointant la caméra (lignes 24 et 26, image 3). Est-il alors possible de seulement tenir la caméra et de la laisser tout faire toute seule ? Sommes-nous dans une configuration où nous avons une *passivité pleine* ou bien une *agentivité implicitée* ? Si ces questions instancient les limites de *notre* interprétation, il est intéressant d'observer les différents degrés d'implication de GU2 par le passage d'un « nous » (ligne 24) à un « on » (ligne 25) pour aboutir à un « je » (ligne 27) : l'agentivité des participants, l'activation d'un rapport singulier et subjectif à la caméra se fait de manière progressive et scalaire.

D'un autre côté, on voit émerger une position dans laquelle les participants se trouvent par rapport à eux-mêmes et par rapport au chercheur. Lorsque VH2 dit que « c'est pas évident de savoir quoi filmer » (ligne 30), on se demande si cela n'est pas évident parce qu'il se passe trop de choses à observer et à faire entrer dans le champ de la caméra ou si cela n'est pas évident par rapport à l'objet de notre recherche et à notre intention, ou les deux.

Il nous apparaît ainsi que, dans le discours de la recherche en sciences humaines et sociales, lorsqu'on mobilise des expressions comme « faire du terrain » et « aller sur le terrain », la caméra est un objet qui met le chercheur dans une situation intermédiaire, entre *stratégies* et *tactiques* (de Certeau, 1980). En effet, on doit *faire* et *conduire soi-même* le cours de la constitution de données et, dans le même temps, on doit *faire faire* quelque

[14] En creux, on fait référence ici à *L'acte photographique* de Philippe Dubois (1983).

chose à quelqu'un pour une recherche et un champ spécifiques : mais, dans une perspective de l'apprentissage et du développement de la recherche, quelles sont les "bonnes conduites" d'action ? En l'occurrence, comment faire filmer des personnes en situation de balade urbaine ? Jusqu'où accompagner les participants dans l'utilisation d'une médiation importée par nous-même sans influencer son usage (normé) et sa pratique (située) ?

Ces questions mettent en jeu une transitivité du chercheur vers les participants, mais aussi, dans un autre mouvement transitif, des interactants vers le chercheur : *in situ*, comment ce dernier peut-il ou doit-il répondre à des sollicitations et à des requêtes des participants ? Cette question entre en résonnance avec le moment où GU2 propose de tenir la caméra dans l'extrait ci-dessus (lignes 24-25 et 27). Pour nous, la question s'est posée de savoir comment nous devions nous ajuster à lui sur son propre terrain de pratique de la balade urbaine, à son geste (celui d'aider VF1 et VH2 ? d'utiliser la caméra pour lui-même ?), à son intention et à son *intentionnalité* (Eco, 1979).

4.2 La caméra-stylo : prendre et (d)écrire les données

Décisif, ce passage de la caméra d'un acteur à un autre est en lien avec la gestion des *tours de parole* dans l'élaboration d'une *énonciation de groupe*. Si, dans une pratique artistique la caméra est au vidéaste ce que le *stylo* est à l'écrivain (Astruc, 1992), comment est-elle tenue, manipulée et dirigée dans un travail en sciences humaines et sociales sur et dans une expérience de la ville en parcours ? Si l'on pense à la *prise* de données et à l'*esthésie énonciative* de Pierre Ouellet (2000)[15], qu'est-ce qui est *perçu* et *(ré)énoncé* par la caméra ? selon quelles modalités et à quelles fins ?

Pour tenter de répondre à ces questions, on peut considérer la présence du chercheur et sa pratique d'enregistrement de l'*ici et maintenant* selon deux modalités.

La première modalité est celle de la *documentalisation* d'une interaction dans l'espace urbain pour un après. Sur son versant *document*, la pratique d'enregistrement permet de revoir à nouveaux frais la notion de *-notation* dans le rapport aux données[16], entre une perspective « étique » et une perspective « émique » (Pike, 1967). L'*an-notation* consiste en la production de données depuis de point de vue du chercheur sur et dans l'interaction (étique). La *co-notation* caractériserait une notation négociée et *co-construite* (Kerbrat-Orecchioni, 2005) sur et par l'interaction, selon un processus de *sémiose collaborative* : les positions d'acteurs et les rôles d'actants de l'espace public émergent ainsi par l'opération de sémiose co-élaborée entre les participants. La *dé-notation* renverrait quant à elle à la suppression d'une notation produite par soi-même ou par autrui.

---

[15] Pierre Ouellet (2000 : 35-58), dans une perspective sémiotique sur l'interprétation des textes littéraires, propose un principe qu'il travaille dans le cours du chapitre intitulé « L'œil parlant. Poïèsis *perceptive* et aisthèsis *énonciative* » : « la praxis énonçante est une ethèsis énoncée – qui en est moins le résultat que la condition, inscrite au sein même de la manifestation discursive ».

[16] La notion et le processus de notation ont notamment été problématisés dans le cadre d'une sémiotique de l'action par Maria Giulia Dondero (2014), en regard à la notion et au processus de textualisation dans le déploiement d'une pratique. En cherchant à repousser les limites d'une analyse sémiotique des pratiques sans « trahir » les principes qui en assurent la consistance et le tenue, la sémioticienne a ainsi consacré un travail pratique et théorique sur la diversité des pratiques sémiotiques développant ces deux macro-catégories que sont la « textualisation » de l'action où en produisant un matériau *in vivo* et la « notation » *ex post* de l'action, à partir de matériaux déjà constitués. Pour notre part, il nous semble qu'une telle typologie situe ces deux modalités pratiques sur un pied d'inégalité. En suivant la proposition de François Rastier (2011), le *texte* serait à mettre en regard avec le *document*. La *-notation* ainsi peut descendre à un niveau inférieur de la typologie et caractériser différentes modalités de *documentalisation*.

La deuxième modalité d'enregistrement d'*un ici et maintenant* dans *un ici et maintenant* est celle d'une *textualisation* de l'espace, aux niveaux esthétique, épistémique et passionnel. Sur son versant *textuel*, la pratique de la caméra permet de saisir une *-scription* multimodale et polysémiotique des valeurs et des valences entre des sujets et des objets dans la ville, d'une sémiotique (multimodale) à une autre (praxique). D'une part, nous avons une *dé-scription* d'un pli énonciatif d'une altérité : la pratique de la caméra favorise le *palimpseste* actoriel et participe de l'*écrasement* culturel dans la gestion de la "mémoire vive" d'une culture. D'autre part, la pratique de la caméra met en jeu une *in-scription* dans la ville par son propre pli énonciatif, à la fois individuel et collaboratif : par une *mise à jour* de la perception et de l'énonciation, les acteurs sociaux peuvent réinscrire et réévaluer leur présence dans un récit social toujours à négocier dans une archéologie des pratiques.

Pour le chercheur, il se déploie ainsi une « stéréoscopie » (Pike, 1967 ; Basso Fossali, 2015) pour l'observation et l'interprétation de l'expérience des acteurs sociaux. Quand bien même nous sommes en position d'*observation participante,* nos modalités de participation par la caméra ne sont pas du même ordre que celles des participants : notre pratique *in situ* est différente de la leur et, *de facto*, nous n'expérimentons ni ne remédions la même scène. Si nous sommes ici en train d'accomplir une activité située pour un après (l'analyse), un tel fait ne semble pas être premier pour les interactants (sauf dans le cas où la balade urbaine serait conçue de prime abord en tant que capitalisation de l'expérience).

4.3 La situation, son enregistrement et son analyse : traduire l'expérience

Ce dernier point nous permet alors de monter encore un peu plus en abstraction afin de questionner le faire du chercheur par rapport au « respect » de la pratique narrative cher à Umberto Eco. De la prise des données à leur traitement, les enregistrements impliquent une forme de traduction *a posteriori* en vue de rendre intelligible une séquence d'actions au niveau actoriel, spatial et temporel. Aussi, cette traduction n'est pas sans poser question quant à la préservation de l'agentivité et l'intentionnalité des (re)prises de parole, des gestes énonciatifs comme des silences. Il nous semble que décrire des données, narrer son analyse et défendre une argumentation, c'est proposer un point de vue sur une scène à appréhender avec prudence et précaution.

En effet, si la caméra et l'enregistrement favorisent l'interprétation d'une expérience *in situ* et *in vivo* pour le chercheur, notamment par la possibilité de jouer et de rejouer une séquence, le sens de l'expérience en train de se (trans)former débordera toujours du *cadre* et du *champ de l'activité attestée*. Le sens des pratiques langagières, par des expériences individuelles et de groupe, trouve une coloration, une texture et une profondeur qui ne peuvent être contenues totalement et entièrement là, dans l'enregistrement qui en est fait. L'enregistrement peut bien laisser des traces et attester d'une expérience en cours, mais le film n'est pas l'expérience elle-même : c'est là une tension entre la dimension *figurative* (encadrée) et celle *figurale* en jeu dans les processus sémiosiques[17].

Afin de réduire l'indétermination de l'interprétation de l'enregistrement vidéo, les étapes qui se déploient dans la séquentialité de l'échange interactionnel sont repérées et caractérisées : c'est l'émergence, à partir des données, des cours d'actions des interactants et de leur « intelligibilité publiquement établie et reconnue » (Mondada, 2012 : 130) – *accountability* (Garfinkel, 1967) – que l'on interprète, en retour, par une approche située des pratiques langagières.

---

[17] La dimension *figurative* est celle encadrée et déployée par un *dispositif topologique* (Greimas, 1984) et la dimension *figurale* est celle qui fuit à travers l'expérience – voire qui peut constituer une échappatoire dans l'analyse, où ce sur quoi l'on ne peut avoir prise relèverait du figural.

Et si cette intelligibilité émerge à partir des données déjà prises et à (re)traiter, elle nécessite surtout d'être perçue et saisie dans le cours même de l'enregistrement. La prise de données passe par la recherche d'une *prise* et d'une *emprise* sur le terrain *en cours de constitution*. Une tension s'y déploie alors entre les projections et les attentes du chercheur et les variations ou indéterminations du terrain de la recherche.

Figure 6. Scission du cadre et reconfiguration du champ

Dans notre cas, cette indétermination trouve notamment son ancrage dans des facteurs socio-pragmatiques, par exemple lorsque GU2 (figure 6, cercle gris) va échanger avec une connaissance, « la babouche » (dorénavant BAB, dans le cercle blanc). En arrivant au skatepark de la Guillotière son skateboard dans une main et une bouteille de Volvic dans l'autre, ce dernier était venu saluer les guides plus tôt dans la balade par une rencontre fortuite.

À ce moment, le cadre de l'interaction se scinde en deux *scènes* et deux *cadres* distincts (Goffman, 1973) : le groupe attend (figure 6, cercle noir) que GU2 (figure 6, cercle gris) aille saluer BAB (cercle blanc) et revienne vers eux avant de poursuivre leur parcours de la ville. Dans le cours de l'enregistrement, nous nous sommes demandé que faire avec et par cette caméra. Quelle distance spatiale maintenir par rapport au groupe ? Où regarder et quel *recadrage* créer ? Devions-nous rester en retrait et garder les deux scènes à équidistance ou devions-nous suivre le groupe qui attendait GU2 ? Aussi, les questionnements se sont-ils poursuivi dans l'analyse : quelle focalisation de l'interaction peut-on opérer en post-traitement ?

Dans la partie suivante, on s'intéresse donc aux décisions prises par nous-mêmes et à leurs conséquences, non seulement sur la reconfiguration de l'espace interactionnel, mais aussi sur notre position sur le terrain par le discours des interactants.

5 Prendre position et mettre en position : questions spatiales et éthiques

Notre analyse s'oriente ainsi vers les effets (perlocutoires) de notre intervention par et avec la caméra sur le terrain. Cette intervention implique de prendre position soi-même par rapport à un groupe et de faire tenir une position aux acteurs observés dans un champ. Cette *position* est à apprécier tant dans une acception spatio-temporelle que dans une acception éthique dans le récit d'une expérience de la ville.

Lorsque nous prenons une place par rapport aux participants dans l'espace et le temps de l'interaction, nous faisons tenir une place particulière à ces derniers dans l'enregistrement réalisé par le cadrage opéré sur la scène. Dans le même temps, en étant en co-présence et en entrant en interaction avec les participants par un dispositif d'enregistrement, c'est non seulement tenir un rôle vis-à-vis d'eux *in situ* et *in vivo*, mais c'est aussi mettre en position ces interactants par une pratique dans et sur l'espace public.

Les prises de position de chacun influencent la scène et sont influencées par l'interaction en cours. Cette perméabilité et cette influence entre l'interaction et la scène pratique et celles entre l'entour et les conduites des acteurs peuvent être appréhendées par l'analyse de l'échange entre BAB et GU2, dans la troisième séquence de notre collection (ci-dessous).

Dans le cours de l'enregistrement, nous avons pris la décision de mettre à équidistance les deux scènes et les deux cadres afin d'avoir une appréhension de la scène globale. En figure 7, nous proposons un zoom opéré en post-traitement sur GU2 (à droite) et BAB (à gauche), afin de mieux apprécier leur interaction au niveau multimodal. On s'attarde notamment à leurs énoncés sur le dispositif vidéo manipulé par nous-même et par VH2, au moment où BAB était venu saluer les guides. Et si jusqu'ici, ce qui a été principalement évoqué, c'est la place de la caméra dans le dispositif d'enregistrement, il est important de noter que le son y joue une place primordiale. Les guides étant équipés d'un micro-HF, nous disposons de deux pistes sonores distinctes pour un même espace visuel, de manière simultanée. Sans cela, nous n'aurions pu avoir accès aux mots échangés qu'en nous rapprochant d'eux (physiquement) et la scène analysée serait toute autre.

Figure 7. Dispositif d'enregistrement et préservation de la *face*

```
GU2   ((à « la babouche »/BAB)) désolé on s` casse\ ouais t` sais c'est c`
      qu'on fait/ on promène des gens là/ sur [euh/ t'avais pas vu\    ]
BAB                                           [((rires)) <ah j` savais]
      pas/> bah non [moi j` suis arr-]
GU2                 [      on a des] micros et tout [euh::          ]
BAB                                                 [nan/ mais nan/]
      mais j` suis arrivé moi/ j` fais\ j` bois volvic/ [j'ai pas
      compris:/ j` vois un mec euh: (derrière la caméra)  ]
GU2                                                    [((rires)) nan
      mais\ c'est pas grave/ c'est pas grave c'est pour ça] j` dis:\ euh:\
BAB   mais i`s avaient des petites caméras:/ tu vois/ [alors j` me suis
      dis\ c'est des branleurs/ tu vois:\             ]
GU2                                                   [   ouais:/ nan nan/
      mais c'est pour] la ville\ nan nan [mais oui mais] c'est un mec
      c'est pour sa thèse/ hein\
BAB                                      [ ah d'accord\]
BAB   donc\ i` t'a [ah oui d'accord\]
GU2                [     c'est juste] euh: voi`à pour euh enfin\ on
      promène [des gens/     ]
BAB            #1[ces branleurs/] i`s m'ont enregistré[:\ c'est des
      branleurs/                ]
GU2                                                  [ouais/ <ouais ouais/>
      ((touche son micro cravate))] ouais\
BAB   ((rires))
GU2   bon\ à bient`/
BAB   ouais/ (.) amuse-toi bien\
GU2   ouais/ ça roule\
      (.) ((GU2 retrouve le groupe))
```

Transcription 3 – Des branleurs

Ce qui nous intéresse dans cet extrait, pour une réflexion sur l'élaboration d'une position actorielle de/par la caméra, c'est la manière dont BAB a perçu la présence des caméras dans l'interaction. Il ne sait pas que l'activité en cours est une balade urbaine (lignes 6-7) se déroulant dans un cadre spécifique et enregistrée (lignes 9-11) pour des finalités de recherche, comme lui explicite GU2 (lignes 16-18). Par l'explicitation de l'activité en cours et de la présence de caméras, nous verrons que cet objet se trouve être le vecteur de valorisations *a priori* indéterminées, non envisagées par nous-même en amont du terrain.

5.1 Assimilation et distanciation du chercheur au terrain

Dans cette séquence, se déploient tout d'abord une monstration et une thématisation du dispositif par l'intervention de GU2 (ligne 8) : « on a des micros et tout ». Ensuite, BAB s'excuse pour les paroles prononcées auparavant, à côté des participants – excuse initiée aux lignes 6-7 et poursuivie aux lignes 9-11 : « mais moi j' suis arrivé moi j' fais j' bois volvic j'ai pas compris ». GU2 ratifie et valide cette excuse en rassurant BAB (ligne 12-13) : « c'est pas grave ». BAB (lignes 14-15) explicite alors la perception qu'il avait des participants manipulant les caméras en portant atteinte à leur *face* (Goffman, 1974) : « i's avaient des petites caméras tu vois alors j'me suis dit c'est des branleurs ». GU2 opère alors un mouvement de *réparation* de la *face* des participants (en l'occurrence VH2 et nous-même), de crédibilisation et de légitimation de la pratique d'enregistrement (lignes 16-18) : cette balade urbaine est réalisée pour « la Ville » de Lyon et son enregistrement se déroule dans le cadre d'une thèse[18]. À la suite de quoi BAB rit en voyant et en touchant le micro de GU2 (lignes 23-24 et figure 7) : on pourrait inférer qu'il s'agit là d'un rire par anticipation au fait que l'on aura accès à son discours lors de son écoute, de manière ultérieure.

Cet échange est traversé par une tension entre la pratique de l'objet caméra dans un espace social particulier (scène locale) et les raisons pour lesquelles cet objet est mobilisé. Le fait que GU2 désambigüise, caractérise et légitime notre présence apporte à BAB un autre regard sur la scène et sur les relations actorielles en jeu. En cela même, on voit bien en quoi le fait de donner une caméra au groupe participe de l'élaboration de *positions actorielles* indéterminées *a priori* dans un espace social ouvert. À cet égard, le pluriel dans l'expression « des branleurs » est tout à fait éloquent. Si nous sommes présent à cette balade urbaine dans le cadre de notre recherche, VH2 quant à lui se fait une expérience de la balade pour des intérêts autres. Mais, comme nous manipulions tous deux une caméra, nous avons été assimilés l'un à l'autre et ramenés au même statut par BAB. Dès lors, quelles sont les précautions à prendre par rapport à un environnement de valeurs indéterminé ? En amont de l'interaction, dans quelle mesure évaluer et projeter les positions dans lesquelles on pourrait mettre les participants tout en sachant que nous ne pouvons avoir de certitude quant à la *teneur* et à la *prise* du récit dans une interaction à venir ?

5.2 L'exploitation des ressources vidéo : quelles limites (s')imposer ?

Dans le passage ci-dessus, on voit que BAB avait une perception particulière de la présence de caméras dirigées vers les deux guides, représentants d'une culture skateboardistique. Mais que ce se passerait-il si VH2 et nous-même avions été « des branleurs », non seulement pour BAB, mais aussi pour GU2 ? Dans quelle position serions-nous vis-à-vis de GU2 ? Et, à un autre niveau, si les participants insultent ou portent atteinte à la face à d'autres acteurs de la ville (institutionnels ou non), comment *remédier* leur discours dans la recherche sans les compromettre ? En d'autres termes, la question se pose ici de déterminer la mesure dans laquelle un matériau peut être constitué, conservé et exploité lorsqu'il menace sa propre face ou celle d'autrui. Si la caméra constitue une ressource incontournable pour qui s'intéresse aux dimensions multimodales et praxéologiques des pratiques sémiotiques, celle-ci émerge comme un objet culturel aux valeurs indéterminées *a priori*. Bien que cet objet puisse paraitre inerte et univoque, sa place n'est pas sans effet dans une interaction dont le périmètre est constamment renégocié : si BAB trouvait que

[18] En arrière plan, la question se pose à nous de savoir s'il n'y a pas également une réparation de la face de ceux filmés par ces caméras, en l'occurrence GU1 et GU2 : ils n'accepteraient pas de se faire filmer par des « branleurs ».

VH2 et nous-mêmes étions « des branleurs », qu'en est-il de l'avis des passants et des co-participants ?

Dans l'enquête du sens des pratiques culturelles, la sémiotique ne peut ici se borner à l'analyse de pratiques déjà réalisées. Cette discipline qui étudie les médiations doit aussi porter un regard sur les pratiques en cours, potentielles et possibles des objets culturels. Dans la pratique de la recherche scientifique ou dans des pratiques sociales qui relèvent d'autres domaines, une réflexion sur l'objet caméra permet ainsi d'évaluer les limites de son propre *faire* dans une scène locale. À partir d'une telle évaluation, on voit se profiler le possible (et nécessaire ?) développement d'une déontologie des pratiques de la recherche en sciences du langage. Cette déontologie serait motivée par l'élaboration d'un socle commun pour une citoyenneté des pratiques de la recherche, "pour chacun", plutôt que par la restriction et l'assignation à un mode de faire unique, "pour tous".

6 Conclusions et perspectives

Notre proposition s'inscrit dans une réflexion qui dépasse notre objet d'étude et notre manière de faire. En vue de déployer un dialogue entre la sémiotique (Basso Fossali, 2008 ; Fontanille, 2011 ; Dondero, 2014), l'analyse conversationnelle (Mondada, 2006 ; Traverso, 2014), l'anthropologie (Lallier, 2001) et la sociologie (Pecqueux, 2012) pour une analyse située des pratiques culturelles, nous avons porté un regard sur la posture du chercheur dans un terrain spécifique. Par l'analyse d'une pratique *in situ* de la caméra, nous avons cherché à établir un cadre de travail à partir duquel élargir le prisme de réflexion. En effet, pour porter une attention à la (re)création d'un environnement de valeurs sémiotiques de manière stabilisée et éphémère, l'enquête sur l'élaboration des positions actorielles du chercheur et des acteurs sociaux en pratique, en interaction et en parcours, est pour nous un passage obligé.

En guise de conclusion ouverte, on propose quelques éléments sur la pratique du terrain en tant qu'*expérience en hors-piste*. L'enregistrement met en effet le chercheur et les participants en tension entre des inférences par analepse (on mobilise une pratique introjectée de la caméra) et des intuitions par prolepse (moments de créativité et de *lâcher prise* sur les données) : dans la prise de données, le chercheur ne peut développer son propre point de vue qu'en mobilisant un savoir-faire à déployer dans l'*ici et maintenant*, tout en ne maîtrisant pas à l'avance le paysage des pratiques auxquelles il prendra part.

Par notre proposition, la caméra n'apparaît pas comme une ressource complexe en elle-même : elle l'est par rapport aux pratiques qui en sont faites. En effet, celle-ci est complexe par l'expérience intersubjective d'un environnement qu'elle participe à la fois à stabiliser et à élaborer. Dans d'autres situations d'interactions et d'autres environnements langagiers, la caméra pourrait être plus ou moins problématique pour l'émergence et l'attestation d'un milieu spécifique : on pense notamment aux données sensibles lors des consultations médicales (projet REMILAS, en cours). L'enregistrement vidéo participe ainsi au développement d'une *sémiotique vive* (Basso Fossali, 2008) et au déploiement d'un regard sur les *vécus de signification* qui implique une analyse sémiotique *in live*, dans le cours de la parole en interaction, ici dans l'espace urbain.

Donner une caméra aux participants met les ressources de la recherche en tension sur une piste qui n'est pas damée et dans un champ à sillonner. D'une part, la caméra crée une perspective à laquelle nous n'aurions pas accès en mobilisant un autre dispositif (entretiens et questionnaires). D'autre part, elle rend d'autant plus complexe la documentalisation et la textualisation des pratiques interactionnelles *in situ* et *in vivo*, mais aussi les pratiques d'analyse et d'interprétation des données (durée, densité et foisonnement des échanges).

Pour le chercheur, il semble inévitable d'enquêter sur les signes qui permettent d'évaluer et de mesurer les niveaux de réflexivité et de réflexion suffisants, à toutes les étapes du travail de terrain. L'enjeu primordial dans la constitution de ce type de données est alors d'opérer un déplacement du regard, d'essayer de se mettre à la place de l'autre depuis son propre point de vue tout en affirmant un positionnement. Ce déplacement permettrait ainsi au chercheur de d'évaluer et d'ajuster les "bonnes mesures", à la fois spatiales et éthiques, entre distance et proximité, afin de trouver la "bonne voix" selon un faire dialogique.

Bibliographie

Astruc A. (1992). *Du stylo à la caméra et de la caméra au stylo : écrits, 1942-1984*, Paris : L'archipel.

Basso Fossali P. (2008). *Vissuti di significazione. Temi per una semiotica viva* [*Vécus de signification. Thèmes pour une sémiotique vive*], Pisa : ETS.

Basso Fossali P. (2012). Possibilisation, disproportion, interpénétration : trois perspectives pour enquêter sur la productivité de la notion de forme de vie en sémiotique. *Actes Sémiotiques*, n° 115. [URL : http://epublications.unilim.fr/revues/as/2673].

Basso Fossali P. (2015). Émancipation et disproportion : pour une problématisation de la notion de culture en sémiotique. In P. Marillaud et R. Gauthier (éds.), *Cultures et valeurs: la transmission des discours, des objets et des pratiques. Actes du XXXV Colloque d'Albi – Langages et Signification*, Toulouse : Université Jean-Jaurès, p. 65-81.

de Certeau M. (1980). *L'invention du quotidien 1 : arts de faire*, Paris : Gallimard.

Dondero M. G. (2014). Sémiotique de l'action : textualisation et notation. *CASA*, vol. 12, n° 1, p. 15-47.

Dubois P. (1983). *L'acte photographique*, Paris : Nathan Université.

Eco U. (1979). *Lector in fabula*, Bompiani : Milano ; (1985). *Lector in fabula, Le rôle du lecteur ou la Coopération interprétative dans les textes narratifs*, Paris : Grasset.

Fontanille J. (2011). L'analyse du cours d'action : des pratiques et des corps, *Semen*, vol. 32, p. 131-158.

Geertz C. (1973). *The Interpretation of Cultures*, New York: Basic Books.

Gibson J. J. (1979). *The Ecological Approach to Visual Perception*, Boston: Houghton Mifflin.

Goffman E. (1973). *La mise en scène de la vie quotidienne*, Paris : Éditions de Minuit.

Greimas A. J. (1976). *Sémiotique et sciences sociales*, Paris : Seuil.

Greimas A. J. (1984). *Sémiotique figurative et sémiotique plastique*, Limoges : Presses Universitaires de Limoges.

ten Have P. (1990). *Doing Conversation Analysis : A Practical Guide*, London: Sage.

Kerbrat-Orecchioni C. (2005). *Le discours en interaction*, Paris : Armand Colin.

Labov W. (1972). *Sociolinguistic Patterns*, Philadelphia: University of Pennsylvania Press.

Lallier C. (2009). *Pour une anthropologie filmée des interactions sociales*, Paris : Éditions des Archives contemporaines.

Landowski E. (2009). Avoir prise, donner prise. *Actes Sémiotiques*, n° 112.
[URL : http://epublications.unilim.fr/revues/as/2852]

Licoppe C. (2012). Les formes de la présence. *Revue française des sciences de l'information et de la communication*, vol. 1.
[URL : https://journals.openedition.org/rfsic/142]

Lynch M. (2002). From naturally occurring data to naturally origanized ordinary activities: Comment on Speer. *Discourse Studies*, vol. 4, n° 4, p. 531-537.

Mondada L. (2006). Video recording as the reflexive preservation and configuration of phenomenal features for analysis. In H. Knoblauch, B. Schnettler, J. Raab & H. G. Soeffner (Eds.), *Video Analysis: Methodology and Methods. Qualitative Audiovisual Data Analysis in Sociology*, Berne : Peter Lang, p. 51-68.

Mondada L. (2012). Organisation multimodale de la parole-en-interaction : pratiques incarnées d'introduction des référents. *Langue française*, vol. 175, n° 3, p. 129-147.

Ouellet P. (2000). *Poétique du regard. Littérature, perception, identité,* Limoges : PULIM / Sillery : Les éditions du Septentrion.

Pecqueux A. (2012). Pour une approche écologique des expériences urbaines. *Tracés*, vol. 22, Lyon : ENS Éditions, p. 27-41.

Pecqueux A. (2014). Tordre l'attention. Ajustements perceptifs en situation. In Y. Citton (dir.), *L'économie de l'attention. Nouvel horizon du capitalisme ?* Paris : La Découverte, p. 219-228.

Pike K. (1967). *Language in relation to a unified theory of the structure of human behavior*, The Hague: Mouton.

Projet ANR REMILAS, *REfugiés, Migrants, et leurs LAngues face aux Services de santé*, coordonné par Véronique Traverso, partenariat Laboratoire ICAR (UMR 5191) et Centre Orspere-Samdarra (Hôpital Le Vinatier, Lyon).
[URL : http://www.icar.cnrs.fr/sites/projet-remilas/]

Sacks H. (1984). Notes on Methodology. In J. M. Atkinson and J. Heritage (Eds.), *Structures of Social Action: Studies in Conversation Analysis*, Cambridge: Cambridge University Press, p. 21-27.

Schegloff E. (1998). Body Torque. *Social Research*, vol. 65, n° 3, p. 535- 596.

Speer S. A. (2002). 'Natural' and 'contrived' data: A sustainable distinction? *Discourse Studies*, vol. 4, n° 4, p. 511-526.

Speer S. A. & Hutchby I. (2003). From ethics to analytics: Aspects of participants' orientations to the presence and relevance of recording device. *Sociology*, vol. 37, p. 315-337.

Thibaud J.-P. (2002). Visions pratiques en milieu urbain. In J.-P. Thibaud, *Regards en action : vers une ethnométhodologie de l'espace public*, Grenoble : À la croisée, p. 21-54.

Thiburce J. (en cours). *Le dialogisme urbain. De l'usage tacite des espaces publics aux formes d'appropriation narrative et affective de la ville*. Thèse de doctorat sous la direction de P. Basso Fossali, Université Lumière Lyon 2, Laboratoire ICAR (UMR 5191), École doctorale 484 3LA.

Traverso V. (2014). Compétences montrées, compétences partagées, compétences situées : nomination et définition des objets dans les visites guidées. In S. Bornand (éd.), *Compétences et performances. Perspectives interdisciplinaires sur une dichotomie classique*, Paris : Karthala, p. 137-163.

AUTHOR INDEX